JN302952

見えない脅威 "国内外来魚"

見えない脅威 "国内外来魚"
どう守る地域の生物多様性

日本魚類学会自然保護委員会 編
向井貴彦・鬼倉徳雄・淀 太我・瀬能 宏 責任編集

叢書・イクチオロギア ― ③

東海大学出版会

Domestic alien fishes: Hidden threats to biodiversity

Edited by Nature Conservation Comittee of Ichthyological Society of Japan,
Takahiko Mukai, Norio Onikura, Taiga Yodo and Hiroshi Senou
Tokai University Press, 2013
ISBN978-4-486-01980-0

巻頭言

　現代は環境の時代と言われている．日本魚類学会は時代の要請に応えるため，従来の研究発表主体の活動に加え，一般への啓発をも視野に入れた幅広の活動を展開しようとしている．とりわけ水圏の自然保護は学会の主要な活動目標のひとつに位置づけられる．

　一般に，外来種とは何かと問えば外国から持ち込まれた生物とすなおに答えるだろう．ブラックバスやブルーギルはその典型で，アメリカから移殖され，現在では日本のあちこちの湖沼で幅を利かせている．ところがよくよく考えてみれば，外来種にとって国境などあるわけではなく，彼らは水という制約のある環境の中で生活することを強いられている．だから外来種か在来種かは，むしろ生息地の外から持ち込まれたものか，もともとその生息地にいたものかどうかで判別すべきである．そうすると，日本産淡水魚であっても国内の他地域に移殖されれば外来種ということになる．琵琶湖特産であったゲンゴロウブナ，ワタカ，ハスなどが，日本の各地へ移殖され繁殖しているのはその例である．私たちは，そのような国内由来の外来種を便宜上，国内外来種と呼んでいる．

　移殖される対象は別種とは限らない．移殖先にも同種がいて，水産資源の補強を目的に他地域から同種が移殖されれば，やがては在来の個体群と交雑するだろう．地域個体群は生態的にも生理的にもその地域環境に最もよく適応した集団であるはずである．地域差を無視して同種個体群を移殖することは遺伝的汚染や遺伝的劣化を引き起こすことにも通じる．

　国内外来種をもたらす原因はさまざまである．普通，ある目的を持って導入されることが多いが，何かにまぎれて導入されることもある．日本の国内事情を分析すると水産業の発展と強く結びついていることに気付く．水産増殖を目的に放流される種苗は，他地域で採取または生産されたものが多い．種苗放流はまさに日本の国是でもありお家芸でもある．確かにその恩恵で，私たち日本人は容易にサケやヒラメを食味し，アユの友釣りを楽しむことができる．しかし同時に，その流れが原生息地から外れたカムバック・サーモン運動，錦鯉やヒメダカの放流など，むしろ在来種保護に反する行為を容認する土壌を育んできたことも事実である．

　本書は，平成21年（2009年）10月12日に，東京海洋大学品川キャンパスで行

われた市民公開シンポジウム「国内外来魚問題の現状と課題」の内容を，自然保護委員会委員の向井貴彦博士，鬼倉徳雄博士，淀太我博士，瀬能宏博士の4名が中心となってまとめられたものである．本書は外来種問題に携わる19名の研究者が国内外来種という見過ごされやすい課題にあえてアプローチし，国内外来魚の定義，国内外来魚による生態系と群集への影響に関する事例，国内外来魚拡散の要因と対策についてそれぞれ詳述されている．

近年，山梨県西湖から絶滅したはずのクニマスが再発見された．クニマスが奇跡的に種を保存できたのは，先人が原産地の秋田県田沢湖から西湖へ移殖したからである．その一方で，外来種の導入は，生物多様性にとって最大の脅威とも言われている．本書ではこの矛盾に対し，魚類学会の放流ガイドラインを踏まえ，保全的導入のありようについて説明している．本書はまさに今，日本国内で起こっている魚類相の劣化を生物多様性保全の立場からあらためて問い直す，魚類学会自然保護委員会からのメッセージである．

2012年9月18日
日本魚類学会自然保護委員会・委員長
細谷和海

はしがき

　外来種とは国外から持ち込まれるものだけではない．日本国内に分布する在来種であっても，その種が分布しなかった地域に持ち込めば，外国から持ち込んだのと同じ状況が生じる．日本列島は南北に長く，複雑な地形と地史を有するため，地域によって異なる動植物が生息する．そうした動植物をむやみに移動させることは，外国からの導入と同じだというのは，少し想像力を働かせればわかることである．ところが，現状では，海外からの外来種の影響に比べて，日本国内での意図的・非意図的行為による"国内外来種"の分布拡大や遺伝的撹乱，生態系への影響についての一般的な認識は低く，具体的な対策へと結びつく研究はほとんどない．そこで日本魚類学会自然保護委員会では，2009年10月12日に東京海洋大学品川キャンパスで市民公開シンポジウム「国内外来魚問題の現状と課題」を開催し，在来生態系への影響の実態や，国内外来魚の拡散要因，法的規制の現状などを明らかにするとともに，今後の対策についての展望を話し合った．

　本書は，このシンポジウムの内容をベースに，新しい知見や事例を加えて14章と6つのコラムにしたものである．大きく四部構成になっており，まず第Ⅰ部では，外来種および国内外来種について定義し，問題の概要を解説する．第Ⅱ部では，国内外来魚の生態的影響と遺伝的影響についての実例を集めて解説がなされる．日本国内だけでも多くの種について国内外来魚の影響は生じているため，ここで紹介されているのは，あくまでも具体的状況が明らかになった一部の事例にすぎない．本書で紹介されていない事例についても，実態を解明し，早期に対策を取るべきなのはいうまでもない．第Ⅲ部では，国内外来魚の拡散の原因を検討し，問題解決の糸口を探る．第Ⅳ部では，保全放流についての事例を解説する．これまでに生じてきた国内外来魚による遺伝的撹乱の一部は，自然環境の悪化によって魚が減ってきたことを危惧する"善意"の放流によるものである．放流先の環境や生息魚種を一切考慮しないニシキゴイやヒメダカの放流は論外だが，絶滅危惧種の保全活動において放流（再導入）が必要な場面もあるだろう．開発や外来魚によって次々と生息地が失われていく絶滅危惧種の保全は緊急的な課題であり，今後も各地で取り組まなければならないが，その時に，各地域固有の系統を保全するための放流と，自然を撹乱する国

内外来魚の放流の違いを考える題材となることを期待したい．

　各章の執筆を快く引き受けてくれた研究者のおかげで，本書には多くの貴重な事例を集めることができた．本書は，国内外来魚という，これまで関心が払われてこなかった問題を浮き彫りにし，長大な時間をかけて形成された日本の自然―ナチュラルヒストリー―を守り，将来に残すための貴重な一歩となることを信じて作られた．世間では，今でも国内外来魚の放流が地域の自然を乱し，失わせるものであることに気付かない人も多い．長年おこなわれてきたコイの放流，アユや渓流魚の水産放流，メダカが絶滅危惧種になったことを憂いた"善意"の放流．いずれも決して悪意によるものではない．それゆえに，何が問題なのかを具体的に示し，自然を，あるいは水産資源を守るためのより良い方法を提案しなければならない．本書の内容には，まだ多くの不足があると思うが，まずは多くの人に「国内外来魚問題」を知ってもらい，今後の自然環境の保全について一緒に考えていただく一助になれば幸いである．

　本書を刊行するにあたり，責任編集者を激励され，本書の巻頭言をお寄せいただいた日本魚類学会自然保護委員会委員長の細谷和海博士と，仕事の遅い責任編集者に辛抱強く付き合ってくださった東海大学出版会の稲英史氏には大変お世話になった．厚く御礼申し上げる．

　　　　　　　　　　　　　　　　　　　　　　　　　　　責任編集者
　　　　　　　　　　　　　　　　　　　　　　　日本魚類学会自然保護委員会
　　　　　　　　　　　　　　　向井貴彦・鬼倉徳雄・淀　太我・瀬能　宏

目 次

巻頭言（細谷和海）　v
はしがき（責任編集者）　vii

第Ⅰ部　「国内外来魚問題」　1

第1章　国内外来魚とは何か　瀬能　宏　3
コラム1　国内外来魚となった絶滅危惧種
（向井貴彦・鬼倉徳雄・瀬能　宏）　19

第Ⅱ部　国内外来魚による生態系・群集の変化　23

第2章　有明海沿岸域のクリーク地帯における国内外来魚の分布パターン
鬼倉徳雄・向井貴彦　25

第3章　湖沼におけるコイの水質や生物群集に与える生態的影響
松崎慎一郎　39

第4章　シナイモツゴからモツゴへ―非対称な交雑と種の置き換わり―
小西　繭・高田啓介　51

第5章　タナゴ類における遺伝子浸透―見えない外来種―
三宅琢也・河村功一　67

第6章　琵琶湖から関東の河川へのオイカワの定着
高村健二　85

第7章　大和川水系で認められたヒメダカによる遺伝的撹乱
北川忠生　101

コラム2　撹乱される希少淡水魚（向井貴彦）　118

第Ⅲ部　国内外来魚拡散の要因と対策　121

第8章　琵琶湖水系のイワナの保全と利用に向けて　亀甲武志　123
コラム3　内水面漁業と国内外来魚（淀　太我）　139

第9章　国内外来魚の分布予測モデル　鬼倉徳雄・河口洋一　143
コラム4　吉野川分水による意図せぬ人為的な魚類の移動
（北川忠生）　151

第10章　日本の水産業における海産魚介類の移殖放流　横川浩治　155

第11章　鑑賞魚店における日本産淡水魚類の販売状況と課題　金尾滋史　169

第12章　外来魚問題への法令による対応：特に国内外来魚問題に対して

中井克樹　179

　　コラム5　善意の放流が悪行に!?―神奈川県大井町における外来メダカ駆除事例（瀬能　宏）　197

第Ⅳ部　保全放流と国内外来魚問題：より良い保全活動のために　201

第13章　奈良県におけるニッポンバラタナゴの保全的導入

北川忠生・倉園知広・池田昌史　203

第14章　岐阜県におけるウシモツゴ再導入の成功と失敗　　向井貴彦　217

　　コラム6　保全の単位：考え方，実践，ガイドライン（渡辺勝敏）　229

付録：生物多様性の保全をめざした魚類の放流ガイドライン（放流ガイドライン，2005）
　　（日本魚類学会）　233

用語解説（淀　太我・瀬能　宏）　239

索引　246

「国内外来魚問題」

第 I 部

第1章

国内外来魚とは何か

瀬能　宏

1. 水槽の魚は外来種か？

　2005年6月1日に外来生物法が施行されて7年余り，もはやオオクチバスやブルーギルといった特定外来生物を引き合いに出すまでもなく，外来種問題に対する一般市民の理解はそれなりに進んだかに見える．しかしながら，国内外来種についてはそれが引き起こす深刻な問題以前に，言葉の存在すら認識されていない現状がある．本章の目的は魚類における国内外来種問題を概観することだが，まずは外来種（外来生物）の定義から確認しておきたい．

　外来種や在来種とはいったいどんな生物なのか？　その定義はいたってシンプルである．すなわち，外来種とは過去あるいは現在の自然分布域外に導入された種，亜種，それ以下の分類群であり，生存し，繁殖することのできるあらゆる器官，配偶子，種子，卵，無性的繁殖子を含むと定義されている（日本生態学会，2002；財団法人自然環境研究センター，2008）．ここで導入とは，外来種を直接・間接を問わず，人為的に過去あるいは現在の自然分布域外へ移動させることである．要するに，ある生物が自然分布域の範囲外に人為的に移動させられた場合，その生物は外来種となり，その移動が導入と定義されている．ちなみに，生物の自然な移動を生物地理学的には分散と呼んでおり，導入はときに移入と呼ばれる．移入は生態学では自然な分散の意味でも使われるので注意が必要である．

　このように外来種の定義は一見シンプルなのだが，人為的な移動を開始した時点で外来種とするのか，単に移動を開始したのではなく，意識・無意識にかかわらず人の管理下を離れて野外に出た時点で外来種とするのかについては意見が分かれる．たとえばある川で魚を掬ってバケツに入れ，その後その魚が分布しない別の川に移動して放流したとしよう．この一連のプロセスの中で，その魚はどの時点で外来種となり，どの時点から導入と呼ばれるのだろうか？

外来生物法ではバケツに入れて移動を開始した時点，厳密には河川と呼べる場所から離れた時点でバケツの中の魚は外来種になり，移動を開始した時点から導入と解釈される．このような考え方は，移動に制限をかける法解釈上必要なのだろうが，そうなると動物園や水族館で飼育している生物はもちろん，家庭で飼育している生物のほとんどを外来種と呼ぶことになる．

　一方，筆者の考えは異なる．すなわち，バケツに入れて持ち歩いている状況は，檻の中の動物や水槽の中の魚と同様に人の管理下にある飼育生物と考え，別の川へ放流した時点でそれは外来種となり，放流する行為を導入とすべきであると考えている．どうでもよいことと思われるかもしれないが，外来種問題は生物学のテーマであると同時に社会問題でもあり，その解決には一般市民の理解が不可欠である．人の管理下にあり，問題とならない生物をわざわざ悪いイメージがつきまとう外来種と呼ぶメリットはない．この観点からは，管理された畑の野菜や水田の稲は栽培種であって外来種と呼ぶ必要はない．もちろん在来種でもないし，種子がこぼれて逸出したり，花粉が飛散すればその時点で外来種となる．

2．国内外来種とは？

　外来種は国境を越えたか越えないかでさらに2つのカテゴリーに分類される．ひとつは海外にルーツがある国外外来種である．北米原産で日本には分布しないオオクチバスやブルーギルは代表的な例である．もうひとつは本書のテーマでもある国内外来種である．国内に分布する生物が国内の分布域外に導入されれば国内外来種となる．外来種は一般に外国からやってきた生物と誤解されている面があるが，先に説明したように人為的に自然分布の範囲外へ導入した（あるいは導入された）生物のことなので，渡り鳥や回遊魚のように外国から自然に移動してきた生物は在来種であって外来種とは呼ばないし，小さな昆虫が台風によって台湾から沖縄へ飛ばされてきても同様である．一方，日本の在来種でもたとえば九州にしかいない生物が北海道へ導入されればそれは外来種となる．外来種かどうかの判断は，あくまで人為によって自然分布域外へ導入されたかどうかなのである．

2-1) 魚類の国内外来種

　魚類の国内外来種にはどのようなものが知られているのだろうか？　瀬能・

松沢（2008）によれば，日本産の淡水魚6目13科52種・亜種が取り上げられ，若干の採録漏れやその後の記録を追加すると，少なくとも6目13科58種・亜種になる（表1.1）．日本の在来淡水魚は17目53科291種・亜種なので（川那部ほか，2005），日本の淡水魚の20％（科のレベルでは25％）が国内外来種化していることになる．ただし，これはあくまで種類数での単純計算なので，見かけ上の数にすぎない．科別にみればコイ科は在来の54種・亜種中，実に34種・亜種が国内外来種化しているし，遺伝的に区別される地域個体群のレベルでみた時にはもっと多くなるだろう．さらに琵琶湖・淀川水系固有のゲンゴロウブナやワタカなどが導入された河川や湖沼単位でみれば，その事例数が桁外れに多くなることは確実である．

一方，海水魚については海が連続した水域であるため，国土の狭い日本では国内外来種などあり得ないと思われるかもしれない．ところが最近では，同一

表1.1 日本の国内外来魚（瀬能・松沢，2008に追加・修正）

種群・種・亜種	国内の自然分布域	導入地	備考
コイ目			
コイ科			
コイ	本州，四国，九州の主要水系（詳細は不明）	全国（詳細は不明）	
ゲンゴロウブナ	琵琶湖・淀川水系	全国	
フナ	琉球列島を含む全国	琉球列島	高田他（2010）
ニゴロブナ	琵琶湖	富山県	
ヤリタナゴ	本州，四国，九州（南部を除く）	千葉県（県中部から南部）	
アブラボテ	濃尾平野以西の本州，淡路島，四国瀬戸内側，九州北部，壱岐，福江島	静岡県	
シロヒレタビラ	濃尾平野，琵琶湖・淀川水系，高梁川以東の山陽地方・四国北東部	青森県，島根県	
アカヒレタビラ	宮城県，栃木県，茨城県，千葉県，東京都	青森県	
カネヒラ	琵琶湖・淀川水系以西の本州，九州北西部	宮城県，茨城県	
イチモンジタナゴ	濃尾平野，近畿地方	富山県，岡山県，四国，熊本県	
ゼニタナゴ	神奈川県・新潟県以北の本州	諏訪湖，静岡県，河口湖	
ワタカ	琵琶湖・淀川水系	関東地方，北陸地方，奈良県，岡山県，島根県，山口県，福岡県	

表1.1続き

種群・種・亜種	国内の自然分布域	導入地	備考
タカハヤ	神奈川県西部，富山県以西の本州，四国，九州	神奈川県（大岡川）	
アブラハヤ	青森県から福井県（日本海側）・岡山県（太平洋・瀬戸内側）	北海道（安野呂川）	田城他（2010）
ハス	琵琶湖・淀川水系，三方湖	関東地方，北陸地方，濃尾平野，中国地方，九州	
オイカワ	関東，北陸以西の本州，四国瀬戸内側，九州北部	東北地方，神奈川県（酒匂川），四国太平洋側，隠岐諸島東後，五島列島中通島，種子島，徳之島	
カワムツ	東海地方・能登半島以西の本州，四国，九州，淡路島，小豆島，壱岐，福江島	宮城県，関東地方	
ヌマムツ	東海地方，濃尾平野以西の本州，四国瀬戸内側，九州北部	関東地方	
ヒナモロコ	九州北部	静岡県	北原（2009）
モツゴ	関東地方以西の本州，四国，九州	北海道，東北地方，沖縄県	
シナイモツゴ	新潟県，長野県，関東平野以北の本州	北海道	
ビワヒガイ	琵琶湖，瀬田川	東北地方，関東平野，本栖湖，北陸地方，木崎湖，諏訪湖，高知県，九州北部	栗田他（2012）
ムギツク	福井県・岐阜県・三重県以西の本州，四国北東部，九州北部	群馬県，東京都，千葉県，神奈川県	屋島他（2011）
タモロコ	関東地方以西の本州，四国	東北地方，九州	
ホンモロコ	琵琶湖	奥多摩湖，山中湖，河口湖，諏訪湖，湯原湖	
ゼゼラ	濃尾平野，琵琶湖・淀川水系，山陽地方，九州北西部	関東地方，新潟県，濃尾平野（琵琶湖由来），九州北部（琵琶湖由来）	堀川他（2007）；堀川・向井（2007）
カマツカ	岩手県・山形県以南の本州，四国，九州，壱岐	青森県，静岡県（中部以東），兵庫県（円山川）	
ツチフキ	濃尾平野，近畿地方，山陽地方（岡山県・広島県），九州北西部（筑後川・矢部川）	宮城県，新潟県，関東平野，琵琶湖	
ズナガニゴイ	近畿地方以西の本州	山陰地方，静岡県（安部川，藁科川）	
ニゴイ	中部地方以北の本州，山口県，九州（筑後川水系）	静岡県	

種群・種・亜種	国内の自然分布域	導入地	備考
イトモロコ	濃尾平野以西の本州, 四国北東部, 九州北部, 壱岐, 福江島	神奈川県（相模川）, 静岡県	
スゴモロコ	琵琶湖	関東平野, 静岡県, 高知県	
コウライモロコ	濃尾平野, 和歌山県紀ノ川から広島県芦田川までの本州瀬戸内側と四国の吉野川	神奈川県（酒匂川）	齋藤他 (2012)
デメモロコ	琵琶湖, 濃尾平野	紀ノ川	環境庁 (1982)
ドジョウ科			
ドジョウ	琉球列島を含む全国	全国（詳細は不明）	
シマドジョウ種群	本州, 四国, 大分県	中禅寺湖, 静岡県（東部）	
オオガタスジシマドジョウ	琵琶湖	山梨県（笛吹川）, 奥多摩湖, 静岡県, 愛知県	中島他 (2012)
フクドジョウ	北海道	北海道の石狩低地より西南部, 福島県, 神奈川県, 宮崎県	屋島他 (2011)
エゾホトケドジョウ	北海道	青森県	
ナマズ目			
ギギ科			
ギギ	近畿地方以西の本州, 四国, 九州北東部	秋田県, 新潟県, 福井県, 山梨県, 愛知県, 岐阜県, 三重県, 熊本県	
ナマズ科			
ナマズ	近畿地方以西の本州, 四国, 九州北東部	北海道, 東北地方, 関東地方	
アカザ科			
アカザ	宮城県・秋田県以南の本州, 四国, 九州	岩手県, 東京都	
サケ目			
キュウリウオ科			
ワカサギ	北海道, 東京都・島根県以北の本州	九州以北の全国の湖, ダム湖	
アユ科			
アユ	北海道西部, 本州, 四国, 九州	琵琶湖産アユを全国に移殖	
リュウキュウアユ	奄美大島, 沖縄島	奄美大島産のリュウキュウアユを沖縄島の河川に導入	
サケ科			
イワナ	北海道, 本州	北海道, 本州, 四国, 九州	金子他 (2008)
サケ	北海道, 利根川以北の本州太平洋側, 九州北部以北の九州・本州日本海側	千葉県（栗山川）, 東京都（多摩川）ほか本州, 北海道	

表1.1続き

種群・種・亜種	国内の自然分布域	導入地	備考
ベニザケ（ヒメマス）	北海道（阿寒湖・チミケップ湖）	北海道（倶多楽湖・支笏湖・洞爺湖），青森県（十和田湖），秋田県（田沢湖）栃木県（中禅寺湖），福島県（沼沢湖），神奈川県（芦ノ湖），山梨県（西湖・本栖湖），長野県（青木湖）など	杉山（2000）；Yamamoto et al. (2011)
クニマス	田沢湖	岩手県，山梨県（西湖・本栖湖），長野県，富山県	杉山（2000）；中坊（2011）
サクラマス（ヤマメ）	北海道，神奈川県・山口県以北の本州，大分県・宮崎県を除く九州	全国（詳細は不明）	
サツキマス（アマゴ）	神奈川県以西の本州太平洋側・瀬戸内海側，四国，大分県，宮崎県	全国（詳細は不明）	
ビワマス	琵琶湖	中禅寺湖，木崎湖	
ダツ目			
メダカ科			
ミナミメダカ	由良川水系以西・北上川水系以南の本州，四国，九州，琉球列島	北海道（函館），関東地方，奈良県を含む全国（詳細不明）	小山・北川（2009）；小山他（2011）；中井他（2011）
トゲウオ目			
トゲウオ科			
ハリヨ（近江地方産）	滋賀県	岐阜県	
スズキ目			
ケツギョ科			
オヤニラミ	保津川・由良川以西の本州，四国北部，九州北部	東京都，神奈川県，愛知県，滋賀県	神奈川県水産技術センター内水面試験場HP
ドンコ科			
ドンコ	愛知県・新潟県以西の本州，四国，九州	茨城県，神奈川県	
ハゼ科			
ヨシノボリ属（"トウヨシノボリ"）	北海道，本州，四国，九州	詳細不明	
ヌマチチブ	北海道，本州，四国，九州	奥多摩湖，芦ノ湖，富士五湖，愛知県鳳来湖，琵琶湖	

種内で日本海と太平洋の個体群間に形態的あるいは遺伝的差異が見つかる事例が相次いでいる．たとえばウミタナゴ科の *Ditrema temminckii* は，日本海側に分布する亜種ウミタナゴと，太平洋側に分布する亜種マタナゴの2亜種に細分された（Katafuchi and Nakabo, 2007）．ハゼ科のキヌバリやチャガラでは，日本海側と太平洋側で形態に多少の差があるだけでなく，遺伝的にも大きく異なることが明らかにされた（Akihito et al., 2008）．また，同じ太平洋岸でも，黒潮が集団を分断している事例も見つかっている．ハタ科のアカハタは黒潮が障壁となり，九州以北と琉球列島以南の集団との間で遺伝子組成に違いがある（栗岩，2012）．さらに水産有用種のヒラメは，日本海では遺伝的に異なる2集団の存在が確認されている（中山ほか，2004）．海産魚にも淡水魚と同様に地域性があることは明らかで，遺伝的特性を考慮しない放流はもとより，放流種苗への他魚種の混入，畜養施設からの逸出，船舶のバラスト水による運搬など，海水魚が国内外来種化する要因はいくつも存在する．

2-2）国内外来種の特徴

　国外外来種と国内外来種は，定義上は国境を越えたか越えないかだけの違いしかなく，同じ外来種であることにかわりはない．ただ，問題の複雑さや解決に向けての困難さは，むしろ国内外来種のほうが国外外来種よりも上かもしれない．その理由はこれから話を進める中でご理解いただけるだろう．国内外来種は国外外来種と比較して大きな違いが2つある．

　まず第一に，国内外来種は国外外来種よりも導入先で定着しやすい．日本の淡水魚は主立った水系ごとに種や亜種，地域個体群に分化している．たとえば日本の"メダカ"は青森県以南と兵庫県以北の本州日本海側に分布するキタノメダカ *Oryzias sakaizumii* と，それ以外の本州，四国，九州から沖縄まで分布するミナミメダカ *Oryzias latipes* の2種に分類され（Asai et al., 2012; 瀬能，2013），後者は東日本型や東瀬戸内型などさらに9つの地域型に細分されている（酒泉，1990）．それぞれの種や地域集団を分かつ障壁は主に山地や山脈であるが，山一つ挟んで向こう側とこちら側といった具合にその距離はわずかである．国内外来種はこれらの障壁を人為的に越えることで生じるが，たとえば九州の薩摩型のミナミメダカを東日本型の分布域である関東まで移動させたところで気候風土に大差はなく，導入先で容易に定着してしまうだろう．

　第二に，国内外来種は見分けにくい．日本に分布しない国外外来種であれば，

図1.1　ミナミメダカの琉球型（上）と東日本型（下）の雄．外見的に見分けがつかない．

日本産の種とは科や目レベルで異なることもあり，それが外来種であることは一目瞭然である．しかし，外来種の定義上，種のレベルだけでなく，それよりも下位の亜種や地域個体群も対象となるため，導入先に同一種内の別亜種，あるいは別の地域個体群が分布している場合，外見上の差が少ないためにそれが外来種なのか在来種なのかを判断することは容易ではない．沖縄に分布するミナミメダカの琉球型を東日本型のミナミメダカがいる東京の池に放したとしよう．経緯を知らない人がその池のミナミメダカを掬ってみても，その由来は外見からではわからない（図1.1）．

2-3）国内外来種を生み出す原因

　国内外来種化する魚は，かつては食糧資源として移殖の対象となったごく一部の種に限られていたと思われる．ナマズは現在では北海道から九州までのほぼ全国に分布しているが，縄文時代以降の遺跡から発掘される動物遺存体の調査から，自然分布域は西日本に限られることが近年明らかにされた．移殖によりナマズが関東地方に達したのは江戸時代中期，東北地方に達したのは江戸時代後期であると考えられている（宮本ほか，2001）．

　日本産淡水魚の国内外来種化が急速に進んだのは明治期以降のことで，物流の発達や種苗生産技術の向上に伴い，移殖放流が盛んになったことによる．国内外来種は魚を分布域外に意識的に放流または遺棄（放逐）するか，無意識的

に生じる逸出によって生じる．また放流種苗に意図せず混入した魚種が同時に放流されることでも国内外来種が生み出される．放流には産業として行われている水産放流と，個人的に行われる私的放流がある．

水産放流とは，殖産の目的で行われる移殖放流や，第5種共同漁業権等に基づき資源保護の目的で義務的に行われる放流のことである．ヒメマスは国内では阿寒湖とチミケップ湖だけに分布していたが，阿寒湖のヒメマスが支笏湖へ移植され，そこから寒冷な地域の湖沼へ移殖された．ワカサギは島根県・東京都以北の本州から北海道までの沿岸や河川下流域，潟湖などに生息する魚であるが，山上湖などを中心に全国へ移殖されている．

コイやゲンゴロウブナなど水産放流で放流される魚自体が国内外来種となるだけでなく，それらの放流種苗に混入するさまざまな淡水魚も国内外来種化している．たとえば遊漁目的で全国に放流されている琵琶湖産のアユの放流は大正時代に始まったが，琵琶湖で掬った種苗を直接放流先へ移送する方法が長らく取られていたため，採捕時に種苗に混入したハスやオイカワ，スゴモロコ，ゼゼラ，ビワヒガイなど，多くの琵琶湖産魚類を全国に拡散させてしまったことはあまりに有名である．モツゴやヨシノボリ属（"トウヨシノボリ"）は各地に分布を広げているが，その原因としてゲンゴロウブナを品種改良したヘラブナの放流種苗への混入が考えられる．北海道に分布するフクドジョウが宮城県や福島県で発見されているが，これはサケ・マス種苗へ混入したことが示唆されている．

私的放流とは個人的にある目的を持って行われる放流であり，広義には遺棄（放逐）も含められる．代表的なものとしては遊漁目的（私的な釣り場作り）で釣り人が行うヤマメやアマゴ，イワナなどの放流がある．これらの魚が生息しない渓流への導入だけでなく，ヤマメの分布域にアマゴを放すといった事例もあるという．漁業権のおよばない溜池に生息しているヘラブナや，溜池管理の一環として放流されているコイなども同様である．

ペットとして飼育されている魚の遺棄も深刻である．日本産淡水魚は飼育愛好家に根強い人気があり，その入手にあたっては自ら採集する場合もあれば，各地の観賞魚店で希少魚を中心に多種多様な種類が販売されているので，それらを購入する場合もある．"メダカ"（ミナミメダカとキタノメダカ）は絶滅危惧種に指定されたことで野生種がブランド化し，インターネットを利用した通信販売で産地別に入手できるようになった．こうした魚が何らかの理由で分布

域外に遺棄されれば国内外来種化する．たとえば絶滅危惧種のヒナモロコが静岡県の河川で繁殖しているが，悪意か善意か導入意図の理解に苦しむ．近年，京都の由良川以西に分布するオヤニラミが滋賀県や愛知県，関東地方で見つかっているが，これなどは遺棄というよりはマニアによる愉快犯的な行為ではないかと思われる（コラム1）．

やっかいな，しかし無視できない問題に善意の放流がある．国交省が行っている河川水辺の国勢調査では，"メダカ"が1999年2月に絶滅危惧種に指定された後に確認地点が増加した．神奈川県内ではまとまった在来個体群の生息場所は1箇所だけであるが，"メダカ"の生息情報は親水護岸のある河川を中心にかなりの数にのぼる．減ってしまったのなら我が家の"メダカ"（たいていは由来不明）を放して増やしてあげようという気持ちから放流する人が増えていると思われる．同様な事例は"メダカ"以外の絶滅危惧種でも生じている可能性を否定できない．

私的なもの，産業として行われるものを問わず，飼育に逸出はつきものである．コイは2000年近く前の飼育記録が残されているが，江戸時代末期の1840年代以降，水田を利用したコイの養殖が盛んになり，養魚場の数は昭和初期には14万カ所以上に達したという．大雨等によって池から逸出したコイの国内外来種化は，明治から昭和初期にかけて一気に進行した可能性が高い．近年行われているドジョウやホンモロコなどの在来有用魚種の養殖も同様であり，水田や屋外の池で行われているため，逸出による国内外来種を生み出しやすい．"メダカ"は現在小学校5年生の教材として利用されており，親魚のほとんどは飼育品種のヒメダカや野生個体が観賞魚店を通じて購入されていると考えられる．これらの"メダカ"が遺棄されるだけでなく，水替え時に稚魚が流出したり，卵が付着した水草等の洗浄などの際に逸出が起こりやすい状況が全国レベルで生まれている．

3．国内外来種の何が問題か？

国内外来種はそもそも「日本の生物」である．その地域に本来いないはずの種であったとしても違和感が感じられず，外来種はその場所で調和的に共存しているようにさえ見えてしまう．神奈川県の酒匂川に産するオイカワは戦前に放流された琵琶湖産アユ種苗への混入に由来すると考えられているが（石原ほか，1986），オイカワの存在自体は自然に溶け込み，それが国内外来種である

ことを問題視する人はいない．導入経緯を知らなければ，その感覚は研究者にとっても変わらない．各地に放流されている琵琶湖産アユは国内外来種そのものだが，上述の事例の典型的なものであろう．長年続けられていることからと思われるが，生物多様性への問題がこれまで指摘されたことはなかったし，むしろ何も問題がないとさえ考えられているかもしれない．

しかしこれは大いなる錯覚である．いないはずの生物が導入されれば，餌や生息場所をめぐる競争，食う－食われるといった関係の中で在来の生物多様性になんらかの影響を与えるはずである．琵琶湖産のアユの放流にしても，在来アユに対してどのような影響があるのかはわかっていない．また，影響は魚類だけにおよぶとは限らず，目にとまらない小さな水生昆虫や貝類，水生植物なども考慮する必要があるが，そうしたことについてはほとんど研究されていない．導入先に同一種内の別亜種や地域個体群が生息している場合は深刻である．外来種は在来種と容易に交雑して遺伝子汚染を引き起こし，短期間で絶滅に等しい非可逆的影響を与える．国内外来種による遺伝子汚染の実態はミナミメダカで詳細な研究が行われているが（竹花・酒泉，2002），外見上は何も起こっていないように見えてしまう．国内外来種は時に産業へも影響を与える．近年問題となっているアユの冷水病などはその典型的事例であり，深刻な漁業被害を引き起こしている．

遺伝子汚染や感染症など，誰の目から見てもその影響の大きさが明らかな場合だけでなく，分布の撹乱そのものが自然史への人為的介入でり，自然史そのものの破壊であることを認識しなければならない．すでに多くの淡水魚に国内外来種が生じており，自然な分布域の境界がわからなくなりつつある．コイのように長い移殖放流の歴史を持つ魚では，もはや過去にどのように分布していたのかを正確に再現することは不可能だ．こうした自然ではあり得ない状況を作り出していることに対して，我々はどこまで許容できるのであろうか？　導入先で他の生物と共存していれば（そのように見えれば）問題はないのか？　生物多様性への影響の多寡を測る物差しは，価値観によって異なるところに国内外来種問題の難しさがある．

4．解決のための方策

魚類の国内外来種問題を解決するためにできることとは何か？　また，何をしなければならないのか？

4-1) 調査研究の推進

　必要な研究の方向は大きく3つあるだろう．ひとつには在来種のより詳細な分類学的研究や生物地理学的研究を形態や分子レベルで進める必要がある．目の前の魚が在来種なのか国内外来種なのかを判断するためである．近年では遺伝的に区別される隠蔽種の存在がつぎつぎに明らかにされているが，それらを簡便に（できれば外見から）見分ける方法を確立することも重要である．そうでないと問題の所在を認識することはもちろんのこと，広くその問題を知らしめることが難しくなる．国内外来種が導入先でどのような影響を与えているのか，科学的なデータも必要である．競争や遺伝子汚染の程度など，生物多様性への影響を正確に把握しなければ保全策も立てられない．そして保全単位の把握である．保全の現場では，絶滅種の復元のための再導入や，著しく減少してしまった個体群への補強の際に，どのような個体を用いればよいのかがしばしば問題となる．そのための判断基準や指針を提示することは研究者の使命である．

4-2) 水産放流や養殖技術の見直し

　これまでの長い移殖放流や養殖の歴史が多くの国内外来種を生み出してきたことは紛れもない事実である．他魚種が生息する水域の種苗を利用する限り，採捕時の他魚種の混入は免れない．どうすれば放流種苗から他魚種を排除できるのか，採捕後の畜養技術の改善が必要であろう．養殖池についても自然水域と接続する水路がある限り，台風や大雨などによる増水によって逸出する可能性は常にある．その防止にはどのような方法が効果的なのか，新たなシステム作りが求められる．

4-3) 法整備

　外来種を規制する強力な法律として，「外来生物法」があるが，これはごく一部の国外外来種を対象としたもので，国内外来種は対象ですらない．現状の法体系を見直すか，新たな法律を作ることにより，国内外来種を生み出す私的放流や遺棄といった行為に歯止めをかけることが必要である．魚類の国内外来種を規制対象にできる法律には，たとえば種の保存法と，2009年に改正された自然公園法がある．いずれも生物多様性の保全を目的としたものであるが，地域が限定的で，たとえば種の保存法では問題を起こす生物の指定実績はない．

また，防疫を目的としたものに持続的養殖生産確保法がある．最近ではコイヘルペスによるコイの移動制限がよく知られているが，適用範囲が一部の水産有用種に限られている．内水面漁業調整規則は，水産資源保護の観点から水産動植物の移殖放流を包括的に規制しており，結果的に生物多様性の保全につながるが，認知度や実効性に問題がある．自治体の定める条例で滋賀県の「ふるさと滋賀の野生動植物との共生に関する条例」は，国内外来種を規制対象に指定できる画期的法律であり，その効果が期待される．

　魚類を含む国内外来種を全国レベルで包括的に規制する有効な法律は今のところ存在しない．ただし，2008年6月6日に公布，施行された「生物多様性基本法」は，制度や政策の理念，さらには基本原則を示したもので，生物多様性保全の基本理念を法律で明文化したこと，生物多様性国家戦略に法的裏付けを与えたものとして注目されている．また，第27条では，地方自治体による生物多様性保全のための施策作りを努力義務として定めている．第16条には，外来生物等による被害の防止が規定されており，国内外来生物を規制する法整備が滋賀県以外の自治体でも進むことが期待される．

4-4) 教育

　国外外来種については，外来生物法とブラックバス問題を通じて問題意識や認知度は驚くほど高まった．しかしながら，国内外来種とそれが引き起こす問題については本章冒頭で述べたように一般にはほとんど認知されていない．2008年告示の学習指導要領中学校理科によれば，2年生で生物進化，3年生では外来種について自然環境の保全との関係で触れることとされている．今や外来種問題は中学生が知っておかねばならない時代になったのである．教育や普及といった観点から今我々に何ができるのか，具体的に何をどうすれば効果的なのか，知恵を出し合うことが必要である．

4-5) 真の解決に向けて

　魚類の国内外来種問題の解決に向けて，調査研究や，水産放流の技術改善，法整備，普及啓発や教育の必要性を述べてきた．しかしながら，魚類の場合，移殖放流や仏教の放生会の思想とも関連し，河川や湖沼に魚を放す行為は善行であり，社会通念上，人の営為として認められてきた歴史や文化がある．ここに象徴的な事例をひとつ紹介しよう．神奈川県の箱根町では，2008年12月9日

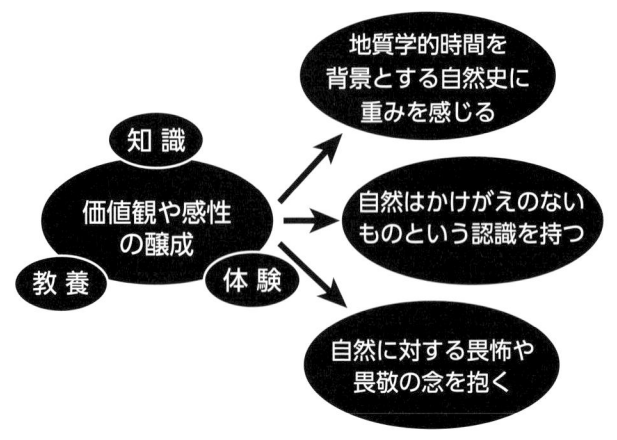

図1.2 国内外来種問題の解決に必要な知識・教養・体験と価値観・感性の関係を示す概念図.

に町の魚をワカサギに指定した（Anonymous, 2009）．町民からの投票で決定されたのだが，応募総数576票中ワカサギは圧倒的多数の438票を獲得して選ばれた．ワカサギは芦ノ湖にはもともといなかった魚で，芦ノ湖では国内外来魚であるが，1918年に霞ヶ浦から移殖して以来，その後も移殖放流が続けられており，毎年10月1日には箱根神社へ奉納後，宮内庁にも献上されるほどの町の名産品である．1985年には神奈川の名産100選にも選ばれている．一方，芦ノ湖には在来魚のウグイが生息している．学名は *Tribolodon hakonensis*（トリボロドン・ハコネンシス）で，箱根を意味する学名を持つ唯一の魚であると同時に，芦ノ湖では数少ない在来魚の1つでもある．ケンペルの江戸参府紀行にもウグイと思われる魚が登場するなど，自然史的にも歴史的にも由緒正しい魚なのである．しかしながら，ウグイへの投票数はわずか9票で，要注意外来生物のニジマス60票や特定外来生物のオオクチバス33票以下というのが現実であった．

　国内外来種問題の多くは，国外外来種に対する輸入規制と同様，理論的には生物の移動を制限することで未然に防ぐことができる．しかしながら，歴史的にも社会通念上も在来種の国内での移動を罰則や罰金を伴う法律で強く（全面的に）規制することは困難である．歴史や文化に根ざした人の価値観や感性に左右されやすい国内外来魚の問題を解決する鍵は，多くの人たちが在来種とは自然な存在，外来種は不自然な存在であり，外来種は長い生物進化の歴史の中

ではあり得ない存在であるという認識に至ることにあるだろう．短期的には実効性の高い法整備や放流・養殖の技術改善などで対応していくにしても，長期的には知識を増やし，教養を高め，体験を通じて人々の自然あるいは生物多様性に対する価値観や感性を醸成することが必要である（図1.2）．地質学的時間を背景とする自然史に重みを感じることができる人，自然に対する畏怖や畏敬の念を抱ける人，そして自然はかけがえのないものという認識を持てる人を一人でも多く育てていくことが，国内外来種問題の根本的な解決につながると信じたい．

引用文献

Akihito, Akishinomiya Fumihito, Y. Ikeda, M. Aizawa, T. Makino, Y. Umehara, Y. Kai, Y. Nishimoto, M. Hasegawa, T. Nakabo and T. Gojobori. 2008. Evolution of Pacific Ocean and the Sea of Japan populations of the gobiid species, *Pterogobius elapoides and Pterogobius zonoleucus*, based on molecular and morphological analysis. Gene, 427: 7-18

Anonymous. 2009. 町の魚を「ワカサギ」に決定しました．広報はこね，2009. February, p. 2.

Asai, T., H. Senou and K. Hosoya. 2012. *Oryzias sakaizumii*, a new ricefish from northern Japan (Teleostei: Adrianichthyidae). Ichthyol. Explor. Freshwater, 22(4): 289-299.

石原龍雄・橘川宗彦・栗本和彦・上妻信夫．1986．ガイドブック箱根の魚類：エビ・カニ・貝類．神奈川新聞社，横浜市．259+11 pp.

堀川まりな・向井貴彦．2007．濃尾平野におけるゼゼラのミトコンドリア DNA 二型の分布．日本生物地理学会会報，62: 29-34.

堀川まりな・中島　淳・向井貴彦．2007．九州北部のゼゼラにおける在来および非在来ミトコンドリア DNA ハプロタイプの分布．魚類学雑誌，54(2): 149-159.

神奈川県農林水産技術センター 内水面試験場．オヤニラミ．http://www.agri-kanagawa.jp/naisui/fishfile/oyaniram.html（2012年9月20日アクセス）

金子裕明・糸井史朗・山崎　泰・勝呂尚之．2008．丹沢山塊に生息するイワナの分布と系統．神奈川自然誌資料，(29): 113-120.

環境庁編．1982．日本の重要な淡水魚類，近畿版．大蔵省印刷局，東京．page var.

Katafuchi, H. and T. Nakabo. 2007. Revision of the East Asian genus *Ditrema* (Embiotocidae), with description of a new subspecies. Ichthyol. Res., 54(4): 350-366.

川那部浩哉・水野信彦・細谷和海．2005．山渓カラー名鑑：日本の淡水魚．山と渓谷社，東京．719 pp.

北原佳郎．2009．静岡県松崎町におけるヒナモロコ *Aphyocypris chinensis* の定着状況．南紀生物，51(1): 9-12.

小山直人・北川忠生．2009．奈良県大和川水系のメダカ集団から確認されたヒメダカ由来のミトコンドリア DNA．魚類学雑誌，56(2): 153-157.

小山直人・森　幹大・中井宏施・北川忠生．2011．市販されているメダカのミトコンドリア DNA 遺伝子構成．魚類学雑誌，58(1): 81-86.

栗岩　薫．2012．アカハタにおける進化の歴史的変遷．松浦啓一（編著），pp. 75-96．黒潮の魚たち．東海大学出版会，秦野市．

栗田喜久・中島　淳・乾　隆帝．2012．九州北部で確認された国内外来魚ビワヒガイ．魚類学雑誌，59(1): 95-97．

宮本真二・渡邊奈保子・牧野厚史・前畑政善．2001．日本列島の動物遺存体記録にみる縄文時代以降のナマズの分布変遷．動物考古学，16: 61-73．

中坊徹次．2011．クニマスについて：秋田県田沢湖での絶滅から70年．タクサ，(30): 31-54．

中井宏施・中尾遼平・深町昌司・小山直人・北川忠生．2011．ヒメダカ体色原因遺伝子マーカーによる奈良県大和川水系のメダカ集団の解析．魚類学雑誌，58(2): 189-193．

中島　淳・洲澤　譲・清水孝昭・斉藤憲治．2012．日本産シマドジョウ属魚類の標準和名の提唱．魚類学雑誌，59(1): 86-95．

中山耕至・大河俊之・丸川祐子・田結庄義博・田中　克．2004．ヒラメの遺伝的集団構造と地域的生理生態特性に関する研究．水産総合研究センター研究報告別冊，(5): 139-142．

日本生態学会編，村上正興・鷲谷いづみ（監修）．2002．外来種ハンドブック．地人書館，東京．xvi+390 pp.

齋藤和久・金子裕明・勝呂尚之．2012．酒匂川水系の魚類相．神奈川自然誌資料，(33): 103-112．

酒泉　満．1990．遺伝学的にみたメダカの種と種内変異．江上信雄・山上健次郎・嶋昭紘（編），pp. 143-161．メダカの生物学．東京大学出版会，東京．

瀬能　宏．2013．メダカ科．中坊徹次（編），pp. 649-650, 1923-1927．日本産魚類検索：全種の同定．第三版．東海大学出版会，秦野市．

瀬能　宏監修著・松沢陽士著．2008．日本の外来魚ガイド．文一総合出版，東京．159 pp.

杉山秀樹編著．2000．田沢湖まぼろしの魚クニマス百科．秋田魁新報社，秋田市．239 pp.

高田未来美・立原一憲・西田　睦．2010．琉球列島におけるフナの分布と生息場所：在来フナと移殖フナの比較．魚類学雑誌，57(2): 113-123．

竹花佑介・酒泉　満．2002．メダカの遺伝的多様性の危機．遺伝，56(6): 66-71．

田城文人・尼岡邦夫・三上敦史・矢部　衞．2010．北海道南部で初めて定着が確認された国内外来魚アブラハヤ．魚類学雑誌，57(1): 57-61．

屋島典是・民野貴裕・北野　忠．2011．金目川で採集された国内外来種のムギツクとフクドジョウ．神奈川自然誌資料，(32): 109-113．

Yamamoto, S., S. Kitamura, H. Sakano and K. Morita. 2011. Genetic structure and diversity of Japanese kokanee *Oncorhynchus nerka* stocks as revealed by microsatellite and mitochondrial DNA markers. J. Fish Biol., 79: 1340-1349.

財団法人自然環境研究センター編著，多紀保彦（監修）．2008．決定版日本の外来生物．平凡社，東京．479 pp.

コラム 1

国内外来魚となった絶滅危惧種

向井貴彦・鬼倉徳雄・瀬能　宏

　人為的な環境改変によって，さまざまな淡水魚が絶滅危惧種になっており，ごくわずかな水路や溜池にしか野生個体群が残っていない種も存在する．日本国内では九州北部にのみ分布するヒナモロコ *Aphyocypris chinensis*（図1）は，一度は絶滅したかと考えられたほど生息地が減少し，その後わずかな水田周辺の水路に残っていることが判明したものの，圃場整備などの計画もあってその存続が危ぶまれている（高久ほか，2007）．イチモンジタナゴ *Acheilognathus cyanostigma*（図2）は濃尾平野と琵琶湖・淀川水系に分布していたが，琵琶湖の個体群は外来魚の増加などが原因で壊滅し，滋賀県内ではごくわずかな溜池を除いて絶滅したと考えられている．琵琶湖固有のワタカ *Ischikauia steenackeri*（図3）も，かつては琵琶湖や周辺の内湖に豊産したものが，現在では危機的水準と考えられるほど激減している（滋賀県生きもの総合調査委員会，2011）．

　これらは，いずれも本来の生息地で個体群が極めて危機的な状態に陥っている種だが，その一方で本来の分布から外れた場所で増加していることが知られている．ヒナモロコは，静岡県の一部に定着して繁殖していることが確認されており，観賞用に流通した個体の放逐に由来すると考えられている（北原，2009）．イチモンジタナゴは，琵琶湖でほぼ絶滅状態にあるにもかかわらず，国内外来種としてさまざまな地域で定着している（本書第5章；大畑ほか，2012）．筆者の一人（向井）も岐阜県のダム湖などに琵琶湖由来の個体が定着していることをミトコンドリアDNAの分析で確認している（向井，未発表）．ワタカも，九州北部や霞ヶ浦で著しく増加している（大畑ほか，2010）．

　こうした事例を我々はどう捉えたらよいのだろうか？　原産地で万一にも絶

図1　ヒナモロコ（静岡県の外来個体群．神奈川県立生命の星・地球博物館提供（瀬能　宏撮影））

図2　イチモンジタナゴ（岐阜県の外来個体群．向井貴彦撮影）

図3 ワタカ（茨城県霞ケ浦の外来個体群．向井貴彦撮影）

滅した場合は，その種が生きて動いている姿を見ることができる唯一の場所となる可能性もゼロではない．実際，70年間絶滅したと考えられていた秋田県田沢湖固有のクニマス *Oncorhynchus kawamurae* が山梨県西湖に生息することが2010年に明らかになった（Nakabo et al., 2011）．それまで一切生きている姿を見ることがかなわなかったクニマスの生きて動いている姿を見ることができるようになった社会的インパクトは大きく，種の保全という観点からは注目すべき事例である．

しかし，原産地で生き残っている個体群があるうちから，安易に他の地域に放流して良いというものではない．まずは生き残った個体群の存続に尽力し，もしも移殖による保全をはかるならば，その種が本来生息していた環境を復元するように計画的に行ったほうが良い（本書第13章，第14章，コラム6）．もともとヒナモロコのいなかった環境で，国内外来魚としてのヒナモロコが増加すれば，その分のしわ寄せはどこか他の種におよんでいるはずである．岐阜県や熊本県には在来のタナゴ類が複数種生息し，琵琶湖のイチモンジタナゴがそれらと交雑や競合している可能性も高い．ワタカは日本のコイ科魚類の中では珍しい草食性の魚種であり，導入先の植生への影響などもあるだろう．

また，こうした魚種ほど危機的ではないが，本来の分布域である中国四国地方や九州で個体数が減少しているオヤニラミ *Coreoperca kawamebari* が関東地方や東海地方，滋賀県などの河川に放逐されて増加している（第11章）．オヤニラミを偏愛するマニアにとっては喜ばしいことかもしれないが，本来の自然を愛好する多くの人たちには迷惑でしかない．オヤニラミは小動物を捕食するため，これは導入先の小動物にとってオオクチバス *Micropterus salmoides* やブルーギル *Lepomis macrochirus macrochirus* が放流されたのと同じ捕食性外来魚の侵入である．

絶滅危惧種の保全は，原則的には在来自然の一部として，それらの生息する環境も含めて行うべきであって，その種のためだけに本来の自然をゆがめたり，他の生物を犠牲にすることは望ましくないだろう．

引用文献

北原佳郎．2009．静岡県松崎町におけるヒナモロコ *Aphyocypris chinensis* の定着状況．南紀生物, 51(1)：9-12.

Nakabo, T., K. Nakayama, N. Muto and M. Miyazawa. 2011. *Oncorhynchus kawamurae* "Kunimasu," a deepwater trout, discovered in Lake Saiko, 70 years after extinction in the original habitat, Lake Tazawa, Japan. Ichthyol. Res., 58: 180-183.

大畑剛史・乾　隆帝・井原高志・中島　淳・鬼倉徳雄．2010．遠賀川水系で確認された国内外来魚ワタカ *Ischikauia steenackeri* の産卵場．日本生物地理学会会報, 65: 21-28.

大畑剛史・乾　隆帝・中島　淳・大浦晴彦・鬼倉徳雄．2012．熊本県緑川水系におけるイチモンジタナゴ *Acheilognathus cyanostigma* の分布パターン．魚類学雑誌, 59: 1-10.

滋賀県生きもの総合調査委員会（編）．2011．滋賀県で大切にすべき野生生物―滋賀県レッドデータブック2010年版―．滋賀県自然環境保全課, 滋賀県．583pp.

高久宏佑・小早川みどり・鬼倉徳雄・大原健一・細谷和海．2007．ヒナモロコ：田園風景とともに消えつつある魚．魚類学雑誌, 54: 231-234.

国内外来魚による生態系・群集の変化

第 II 部

第2章

有明海沿岸域のクリーク地帯における国内外来魚の分布パターン

鬼倉徳雄・向井貴彦

1. 九州北部に定着した国内外来魚

(1) 国内外来魚の分布の現状

　九州北部地域で魚採りに明け暮れる私（鬼倉）が初めて国内外来魚を捕獲したのは，およそ15年前．その後，大学院を修了するまでの約5年間で，実際に捕獲したことのある国内外来魚はゲンゴロウブナ，タモロコ，ワタカくらいである．当時からゲンゴロウブナを捕獲する頻度は高かったものの，それ以外についてはせいぜい1，2回程度であった．しかしながら，現在，それらと出会う頻度が急激に高まり，いくつかの国内外来魚は「普通種」といっても過言でないほど，姿を見ることができる．著者らが九州北部で行った約1000地点の魚類相調査結果では（中島ほか，2008），上記の3種に加えてハス，コウライモロコ，イチモンジタナゴが採集されている．その出現地点数は，ゲンゴロウブナ（146地点），ハス（63地点），タモロコ（43地点），ワタカ（36地点）と続き，特定外来種に指定されるオオクチバス（70地点），ブルーギル（98地点），カダヤシ（36地点）に引けを取らない状況にある．その他，著者らの調査では採集されなかったものの，定着していると考えられる魚種としてワカサギ，イワナなどがあげられる．九州北部の主要な水系ごとにその定着状況を整理すると，ゲンゴロウブナ，ハス，タモロコ，コウライモロコの4種が生息する筑後川水系をはじめ，たいていの水系において2種以上の国内外来魚がすでに定着している．外来生物法施行後，特定外来生物が世間の注目を浴びるが，国内外来魚もその分布の広さや定着種数の多さから決して軽視すべき状況にないことが理解できる．

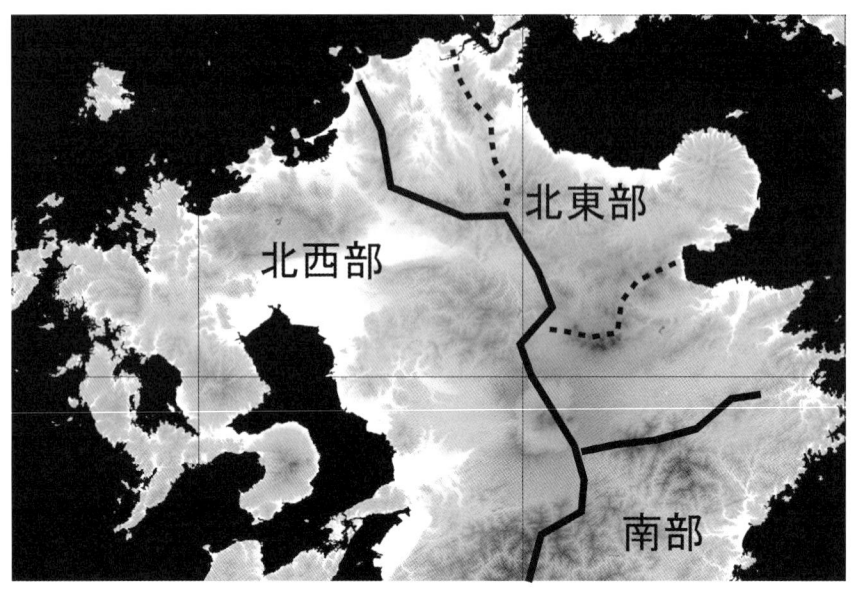

図2.1 九州北部の純淡水魚類の生物地理的な区分．中島ほか（2006），厳島ほか（2007）を参考に描いた．

(2) 九州北部の生物地理

　水辺の国勢調査データに基づいた解析による九州の魚類の生物地理区分（厳島ほか，2007），また著者らが実際に福岡県内で収集した魚類相データの解析による福岡県内の純淡水魚類の生物地理区分（中島ほか，2006）がおおむね明らかとなっている．このような生物地理的な要素を考慮しながら九州北部の純淡水魚類の分布の現状を見ると（図2.1），さらにいくつかの場所に見られる数種の魚類が国内外来魚であることを理解できる．たとえば，筑後川水系や球磨川水系に見られるギギである．九州におけるギギの本来の分布域は北東部のみであり，北西部には近縁種のアリアケギバチが自然分布する（Mizoiri et al., 1997）．有明海・八代海流入河川である筑後川と球磨川はアリアケギバチの自然分布域であり，ここではギギは国内外来魚である．同様の関係がアマゴとヤマメにもあり，かつて著者らが実際に採集したことのある福岡県内の瀬戸内海流入河川のヤマメ，同県の博多湾流入河川のアマゴについては，国内外来魚として扱うべきである．このように，国内外来魚問題を理解するうえで，学術的に明らかとされた純淡水魚類の生物地理的な区分に関する情報は極めて重要となる．特に，生物地理的境界を複数持つような地域では，遺伝的な撹乱等の問

題を含めれば，同一種の移殖であっても外来魚の移殖と同様だといえる．たとえば，福岡県の西部と東部では生物相が異なっており，西部の那珂川産のオイカワやカワムツを東部の今川に放流する行為は外来遺伝子を異なる水系に持ち込む可能性を意味している．

ここで一点，特筆しておくべき事項がある．タモロコである．本種は九州内の長崎県，福岡県，熊本県，大分県で近年採集されたが，それらは極めて不連続な分布であった．たとえば，福岡県では筑前海側に流入する瑞梅寺川，雷山川，御笠川から記録があるが，那珂川，室見川，多々良川などの主要な河川からは採集されたことがない．熊本県内は八代海沿岸の水田地帯からの，長崎県では福江島からの記録のみであり，その分布は不連続かつ断片的であり，国内外来魚であると判断できる．しかしながら，本州・四国の瀬戸内側はタモロコの在来分布と考えられているため，九州の瀬戸内側の個体群，特に大分県内に分布する個体については在来か外来かを含めて今後，検討が必要である（中島ほか，2008）．

(3) 国内外来魚の移殖パターン

これらの国内外来魚はどのようにして九州に入ってきたのか？ ゲンゴロウブナは水産有用資源としての直接的な放流や遊漁目的の放流によって，ハスは琵琶湖産アユ放流に混入して広がったと推測されるが，その他の魚種についてはあまり明らかでない（中島ほか，2008）．しかしながら，緑川水系には九州内の他の地域ではあまり姿を見かけない国内外来魚イチモンジタナゴ，ワタカや，国外外来魚ナイルティラピアが定着していること，同水系では内水面養殖が盛んであることなどを考慮したとき，養殖魚の逸脱による理由が想像させられる．いずれにせよ，いくつかの国内外来魚の定着には内水面漁業が大きく関与しているのだろう．

また，九州に定着した琵琶湖由来の国内外来魚であるハスのミトコンドリアDNA（チトクローム b 遺伝子約1 kb）を10地点70個体について解析したところ，そのハプロタイプの分布から，琵琶湖産ハスの侵入パターンが明らかとなった（図2.2）．一般的に，外来種は少数個体が侵入して繁殖するため，元の個体群よりも遺伝的多様性が小さくなる．琵琶湖産のハス47個体を調べたところ11種類のハプロタイプが見つかっているが，九州では各地点で1～2種類のハプロタイプしか見つかっていない（九州全体では7種類のハプロタイプが見つかっ

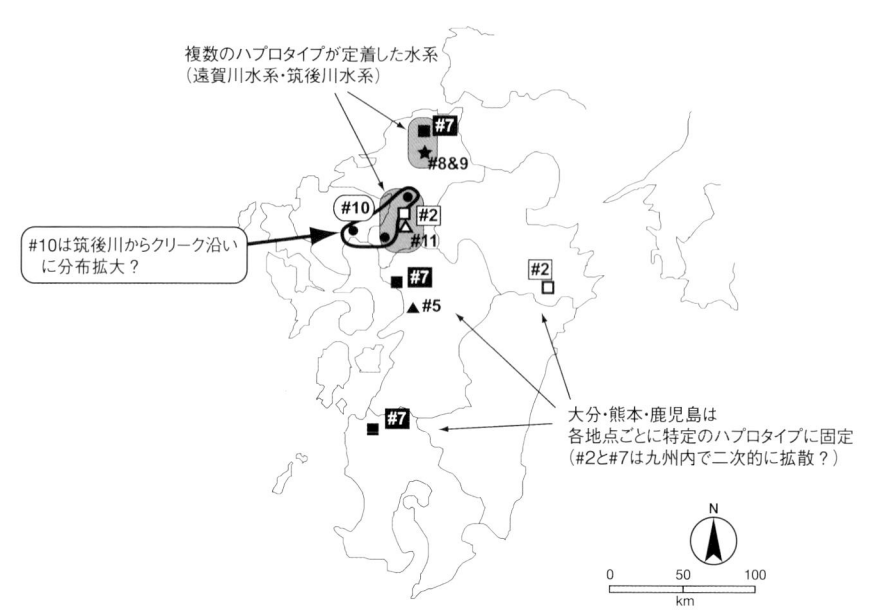

図2.2 九州におけるハス移入集団のハプロタイプ分布．ハプロタイプ#10は筑後川下流から有明海沿岸のクリーク地帯に広がっており，侵入定着後にクリーク沿いに分布を拡大した可能性がある．ハプロタイプ#7も，琵琶湖（原産地）における頻度が少ないにもかかわらず複数地点に出現していることから，九州内で二次的にハスが拡がった可能性がある．

ている）．複数のハプロタイプが見つかったのは筑後川水系や遠賀川水系といった大河川であり，大規模な琵琶湖産アユの放流に伴う比較的多数の個体の侵入が生じた可能性が考えられる．一方，緑川水系のようにひとつのハプロタイプしか見つからなかった河川の場合，小規模な侵入が起源となったと考えられる．

また，遺伝的に多様な原産地から各地点にそれぞれ侵入した場合，場所ごとにランダムに違うハプロタイプが定着すると予想できる．しかし，筑後川下流と有明海沿岸のクリーク地帯（後述）の複数河川には特定のハプロタイプ（#10）が広がっているため，クリーク伝いにハスが分布を拡大していったと考えられる．ハプロタイプ#7も，琵琶湖ではそれほど頻度の高いハプロタイプではないが，九州では複数地点で優占するため，九州内での非意図的な導入を介して二次的に広がった可能性がある．実際に，ある水系の漁業者は，「琵琶湖産アユを入れていないにもかかわらず，ハスが近年，急に増え始めた．他の水系からオイカワを購入し，放流したのが原因ではないか」と指摘している．

参考までに，およそ5年前，九州内の37水系の内水面漁業協同組合にお願いして，琵琶湖産アユ種苗の放流状況に関する聞き取りを行ったところ，約半数の漁協は放流記録を残していない，あるいは組合長が交代したため過去の履歴はさかのぼれないとの回答であったが，残りの多くは琵琶湖産アユの放流実績があった．しかしながら，いずれの水系においても琵琶湖産アユの冷水病の問題もあり，最近は放流していないとのことであった．その他の放流魚種としては，海産アユ，ワカサギ，オイカワ，コイ，フナなどがあり，鹿児島の個体を熊本の河川へ，熊本の個体を宮崎の河川へといったように，九州内でのさまざまな放流が行われていることが明らかとなった．国内外来魚は琵琶湖から侵入するだけでなく，九州内での二次的拡散が生じていることも想定しておくべきだといえよう．その他，山口県・宮崎県から熊本県の河川への放流など，先に述べた生物地理的な区分を逸脱する放流も見られた．

2．クリーク地帯に定着する国内外来魚

(1) なぜ，クリーク地帯なのか

　九州北西部，有明海沿岸域には広大な田園地帯が広がり，そこには無数の農業用水路（通称，クリーク）が張り巡らされている．有明海の干満差が大きいため，川からの淡水の取水が困難だったことなどが関連し（鬼倉ほか，2009），他の地域では見ることができない複雑な水路網が形成されている．水田面積に対するその水面面積が9％を下らないことからも（田中・百武，2006），その水路網の様子がうかがえる．現在，全国各地で農地の基盤整備事業に伴う乾田化・水路の護岸整備などが原因で，氾濫原性の淡水魚が分布域を減らし，個体数を減少させているが（中島ほか，2010），この地の水路網は多様で，ニッポンバラタナゴをはじめとする希少な絶滅危惧種の生息地が数多く残されている（鬼倉ほか，2007）．在来の純淡水魚が数多く残り，比較的健全な水田生態系が維持されているからこそ，国内，国外外来魚に関する状況の把握と今後の対策に向けたさまざまな基礎的知見の集積が必要であろう．ここでは，在来の生物多様性が高い有明海沿岸域での国内外来魚に的を絞り，その現状を紹介したい．

(2) 国内外来魚の出現パターン

　有明海沿岸域は筑後川，緑川といった1級河川が流入し，その沖積作用によって形成された広大な平野が広がっている．さらに，有明海には広大な干潟が

広がっており，繰り返し行われた干拓によって現在では海抜0mの低平地にも水田域が広がっている．同じような傾向は八代海沿岸域にも見受けられる．著者らの調査では，これらの水田地帯の水路網において33種の在来純淡水魚，6種の国内外来魚，6種の国外外来魚の生息を確認している（鬼倉ほか，2008：本章ではニッポンバラタナゴとタイリクバラタナゴの交雑個体群については，タイリクバラタナゴとして取り扱っている）．地域ごとにそれらの出現・非出現情報を整理して解析すると，これら外来魚類の分布パターンをある程度整理することができる（図2.3a）．

まず，各エリアの魚類相の類似性についてだが，佐賀・福岡などの湾奥部（I），湾奥の低平地（II），北西部（III），菊池川（IV）および球磨川・緑川（V）の5つのエリアに区分できた．この地域の魚類相は，ある程度，地域性を反映しているように見える（図2.3b）．次に，各魚種の出現パターンの類似性を見てほしい．最も右のグループAはクリーク地帯に広域に出現する魚種であり，その中にハス，ゲンゴロウブナ，カダヤシとタイリクバラタナゴが含まれている．すなわち，クリーク地帯の代表的な外来魚と言える．しかしながら，ハスについては先の区分の湾奥の低平地には出現していない．低平地には流水的な幹線水路が少ないことなどが関連しているのだろう．カダヤシ，タイリクバラタナゴについても半数近いエリアに出現するものの，在来魚類とは異なる分布パターンを示し，地域性をあまり反映しない出現パターンを示している．すなわち，典型的な不連続分布パターンといえ，人為的な移植あるいは非意図的導入によってこの地域に不規則に入れられたものの，そこからあまり分布を拡散させていないのだろう．次のグループBに属するカムルチー，ブルーギル，オオクチバスは先に述べた4種に次いで分布が広い外来魚であるが，湾奥部のエリアを中心に分布している．その他の外来魚では，イチモンジタナゴ，ワタカ，ナイルティラピアが緑川水系のみに定着する魚種としてひとつのグループDを形成し，コウライモロコ（グループC），タモロコ（グループF）については出現エリアが少なく，不連続に分布しているためか，顕著な特徴が見られなかった．これらは導入の頻度やニーズがさほど高くなかった魚種，あるいはつい最近，何らかの要因で入ってきた魚種である可能性が高い．

さて，今度は外来魚類12種のデータを削除し，在来種のみで同様の解析を行ってみたところ（図2.3c），各エリアの魚類相の類似性は大きく変化した．先に水系レベルで区分された球磨川・緑川や北西部縁辺として区分されたものが，

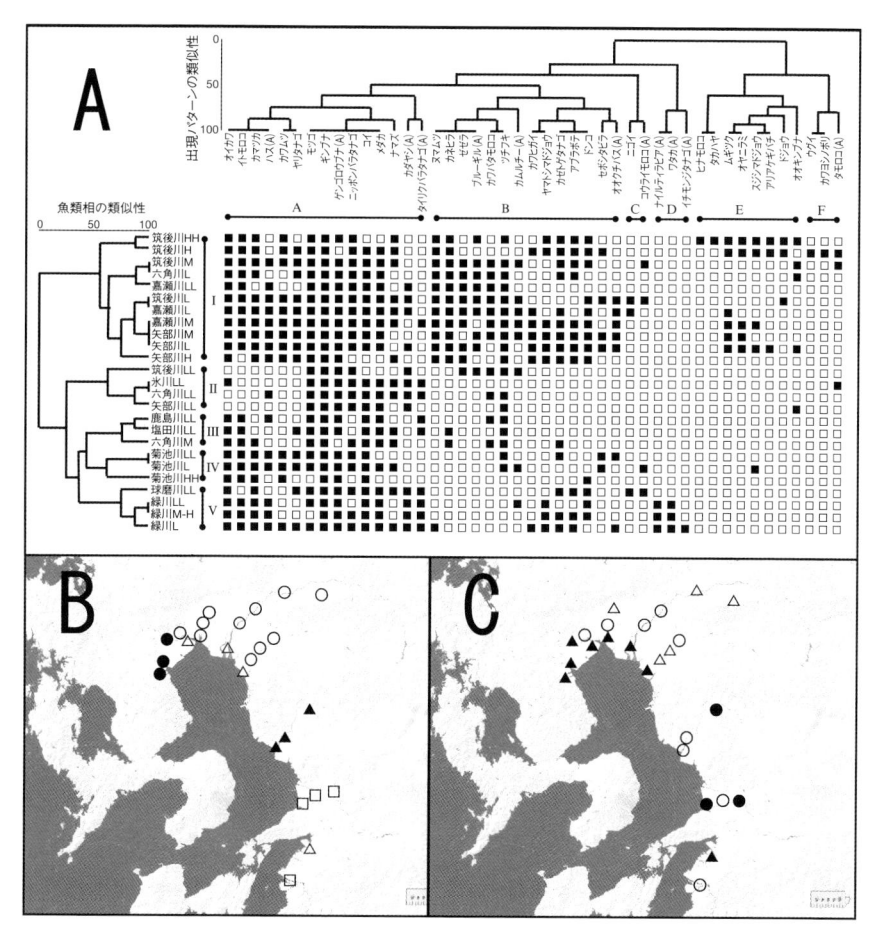

図2.3 有明海沿岸の水田地帯における純淡水魚類相の類似性および各魚種の出現パターンの類似性（a）．魚類相の類似性については，外来魚データを含むケース（b）と除いたケース（c）について，類似した地域ごとに記号を変えて図示した（外来魚あり：5区分；外来魚なし：4区分）．

湾奥部や低平地と同じグループに属している．外来魚類のデータを含めた解析時に見られた地域性は完全に失われている．そもそも，これらクリーク網が発達するエリアには各々の水系を遮断するような山塊はなく，古くは出水などで容易に近隣河川と水系接続を起こしていただろう．そのため，地域間の在来魚類相は極めて類似し，本来なら水系レベルで魚類相が変わる可能性は極めて低いだろう．むしろ，標高が高いか低いか，流速が速いか遅いか，感潮域区間に隣接するのか否かなどの各魚種の生息環境を支配するような他の要因が魚類相

を左右していると考える．そして，内水面養殖の盛んだった緑川水系やフナ市で他地域から持ち込んだフナ類を一時的に蓄養する習慣がある湾奥の縁辺部（鹿島川・塩田川周辺）などに，ある特定の外来魚が定着し，一見，地域固有の魚類相が存在するように見えたのである．外来魚類が広く蔓延することで，地域固有の生物多様性が失われ，均質化が起こるとされるが（Rahel, 2000；Sato et al., 2010），その中途に起こる皮肉な事例として外来魚の分布が引き起こす地域性についても認識しておく必要があろう．

(3) 在来魚類との関係

　それでは，クリーク地帯での出現上位3種（ゲンゴロウブナ，ハス，カダヤシ）についてもう少し見てみたい．これら3種の出現・非出現場所における在来純淡水魚類の平均種数を調べたところ（図2.4a），ゲンゴロウブナではそれらの出現場所と非出現場所間での在来種の平均出現種数に差が見られず，ハスとカダヤシでは有意な差が認められた．ハスの出現場所での在来魚類の種数は多く，カダヤシではその逆であった．カダヤシについては，在来魚類であるメダカに対して影響する可能性が指摘されており（北野, 2005），その出現場所で種数が減少することは十分に想像できる．しかしながら，後述するように，ハスは淡水魚類を含め，さまざまな生物を捕食する習性を持ち，一見，在来生態系に大きな影響を与えることを想像させる．後に改めて述べることになるが，ハスの生息には止水域と流水域の両方が必要なようで，ハスの定着できる場所は必然的に環境構造が多様なため，在来種の種数が多いのかもしれない．

　特徴的な傾向が見られたハスとカダヤシについては，在来魚類とこれらの外来魚との非共存傾向を調べてみた．ここでは，Stone and Roberts(1990)を改変し，0から1の間を変化する非共存的指数（NCOI: negative co-occurrence index）を算出した．在来魚Aの出現地点数（Pa），外来魚Bの出現地点数（Pb），両種とも出現する場所の数（COab）として，次式に当てはめて計算したところ，興味深い結果が得られた（図2.4b）．

$$NCOI = (Pa - COab) \times (Pb - COab) / (Pa \times Pb)$$

　カダヤシ，ハスとの共存が可能なモツゴ，ツチフキ，コイなどのグループⅠ，ハスとだけ非共存傾向が強いカワバタモロコ（グループⅡ），カダヤシとだけ

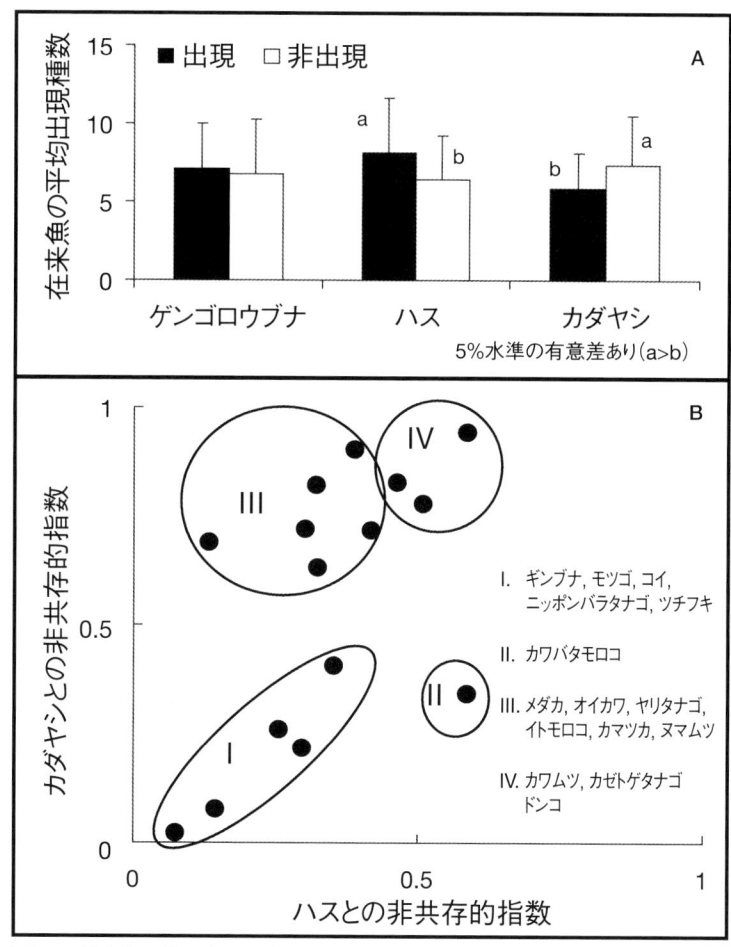

図2.4 外来魚3種の出現・非出現場所における在来魚類の出現種数（a）および主要な在来純淡水魚15種と外来魚2種との非共存関係（b）．

非共存傾向が強いメダカ，オイカワなどのグループⅢ，そして，両種に対して非共存的なドンコ，カワムツなどのグループⅣに分けられた．カダヤシの出現地点の平均標高が約2m，ハスが約4mであることを考えると，標高がやや高い水路を好むグループⅣの魚種が，これらの外来魚と非共存的傾向を示すのは当然といえる．その中で，メダカだけが出現標高が約4mと低いにもかかわらず，カダヤシとの間に非共存的傾向が見られている．カダヤシがメダカに影響を与えているという知見を裏付ける結果といえよう．カワバタモロコ（平均

出現標高：約3m）がハスと非共存的傾向を示す点は，もしかしたら，我々の気がついていないハスによる何らかの負のインパクトがカワバタモロコにおよんでいるのかもしれず，今後，注視しておかなければならないだろう．

3．生態的脅威

(1) 国内外来魚ハスの食害

　先に述べたように，有明海沿岸域のクリーク地帯の代表的な外来魚はゲンゴロウブナ，ハス，カダヤシとタイリクバラタナゴである．そのうち，ハスは魚食性とされ（川那部ほか，2005），全国各地に見られる国内外来魚の中では，在来生物種に対して食害をおよぼす可能性を持つ．実際に，クリーク地帯でハスの定期的なサンプリングを行い，消化管内容物を調べてみたところ，淡水魚に限らず，昆虫類や両生類などのさまざまな生物を捕食していることが明らかとなった（Kurita et al., 2008）．また，純淡水魚類の生息個体数と消化管内容物の頻度から，ハスの餌選択性を見たところ，秋季にはツチフキ・ゼゼラの生息個体数が少ないにもかかわらず，また冬季にはタナゴ属魚類の個体数が少ないにもかかわらず，それらが選択的に捕食されていた．また，ニッポンバラタナゴなどの環境省レッドリスト（2013）で絶滅危惧IA類にあげられている魚種の捕食も確認されている．捕食が原因で在来の生物が危機的状況にあるのか否かを判断するのは難しいが，少なくとも絶滅危惧種をはじめとする在来の生物が捕食されていることは紛れもない事実である．

(2) 国内外来魚ハスと在来魚ヌマムツの交雑

　また，ハスについては数年前から在来の近縁種であるヌマムツとの交雑が生じている（環境省，2011）．我々の調査では，雑種と考えられる個体（以下，"ヌマハス"とする）を遠賀川水系で数個体採集している（図2.5）．"ヌマハス"の外部形態を計測・計数し，ヌマムツ，ハスと比較したところ，側線鱗数はヌマムツに類似し（ヌマムツ：約58；"ヌマハス"：約58；ハス：約52），吻長・体長比はハスに類似していた（ヌマムツ：約7.5％；"ヌマハス"：約9.3％；ハス：約9.0％），体高・体長比は両種の中間（ヌマムツ：約24％；"ヌマハス"：約22％；ハス：約19％）を示していた．サンプル数が少ないものの"ヌマハス"の一部についてミトコンドリアDNAを調べたところハスのミトコンドリアDNAであった．"ヌマハス"については，少ないながらも嘉瀬川

図2.5 在来純淡水魚ヌマムツ（上），国内外来魚ハス（下）と両種の雑種と考えられる個体（中）．いずれも遠賀川産．

水系や筑後川水系からの報告事例が存在する．遺伝的解析や交雑に関する実験的検証の必要性があるものの，交雑が事実であれば，在来魚の繁殖の機会を奪っているといえる．国内外来魚ハスについては，そういった生態的脅威の可能性も認識しておく必要があるだろう．

4．最後に

ここまでの記述の中で，絶滅危惧種の希少な淡水魚の生息地が数多く残されている有明海沿岸域のクリーク地帯にも，数種の国内外来魚がすでに定着しており，それらによって在来種が生態的あるいは遺伝的な脅威にさらされていることをご理解いただけたであろう．今回，有明海のクリーク地帯の国内外来魚にスポットを当てたが，この地域に生息する在来の希少魚類の危機的要因を考えると，現状では「外来魚＜生息環境の改変」であろう．この地域でも水田地帯の基盤整備が進み，水路のコンクリート護岸化などが着実に進んでいる．そして，それらが希少魚類の分布や個体数に負の影響をおよぼすことは科学的に示されている（鬼倉ほか，2007）．この地域に定着した外来魚類による影響についての知見はまだまだ断片的であり，科学的に十分な事例が集積された状況

にはない．しかしながら，ニッポンバラタナゴが生息環境の悪化とタイリクバラタナゴの分布拡大の同時進行によって，劇的に危機的状況に追い込まれたように（加納ほか，2005），いずれかの種が生息場の悪化と外来生物侵入による複合的なインパクトにさらされ，近い将来，劇的に数を減らすようなことが起こるかもしれない．生物多様性基本法には，「生物の多様性が微妙な均衡を保つことによって成り立っており，科学的に解明されていない事象が多いこと及び一度損なわれた生物の多様性を再生することが困難であることにかんがみ」とある（環境省，2008）．国内外来魚問題に関して，今後も科学的知見の集積に努めることは当然ながら，知見が不十分であっても失われた多様性を取り戻すことの難しさを認識し，予防的な措置を講じることが不可欠である．たとえば，水産放流の現場における生物地理的区分を越える種の移動に対する制限，国内外来魚の観賞魚としての流通制限など，法的にルール化することで，国内外来魚の定着を未然に防ぐ，あるいはこれ以上の拡散防止に努めることができるだろう．生物多様性基本法に記述される「生物の多様性を保全する予防的な取組方法」を国内外来魚に対しても講じるべきである．

引用文献

厳島　怜・島谷幸宏・河口洋一．2007．魚類相からみた九州のエコリージョン区分．http://www7.civil.kyushu-u.ac.jp/ryuuiki/ituku %20ecoregion.pdf（土木学会西部支部発表会要旨）．
環境省．2008．生物多様性ホームページ．生物多様性基本法・国家戦略．生物多様性基本法本文．http://www.biodic.go.jp/biodiversity/
環境省．2011．環境研究・技術　情報総合サイト．環境研究総合推進費．実施課題一覧．過去に実施した課題一覧．H20．RF-075研究概要および報告書．http://www.env.go.jp/policy/kenkyu/index.html
環境省．2013．生物多様性情報システム．レッドリスト　汽水魚類・淡水魚類．http://www.biodic.go.jp/rdb/rdb_f.html
加納義彦・原田泰志・河村功一．2005．ニッポンバラタナゴ―外来種と隔離がもたらしたもの―．片野　修・森　誠一（編），pp.122-132．希少淡水魚の現在と未来―積極的保全のシナリオ―．信山社，東京．
川那部浩哉・水野信彦・細谷和海（編）．2005．山渓カラー名鑑　日本の淡水魚　3版3刷．山と渓谷社，東京．719 pp.
北野　聡．2005．水田地帯を代表する魚　メダカ．片野　修・森　誠一（編），pp.206-216．希少淡水魚の現在と未来―積極的保全のシナリオ―．信山社，東京．
Kurita, Y., J. Nakajima, J. Kaneto and N. Onikura. 2008. Analysis of the Gut Contents of the Internal Exotic Fish Species *Opsariichthys uncirostris uncirostris* in the

Futatsugawa River, Kyuhsu Island, Japan. J. Fac. Agr. Kyushu Univ., 53: 429-433.
Mizoiri, S., N. Takeshita, S. Kimura and O. Tabeta. 1997. Geographical Distributions of Two Bagrid Catfishes in Kyushu, Japan. SUISANZOSYOKU, 45: 497-503.
中島　淳・鬼倉徳雄・松井誠一・及川　信．2006．福岡県における純淡水魚類の地理的分布パターン．魚類学雑誌，53: 117-131.
中島　淳・鬼倉徳雄・兼頭　淳・乾　隆帝・栗田喜久・中谷祐也・向井貴彦・河口洋一．2008．九州北部における外来魚類の分布状況．日本生物地理学会報，63: 177-188.
中島　淳・島谷幸宏・厳島　怜・鬼倉徳雄．2010．魚類の生物的指数を用いた河川環境の健全度評価法．河川技術論文集，16: 449-454.
鬼倉徳雄・中島　淳・江口勝久・三宅琢也・河村功一・栗田喜久・西田高志・乾　隆帝・向井貴彦・河口洋一．2008．九州北西部，有明海・八代海沿岸域のクリークにおける移入魚類の分布の現状．水環境学会誌，31: 395-401.
鬼倉徳雄・中島　淳・江口勝久・三宅琢也・西田高志・乾　隆帝・剣持　剛・杉本芳子・河村功一・及川　信．2007．有明海沿岸域のクリークにおける淡水魚類の生息の有無・生息密度とクリークの護岸形状との関係．水環境学会誌，30: 277-282.
鬼倉徳雄・中島　淳・北村淳一．2009．有明海周辺の掘割に棲む魚たち．日本魚類学会自然保護委員会（編），pp. 229-232．干潟の海に生きる魚たち　有明海の豊かさと危機．東海大学出版会，秦野市．
Rahel, F. J. 2000. Homogenization of fish faunas across the United States. Science, 288: 854-855.
Sato, M., Y. Kawaguchi, J. Nakajima, T. Mukai, Y. Shimatani and N. Onikura. 2010. A review of the research on introduced freshwater fishes: new perspectives, the need for research, and management implications. Landscape Ecol. Eng., 6: 99-108.
Stone, L. and A. Roberts.1990. The checkerboard score and species distributions. Oecologia, 85: 74-79.
田中典枝・百武ちとせ．2006．佐賀の食とその背景．農山漁村文化協会（編），pp. 59-71．伝承写真館　日本の食文化11　九州I．農山漁村文化協会，東京．

第3章

湖沼におけるコイの水質や生物群集に与える生態的影響

松崎慎一郎

1. はじめに

　コイ（鯉，*Cyprinus carpio*, L）は，日本人にとって最も親しみ深い淡水魚である．「鯉のぼり」「まな板の上の鯉」や「登竜門」の語源ともなっており，古くからよく知られるシンボル性の高い魚である．室町時代の料理書『包丁書』には，「魚ならば鯉を一番に出すべし．その後鯛など出すべし」という記述もあるほど，古来より食材の王様として，全国各地で食されてきた．

　コイは，富栄養で流れのゆるやかな場所を好み，湖，池，川，用水路，水田，ダム湖や公園などでよく見られる．本来は観賞用である色鯉（ニシキゴイ）が，野外で泳いでいることも珍しくない．日本におけるコイの自然分布や生息密度に関する知見はほとんどないが，現在，さまざまな水域でコイが見られるのは，水産有用魚として古くから育種や養殖が盛んに行われ，全国的な移動や放流が頻繁に行われてきた結果といえる．内水面漁業には増殖義務があるため，各地域の漁業組合によって放流が長年にわたり行われてきた．農林水産省による漁業センサスデータを分析すると，これまでに年間約3000万匹ものコイが放流されてきたことがわかる．最近では，こうした水産放流だけではなく，水質浄化や環境教育と銘打った放流などもコイの導入をもたらしている．

　コイの放流は，一度に大量に行われることが多い．生物多様性の保全が喫緊の課題となっている今日，このように放流されたコイがしばしば過剰な個体数となり，生態系を不健全化させる作用について注目し，それらの生態的な影響を定量的に評価する必要があるのではないだろうか．

　コイは雑食性であり，さまざまな栄養段階の生物に直接的あるいは間接的に影響を与えることに加えて，底生魚であるコイは，底泥の餌を探餌する際（吸引摂餌），泥を巻き上げる．コイは，この泥の撹乱を通じて，水質の悪化や水

生植物の減少を引き起こすことから，北米やオーストラリアでは，湖沼の生態系を大きく改変する害魚として扱われている（Koehn, 2004; Parkos et al., 2003）．さらにコイは，国際自然保護連合（IUCN）が選定する世界侵略的外来種ワースト100にリストアップされており，コイの侵入や定着が国際的にも大きな問題になっている．世界侵略的外来種ワースト100にはブラックバス，ニジマスやブラウントラウトなどが選定されていることを鑑みると，コイの生態的影響の甚大さがうかがえる．残念ながら，これまで国内ではコイの生態的影響が十分に評価されないまま放流が続けられてきたが，その原因のひとつとして，コイは日本の在来種であるという一般的な認識があったと考えられる．そこで，本章では，コイの無秩序な放流が水質や生物群集，生態系全体に与える影響とそのメカニズムについて，実際の研究例をまじえながら紹介する．

　本題に入る前に，日本の自然水域に生息するコイの複雑な背景を説明しておく必要がある．最近，ミトコンドリア DNA を用いた遺伝学的な研究から，養殖や放流に用いられる体高の高いコイ（飼育型コイ，図3.1a）はユーラシア大陸から導入された系統であることが判明した（Mabuchi et al., 2005）．普段，湖沼や河川でわれわれがよく目にするコイのほとんどがこれだろう．一方，これまで野ゴイや野生型と呼ばれてきた体高が低く体幅が厚いコイは，大陸産とは遺伝的に明瞭に異なる日本在来のコイ（在来型コイ，図3.1b）であることが明らかにされた．現在では，在来型コイが残存しているのは琵琶湖の北部などごく限られた水域のみと考えられている．両者は，鰓耙数や腸の長さなどの内部形態や生息場所などの生態学的な性質も異なっていることが知られている（生田・細谷，2005）．さらに，日本の自然水域から，飼育型コイや在来型との交雑個体がかなりの頻度で検出されている．（Mabuchi et al., 2008; 馬渕ら，2010）．これは，外国から導入されたコイが養殖品種として，あるいは交雑育種の親魚として利用され，コイの放流が盛んに行われてきた歴史を如実にあらわしている（丸山，1987；生田・細谷，2005）．野外では，在来型と飼育型が交雑することによって雑種が形成されており，在来型のコイが絶滅してしまうことが懸念されている（Matsuzaki et al., 2010）．そのため，日本国内の河川や湖沼で影響をおよぼしているものは単なる外来種とも国内外来種とも言いがたいが，ここでは実験的に検証された飼育型コイの生態的影響について注目する．

(a) 飼育型

(b) 在来型

図3.1 日本に生息しているコイの種類．(a) ユーラシア大陸に由来する養殖品種のコイ（飼育型），(b) 日本在来のコイ（在来型）．写真提供：神奈川県立生命の星・地球博物館　瀬能　宏氏．

2．飼育型コイの生態的影響とメカニズム―実験からの証拠―

(1) 隔離水界を用いた野外操作実験

　一般に，生物群集の変動や生物間相互作用を見出すことは難しい．室内実験では限られた種だけしか対象にすることができないことや，結果を直接，野外の生態系に適用することができない．一方，フィールド調査では，複数の要因が複雑に作用しており詳細なメカニズムを明らかにすることは難しい．そこで，野外に模擬的な生態系を作り群集あるいは生態系レベルで実験することが有効な手段となる．湖沼では，水質やプランクトンは空間的に比較的均一なため，湖の一部をシートやフィルムで仕切るだけでほぼ同じ水質や生物群集をその中に閉じ込めることができる．この仕切った水界は隔離水界（enclosure：エンクロジャー）と呼ばれ，隔離水界の中の環境を実験的に操作すれば，その操作する要因の効果を調べることができる．隔離水界のスケールはさまざまであるが，湖沼の生物群集の研究において広く利用されている方法である．

　本項では，隔離水界を用いて，飼育型コイが水質や生物群集に与える影響を

(a) 隔離水界　　　　　　　　　　　　(b) ポリエチレンタンク

図3.2　野外操作実験に用いた（a）隔離水界（2 m × 2 m）と，（b）ポリエチレンタンク（500 L）．

調べた研究を紹介したい（Matsuzaki et al., 2009b）．霞ヶ浦と連結している実験池（茨城県稲敷郡阿見町木原，国土交通省所管，水深は80 cm 前後）に，4 m^2 の隔離水界を複数設置し野外操作実験を行った（図3.2）．この池には，湖岸の植生回復実験を行うため，土壌シードバンクを含む浚渫土（湖底の泥）をまきだしてある（西廣ら，2003）．通常，夏にかけて沈水植物や浮葉植物など水草が繁茂するため，水草が芽生える前に，隔離水界を設置した．

　実験では，飼育型コイの生息密度によって生態的影響が異なるかを明らかにするために，飼育型コイの密度を0，1，2，3匹／隔離水界の4段階（対照区，低密度区，中密度区，高密度区）に設定した．標準体長約15 cm（約65 g）の飼育型コイを使用したので，各処理区のバイオマス0，16，32，48 g/m^{2}となり，天然密度の範囲内と考えられる．各処理区には3つの反復を設け，計12個の隔離水界を用いて実験を開始した．飼育型コイを導入してから4日，10日，20日，35日後に，セストン量（水中の懸濁物量），クロロフィル量（植物プランクトン量の指標），動物プランクトンとベントス類の定量的なサンプリングと分析を行った．4回の調査データから時間加重平均値を算出し，それらの値と飼育型コイの密度との相関関係を解析した．また，実験終了後には，隔離水界内の水草をすべて刈り取り，乾燥重量を測定した．

　実験の結果，対照区では，オオトリゲモ（*Najas oguraensis*）やリュウノヒゲモ（*Potamogeton pectinatus*，環境省レッドリスト：準絶滅危惧種）などの沈水植物がシードバンクから再生された（図3.3a）．しかし，飼育型コイを導入した処理区では，沈水植物の再生が抑制された．低密度区では沈水植物の再生

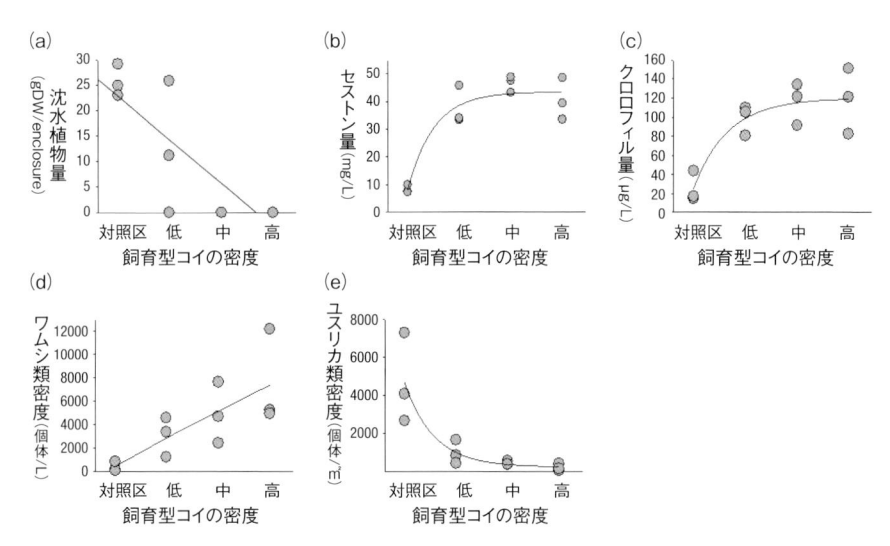

図3.3 隔離水界を用いた野外操作実験の結果．飼育型コイの密度と各応答変数との関係．(a) 沈水植物量，(b) セストン（水中懸濁物）量，(c) クロロフィル量，(d) ワムシ類の密度，(e) ユスリカ幼虫の密度．線形と非線形（カーブ）の当てはまりは，AIC（赤池情報量規準）を用いたモデル選択により決定した．

が若干見られたものの，中・高密度区ではまったく確認されなかった．その結果，飼育型コイの密度と沈水植物量の間には，負の線形関係が認められ，飼育型の導入は，沈水植物の再生を抑制することが示唆された．一方，水質の項目を見てみると，飼育型コイが低密度でもセストン量とクロロフィル量が有意に増加した．つまり，飼育型コイは，低密度であっても，透明度や水質を大きく改変してしまう可能性を示している（図3.3b, c）．

コイが水草を減少させるメカニズムには，大きく2つ考えられる．まずは，コイが直接的に水草を減少させるメカニズムがあり，水草の根を浮かせてしまう効果と水草の実生などを捕食する効果が知られている（Sidorkewicj et al., 1996）．一方，間接的なメカニズムとして，コイが水質を悪化させ（透明度の著しい低下），水草の成長に必要な光を減少させる効果が知られている．今回の操作実験でも，こうしたメカニズムが複合的に作用したと考えられるが，実験期間中に水草の根が浮いてくることはなかったこと，コイは積極的に水草を捕食しない報告があること（Williams et al., 2002），飼育型コイ導入区でセストン量や植物プランクトン量が増加したことから，水質の変化を介した間接的な効果のほうがより大きかったと考えられる．このように物理的環境（ここで

は光）を大きく改変し，他の生物に正負の影響を与える生物を，エコシステムエンジニア（生態系改変種）と呼ぶ（Jones et al., 1994; Crooks, 2002）．飼育型コイは，まさに淡水生態系を改変するエコシステムエンジニアといえる（Matsuzaki et al., 2007; Matsuzaki et al., 2009b）．

　飼育型コイの導入により透明度や水質を悪化させたり，水草を減少させるのは，飼育型コイが泥を巻き上げるからだけではない．有機物に富んだ泥が撹乱されることにより，泥の間隙水中に含まれる栄養塩（窒素やリンなど）が水中に回帰される．また，コイは，水中のプランクトン等だけでなく，泥中のユスリカ幼虫や貧毛類などを捕食することによって，泥の中にあった栄養塩を体内に取り込み，消化吸収されなかった分を糞や尿として水中に排泄する．栄養塩排出も，植物プランクトンの増殖を促進し，透明度を低下させると考えられる．コイの生態的影響のメカニズムとして底泥の撹乱と糞尿による栄養塩排出の両方が重要であるが（Matsuzaki et al., 2007; Matsuzaki et al., 2009b），小型のコイの場合は，栄養塩排出の影響が相対的に大きく，大型のコイの場合は泥の撹乱による影響がより大きいことも報告されている（Driver et al., 2005）．

　さらに雑食性であるコイは，生物間相互作用を通じて，動物プランクトンやベントスなどにも影響を与える．実験池に最も優占していた小型動物プランクトンのワムシ類の密度は，飼育型コイの密度と正の線形関係が認められた（図3.3d）．大型の動物プランクトンのミジンコ類は，密度は低いものの，飼育型コイ導入区では減少していた．ミジンコ類の減少はコイによる捕食と考えられるが，ワムシ類の増加はおそらく餌である植物プランクトンが増加したことによる間接効果だろう．また，飼育型コイを導入した処理区では，ユスリカ幼虫（ベントス）が有意に減少していた（図3.3e）．低密度区においても，その効果は大きかった．コイは，ユスリカ幼虫や貧毛類を好んで捕食することから，直接的な影響と考えられる．隔離水界の実験結果は，飼育型コイが低密度であっても，捕食とエンジニア効果を通じて，水質や生物群集に大きな影響を与えることから，湖沼生態系のキーストーン種となる可能性を示唆している．

(2) ポリエチレンタンクを用いた野外操作実験―系統や品種による生態的影響の違い―

　隔離水界の実験から，飼育型コイが水質や生物群集に大きな影響を与えることが明らかになったが，先に述べたようにコイにはさまざまな系統や品種が存

在する．飼育型の系統によって生態的影響が異なるかを検証するために，比較的大型のポリエチレンタンク（容量：500 L）を野外に設置し，操作実験を行った．タンクには，あらかじめ湖底の泥と湖水を注ぎ，さらにユスリカ幼虫とモノアラガイを同数入れて，模擬生態系（メソコスム）をつくった．

実験には，琵琶湖に生息していたコイ（親魚）を滋賀県水産試験場で交配させ生まれた第1世代（琵琶湖野生系統），霞ヶ浦で養殖されていた飼育型コイを国立環境研究所で継代飼育した系統（霞ヶ浦養殖系統），新潟県内水面水産試験場で継代飼育されていたニシキゴイ（新潟ニシキ系統）の3系統を用い，体サイズを約85 mmにそろえた．事前に遺伝子解析を行った結果，3系統とも外来と在来のコイの交雑個体であったが，いずれの系統においても外来の遺伝子の割合が高い飼育型コイだった．3系統のコイに関する詳細な遺伝的特徴，形態的・行動的な特徴については，Matsuzaki et al. (2009a) を参照してほしい．

実験には，コイを導入しない対照区と，系統ごとのコイ導入区とをあわせて，合計20個のタンクを使用した（反復数5）．自然密度を考慮して各タンクには2匹のコイを導入し，10日後にセストン量，クロロフィル量，ユスリカ幼虫とモノアラガイの密度を調べた．タンクの容量が小さいことによる壁面効果などの人為的効果を留意し，実験期間を可能な限り短くした．

実験の結果，すべてのコイ導入区で，透明度が著しく低下し，ユスリカとモノアラガイが減少したが，それらの影響の大きさは3系統間で有意に異なっていた．新潟ニシキ系統を導入した処理区でセストン量とクロロフィル量が最も高かった（図3.4a, b）．これらの増加は，泥の撹乱による影響と考えられ，新潟ニシキ系統が他の系統に比べてより泥の撹乱効果が高いと推察される．また，ユスリカ幼虫への影響は系統間で有意な違いはなかったが，モノアラガイへの影響は継代飼育されている霞ヶ浦養殖系統と新潟ニシキ系統で大きかった（図3.4c, d）．これらのベントス類の減少は，コイによる捕食の効果だろう（Miller and Crowl, 2006; Zambrano and Hinojosa, 1999）．このタンク実験は，3種類の系統しか比較していないため，さらなる実験的な検証が必要であるが，コイの系統や品種によって生態的影響が異なることを示唆している．たとえ観賞用のニシキゴイであっても，野外に放流すると水質や生物群集に深刻な影響をもたらす可能性がある．

これまで飼育型コイの生態的影響について詳しく述べてきたが，「在来型コイも同様に水質を悪化させるのでは」と思われる方も多いだろう．在来型コイ

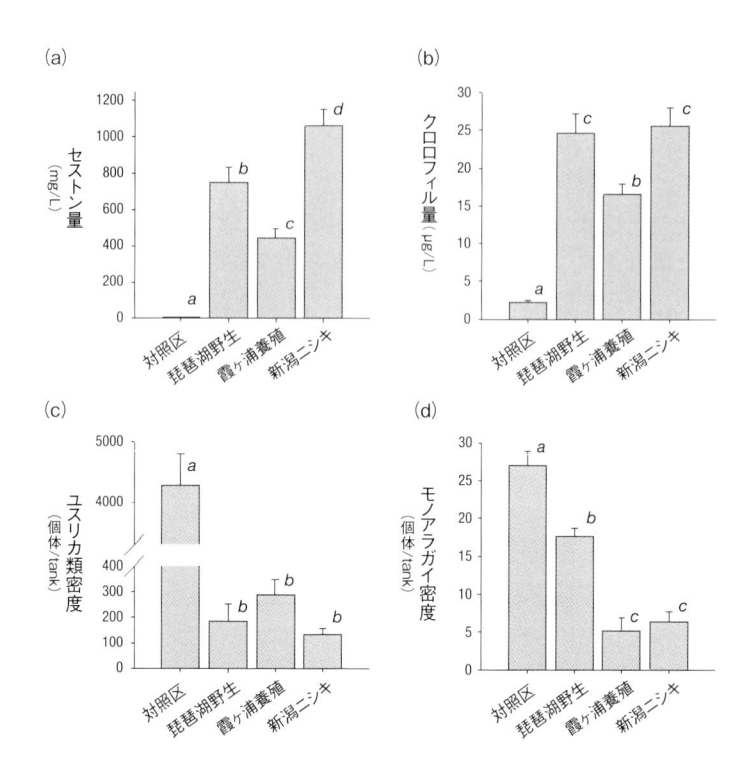

図3.4 ポリエチレンタンクを用いた野外操作実験の結果．飼育型コイのタイプと各応答変数との関係．(a) セストン（水中懸濁物）量，(b) クロロフィル量，(c) ユスリカ幼虫密度，(d) モノアラガイ密度．バーの右肩にあるアルファベットは，AIC を用いたモデル選択によるグループ分けの結果を示しており，異なるアルファベットの処理区間には統計的な差が認められる．

については，純系を捕獲することが非常に困難なため，水質や生物群集への影響や生態的機能は明らかにされていない．しかし，在来型コイは，飼育型コイに比べてより沖合の深場を利用すること（馬渕2010；Matsuzaki et al., 2010）や生息密度が低いことを考慮すると，水質への影響はそれほど大きくないかもしれない．今後，在来型コイの生態的影響や生態的機能に関する研究のより一層の発展が望まれる．

3．飼育型コイが引き起こすレジームシフト

　隔離水界やタンクを用いた野外操作実験からもわかるように，飼育型コイは，湖沼の水質や生物群集に甚大な影響を与える可能性がある．飼育型コイの放流

がもたらす影響として，最も懸念しなければならないのは生態系の跳躍的あるいは不可逆的な変化，レジームシフト（カタストロフィックシフト）の誘導である．淡水生態系では，富栄養化などにより「沈水植物などの水草が優占した水の透明度が高い系」から「植物プランクトンが優占し，アオコが発生するような濁った系」へ突然，変化することが知られている（Scheffer et al., 1993）．こうした変化は，浅い湖沼やため池で特に起こりやすい．たとえば，霞ヶ浦や印旛沼などもかつては水草がゆらめく水の澄んだ湖沼だったが，1960年代，1970年代にかけ，富栄養化の影響を強く受け，アオコが発生した濁った湖沼へ急速に変わってしまった．飼育型コイの導入も，富栄養化と同様にレジームシフトの引き金になる可能性がある．

　図3.5の概念図を見てほしい．ボールは現在の生態系の状態を示している．コイがいない場合もしくは非常に低い密度で保たれている場合は，生態系の回復力によって，「水草が優占する透明度が高い系」の状態にボールは維持されている．しかしながら，ある転換点（tipping points）を超えると，ボールは勢いよく転がり，突然「植物プランクトンが優占する濁った系」の状態へ移行してしまう．エコシステムエンジニア種である飼育型コイは，低密度でも非常に大きな生態系影響を持つことを鑑みると，小規模の放流でも，こうしたレジームシフトを引き起こす可能性が十分考えられる．さらに，水質や水生植物だけではなく，ベントスや貝類なども減少し，生物多様性は大きく減少してしまいかねない．

　レジームシフトの最も危惧すべき点は，一度起きてしまうと，元の状態に回復させるのが困難なことである．ボールを元の位置に戻すには，大きな落差を乗り越える相当な努力とコストが必要である（図3.5）．放流してしまった飼育型コイを再捕獲することは容易ではなく，たとえ密度を半分減らすことができたとしても，元の生態系を取り戻すことは極めて難しいだろう．このようなレジームシフトに予防的に対処するためには，飼育型コイの放流が単に水質の悪化だけではなく，生態系のシステム全体に不可逆的な影響をおよぼす可能性について広く認識を深めていくことが重要ではないだろうか．

4．生物多様性の保全を目指して

　コイを，今後どのように管理，保全していくべきなのか，非常に難しい課題である．在来型コイの個体数の減少は著しく，飼育型コイとの交雑も進んでい

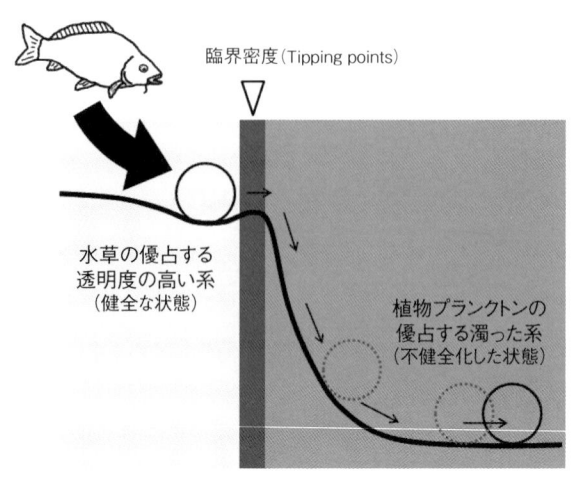

図3.5 コイの導入が引き起こすレジームシフトの概念図．いったん，転換点を超えて，不健全化した状態に変化すると，元の状態に戻すことが非常に困難になることに注目．

る．実際，琵琶湖に生息する在来型コイは，絶滅の恐れのある地域個体群として環境省レッドリストに記載されている．一方で，水産放流に加えて，市民，学校や自治体などによる飼育型コイの放流も後を絶たない．これまでに述べてきたように，飼育型コイの放流は，淡水生態系を不健全化させレジームシフトを引き起こしてしまう．コイは在来，外来にかかわらず「鯉」として地域の文化に溶け込んでいるため，他の特定外来種と同様に規制あるいは排除するには慎重を要する．こうしたジレンマをすぐに解消することは難しいが，まずは自然環境や生物多様性の保全を無視した無秩序な放流をきびしく規制することが解決に向けた第一歩ではないだろうか．

　コイに限らず漁業権魚種の増殖を行ううえで，放流は簡便かつ効果的な方法とされている（本書コラム3）．はたして，そうだろうか．産卵場の造成，湖と水田の連結性の修復や侵略的外来種の排除を行ったほうが効果的かもしれない．放流した魚はどれくらい定着しているだろうか，過剰に放流していないだろうか．残念ながら，このような疑問に答える基礎科学的なデータはほとんどない．水産増殖の目的であっても，日本魚類学会による「生物多様性の保全をめざした魚類の放流ガイドライン」にも示されているように，放流の是非，放流場所の選定，放流個体の選定，放流の手順，放流後の活動について，専門家等の意見を取り入れながら，十分な検討のもとに実施するべきである．漁業権

魚種の増殖を種苗放流だけに頼ることなく，自然の繁殖を同時に促進していくことが重要ではないだろうか．また，魚の放流ではなく，魚の棲む生態系の修復や再生を取り入れた環境教育プログラムの普及も必要だろう．

　最後に，ここで紹介させていただいた研究の多くは，東京大学大学院農学生命科学研究科に在籍中に行ったものです．東京大学大学院農学生命科学研究科の鷲谷いづみ教授，西廣淳助教（現，東邦大学），国立環境研究所の高村典子センター長，西川潮博士（現，新潟大学），佐治あずみさん，中川惠さん，東京大学大気海洋研究所の西田睦教授，馬渕浩司助教のご指導とご協力なくしては成り立たないものでした．この場を借りて，心から感謝の意を表します．

引用文献

Crooks, J. A. 2002. Characterizing ecosystem-level consequences of biological invasions: the role of ecosystem engineers. Oikos, 97: 153-166.

Driver, P. D., G. P. Closs and T. Koen. 2005. The effects of size and density of carp (*Cyprinus carpio* L.) on water quality in an experimental pond. Arch. Hydrobiol., 163: 117-131.

生田和正・細谷和海．2005．生物学視点からみたコイ．生き物文化誌ビオストリー, 3: 52-61.

Jones, C. G., J. H. Lawton, and M. Shachak. 1994. Organisms as ecosystem engineers. Oikos, 69: 373-386.

Koehn, J. D. 2004. Carp (*Cyprinus carpio*) as a powerful invader in Australian waterways. Freshw. Biol., 49: 882-894.

Mabuchi, K., H. Senou, T. Suzuki and M. Nishida. 2005. Discovery of an ancient lineage of *Cyprinus carpio* from Lake Biwa, central Japan, based on mtDNA sequence data, with reference to possible multiple origins of koi. J. Fish. Biol., 66: 1516-1528.

Mabuchi, K., H. Senou and M. Nishida. 2008. Mitochondrial DNA analysis reveals cryptic large-scale invasion of non-native genotypes of common carp (*Cyprinus carpio*) in Japan. Mol. Ecol., 17: 796-809.

馬渕浩司・瀬能　宏・武島弘彦・中井克樹・西田　睦．2010．琵琶湖におけるコイの日本在来mtDNAハプロタイプの分布．日本魚類学雑誌，57(1): 1-12.

丸山為蔵・藤井一則・木島利通・前田弘也．1987．外国産新魚類の導入過程．水産庁研究部資源課，東京．157 pp.

Matsuzaki, S. S., U. Nishikawa, N. Takamura and I. Washitani. 2007. Effects of common carp on nutrient dynamics and littoral community composition: roles of excretion and bioturbation. Fund. Appl. Limnol., 168: 27-38.

Matsuzaki, S. S., K. Mabuchi, N. Takamura, M. Nishida, and I. Washitani. 2009a. Behavioural and morphological differences between feral and domesticated strains of common carp *Cyprinus carpio*. J. Fish. Biol., 75: 1206-1220.

Matsuzaki, S. S., U. Nishikawa, N. Takamura and I. Washitani. 2009b. Contrasting impacts of invasive engineers on freshwater ecosystems: an experiment and meta-analysis. Oecologia, 158: 673-686.

Matsuzaki, S. S., K. Mabuchi, N. Takamura, B. J. Hicks, M. Nishida and I.Washitani. 2010. Stable isotope and molecular analyses indicate that hybridization with non-native domesticated common carp influence habitat use of native carp. Oikos, 119: 964-971.

Miller, S. A. and T. A. Crowl. 2006. Effects of common carp (*Cyprinus carpio*) on macrophytes and invertebrate communities in a shallow lake. Freshw. Biol., 51: 85-94.

西廣　淳・高川晋一・宮脇成生・安島美穂．2003．霞ヶ浦沿岸域の湖底土砂に含まれる沈水植物の散布体バンク．保全生態学研究．8: 113-118.

Parkos, J. J., V. J. Santucci and D. H. Wahl. 2003. Effects of adult common carp (*Cyprinus carpio*)on multiple trophic levels in shallow mesocosms. Can. J. Fish. Aquat. Sci., 60: 182-192.

Scheffer, M., S. H. Hosper, M. L. Meijer, B. Moss and E. Jeppesen. 1993. Alternative equilibria in shallow lakes. Trends. Ecol. Evol., 8: 275-279.

Sidorkewicj, N. S., A. C. L. Cazorla and O. A. Fernandez. 1996. The interaction between *Cyprinus carpio* L and *Potamogeton pectinatus* L under aquarium conditions. Hydrobiol., 340: 271-275.

Williams, A. E., B. Moss and J. Eaton. 2002. Fish induced macrophyte loss in shallow lakes: top-down and bottom-up processes in mesocosm experiments. Freshw. Biol., 47: 2216-2232.

Zambrano, L. and D. Hinojosa. 1999. Direct and indirect effects of carp (*Cyprinus carpio* L.) on macrophyte and benthic communities in experimental shallow ponds in central Mexico. Hydrobiol., 409: 131-138.

第4章

シナイモツゴからモツゴへ
―非対称な交雑と種の置き換わり―

小西 繭・高田啓介

1. はじめに

　モツゴ *Pseudorasbora parva* は，コイ科ヒガイ亜科モツゴ属の全長数センチほどの小型淡水魚である．上向きの小さい口いわゆる受け口が特徴でクチボソ（口細）の別名でも知られる．小川やワンドなどの流れのゆるやかな水域や沼や池などの止水域を生息場所として好む．モツゴは都市部においてもよく見られる身近な魚だが，人々の注目を集めることは滅多にないだろう．そのようなモツゴの国内外来魚としての現状を明らかにすることを，マニアックな研究と捉える意見もあるようだ．確かにモツゴは雑魚の代表格であり，観賞魚や釣りの対象にもならないし，コイやフナのように食用として用いられることも少ない．しかし，鑑賞目的や有用魚種として人々が意図的に移殖を行っていないからこそ，国内外来魚の問題の現状と課題を理解する良い材料となるのではないだろうか．モツゴは国内だけでなく海外においても急速に分布を拡大している（Bianco, 1988; FAO, 1997）．モツゴの分布拡大は人為的撹乱によるものであり，一部の地域を除き，非意図的に進行している．生態系におよぼす影響は魚食性外来魚のように目立つものではなく，侵略者としてのモツゴの分布拡大はまさしく水面下で着実に進行している．

　本章では，国内外来種が在来種へ悪影響を与える例として，種間交雑を介したシナイモツゴ *Pseudorasbora pumila pumila* からモツゴへの種の置き換わりという現象を紹介する．シナイモツゴは，モツゴの分布拡大と並行して激減し，絶滅危惧 IA 類（環境省, 2007）に指定されている．モツゴとシナイモツゴは，西日本と東日本のそれぞれに異所的に分布しており，形態的および遺伝的特徴に明瞭な違いが認められる別種である．モツゴは，側線有孔鱗（側線上にある孔の開いた鱗）を肩部から尾部まで35枚以上持つのに対し，シナイモツゴは肩

(A)

(B)

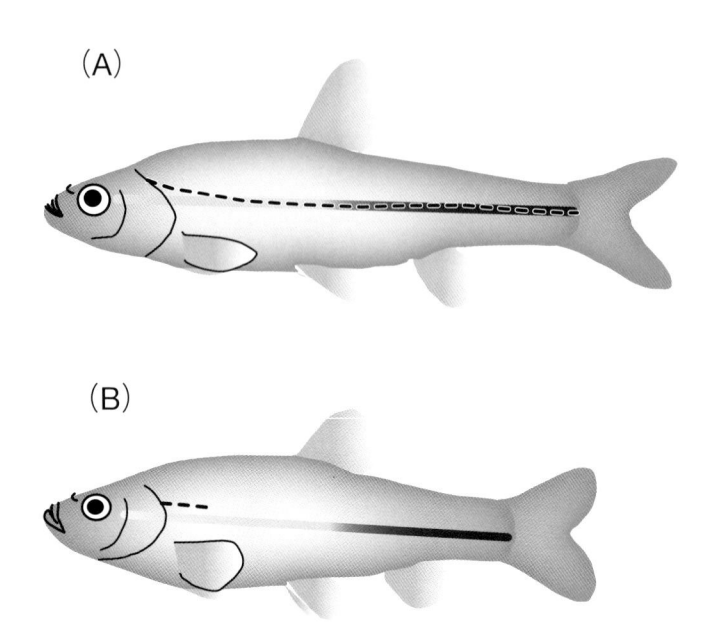

図4.1 モツゴ（A）とシナイモツゴ（B）の外部形態の特徴．体側に示した点線は種判別に有効な計数形質である側線有孔鱗を示す．

部に0枚から数枚しか持たない（中村，1969）（図4.1）．また，モツゴはシナイモツゴと比較して細長い体型をしており，体表にはグアニン層による金属光沢が見られる（中村，1969）．mtDNAの16S rRNA遺伝子の塩基配列データ，アロザイム遺伝子，および，マイクロサテライトDNAの分子マーカーを用いて調べられた遺伝的類縁関係では，明瞭な差異が確認されている（Watanabe et al., 2000；Konishi et al., 2003；Konishi and Takata, 2004a）．

近縁種のため水槽内でも自然環境下でも容易に交雑するが，かれらのF_1雑種は繁殖できない不妊となり，交雑は両種にとって繁殖資源の浪費にしかならない（中村，1969；Konishi and Takata, 2004b）．別種ではあるが近縁な両種は，生息場所，餌資源，繁殖行動などの生活史形質にかかわるあらゆる側面において共通点と相違点を併せ持つ．共通点は種間競争と交雑を生じさせ，相違点は競争の勝敗と種の置換を導く．異所的な種分化の過程を歩んできた2種にとって，同所的に共存するという選択肢はないのである．

2．シナイモツゴからモツゴへの分布置換

(1) モツゴの分布拡大

　モツゴは朝鮮半島や台湾を含むアムール川以南の東アジアに広く分布する純淡水魚である（中村，1969）．国内では本州中部を縦断するフォッサマグナ周辺域を北限とした関東・中部以西の本州，四国，九州の西日本にのみ生息する（Watanabe et al., 2000）．現在モツゴは北海道の一部や東北地方を含め日本全国において確認されるが，このような急激な分布拡大は戦後から始まっており，コイ Cyprinus carpio，ヘラブナ Carassius cuveri，および，アユ Plecoglossus altivelis altivelis などの有用魚種の種苗に混入することによって，非意図的に持ち込まれたと考えられる（疋田，1959；中村，1969；内山，1987；中井，2002, 2004）．

　モツゴの分布拡大は国内だけの現象ではなく，1960年代にルーマニアへ導入されて以降，ドナウ川流域の欧州各地，中央アジア各国，北アフリカ，さらには太平洋のフィジーと広範におよんでいる（Bianco, 1988; FAO, 1997）．釣り餌としてモツゴを意図的に導入した記録もあるが，中国大陸からのコイの種苗放流がモツゴの分布拡大の主要因と予測される．現在では，感染症や寄生虫の媒介，種間競争を介した在来種の駆逐など，モツゴがおよぼす在来生態系への影響も報告され始め，モツゴは侵略性の高い外来種として警戒されている（Gozlan et al., 2005; Britton et al., 2010）．

　モツゴは，分布域を広げる外来種である一方，本来の生息地である西日本のいくつかの県ではレッドリストに記載される希少在来種という顔を持つ．減少要因については明らかではないが，生息可能な環境の悪化や減少，オオクチバスやブルーギルなどの魚食性外来魚による捕食や競争などの複合的な要因が考えられる．また，国内においても大陸産のモツゴと推定される mtDNA ハプロタイプを持つ個体が発見されており（Watanabe et al., 2000；渡辺・西田，2003），「国外」外来魚モツゴの侵入・定着，およびそれに引き続く在来個体群の遺伝的撹乱の可能性は十分に考えられる．

(2) シナイモツゴの激減

　シナイモツゴは，日本海側では信濃川水系，太平洋側では江戸川水系を南限とした関東・中部以東の本州でしか見ることのできない日本固有種である．か

つては平野部の流れのゆるやかな小川や湖沼で見られる普通種であった（中村，1969）．関東地方では戦後激減して1940年〜50年代に相次いで姿を消し現在では絶滅状態となった（中村，1969；高橋ほか，1995）．レッドリストでは絶滅危惧IA類として（環境省，2007），また東北・信越地方各県のレッドデータブックでは絶滅の危険性の高い魚種として例外なく取り上げられている．

シナイモツゴの減少は，モツゴの分布拡大と並行的に始まっており（細谷，1979；内山，1987），残存するシナイモツゴ生息地はいずれもモツゴのいない単独生息地である．わずかに残された生息場所も，溜池の改修・埋め立て・荒廃（湿地化）（高田・小西，2006），および，肉食性外来魚による捕食（大浦ほか，2006）により，今もなお減り続けていると考えられる．わずか数十年という短い期間に，非意図的に分散したモツゴが東日本の普通種となった．しかしその因果関係についてはまったく不明であった．次項にてシナイモツゴからモツゴへの置き換わりのプロセスとそれに深く関与する種間交雑について詳しく説明したい．

3．交雑と種の置き換わり

近縁外来種と交雑した在来種の運命は，交雑の方向性，F_1世代の妊性，および，それ以降の雑種の適応度に大きく左右される（Allendorf et al., 2001；河村ほか，2009）．交雑の方向性は，両親種間の配偶行動や遺伝子型の異なる個体間の適応度などにみられる非対称性に起因し，さまざまな生物種で観察されている（Wirz, 1999）．そして，交雑の非対称性は，遺伝子浸透，および，種の置換の方向性・速度といった交雑帯の時空間的動態に大きな影響を与える（Buggs, 2007）．

また，F_1雑種が妊性を持ち，戻し交雑による雑種崩壊が起こらない，あるいは弱い場合，遺伝的撹乱や遺伝子汚染と呼ばれる不可逆的な現象が保全生物学上の問題となる．戻し交雑による遺伝子浸透は，外来種との交雑によって在来種の遺伝的固有性を奪う，すなわち，在来種の絶滅をもたらす現象である．一方，F_1雑種の不妊や強い雑種崩壊がある場合，遺伝子浸透は起こらない．しかし，次に説明するモツゴとシナイモツゴ間の交雑のようにF_1雑種が不妊であっても，方向性のある交雑が頻繁に起こる場合，交雑は在来種の絶滅を加速する役割を担うと考えられる．

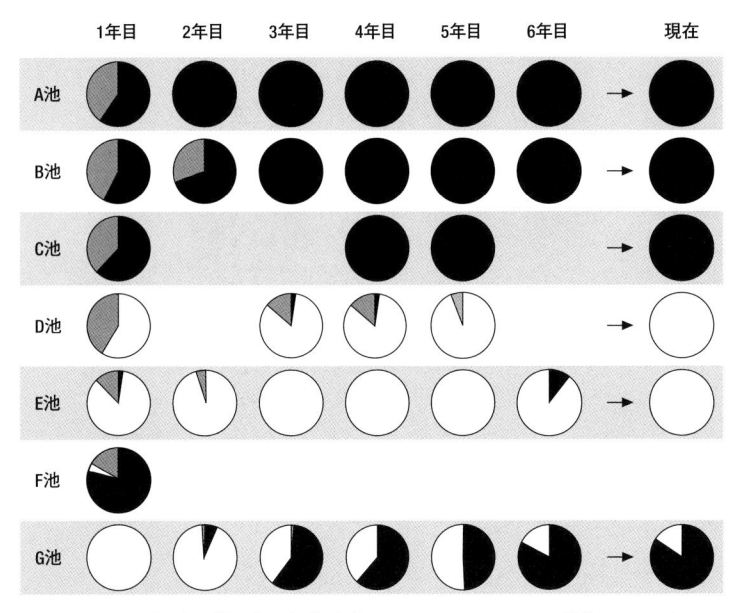

図4.2 交雑個体群の種組成の経年変化．円グラフはモツゴ（黒），シナイモツゴ（白），および，F_1雑種（灰色）の個体数比率を示す．繰り返し採集を試みたが標本を得ることができなかった場合，円グラフは示さなかった．

(1) 交雑帯の発見

長野県北部に位置する信濃川水系千曲川流域には，りんご畑や棚田を中心とする典型的な里山景観が広がる．数キロメートル四方という狭小スケールに点在する数百の溜池は現在も使われており，その多くは個人によって所有される小規模な溜池である．ここは数十のシナイモツゴ個体群が密集する全国有数の生息地だが，モツゴが侵入して間もない地域でもあり，皮肉なことに種の置換メカニズムを解明するための多くの手がかりを提供してくれる．

モツゴが確認された地点を中心に，21カ所の溜池からモツゴ属魚類を採集し，核ゲノムの分子マーカーであるアロザイムあるいはマイクロサテライトDNAを用いた解析を行った（Konishi and Takata, 2004b；小西・高田，未発表）（図4.2）．その結果，雑種が採集個体数のおよそ4割を占める池（A，B，C，および，D池）が見出され，また両種が捕獲された池からは例外なく雑種が採集された（D，E，F，および，G池）．このような雑種個体の出現パタンは，モツゴとシナイモツゴが自然環境下において容易に交配することを強く示唆している．東北地方や北海道における複数の地域においてもモツゴとシナイモツゴの

自然交雑が発見されている（Koga and Goto, 2005）．

　交雑個体群の種組成とその経年変化を追跡してみると，いくつかのパタンが観察された．A，B，および，Cの池では，シナイモツゴが存在していたことを示す雑種が絶滅するとともにモツゴ個体群へと置き換わった．DやE池ではモツゴの侵入が（複数回）観察されたが，モツゴの定着には至らなかった．一方，Gの池ではモツゴ侵入後2年すぎた頃には，過半数をモツゴが占め，現在ではシナイモツゴは絶滅寸前の危機的な状況である．時空間的なこれらの観察結果は，閉鎖的な溜池において2種は共存できないこと，またモツゴが侵入してからわずか数年でシナイモツゴが絶滅する場合のあること，すなわち，シナイモツゴ保全において，モツゴの脅威を取り除くことは優先すべき重要な課題であることを教えてくれる．

(2) 雑種の不稔，交雑の方向性，そして種の置換

　7つの池から見つかった雑種は100個体以上となった．これらの雑種の遺伝子型を調べたところ，12座すべてにおいて，モツゴとシナイモツゴそれぞれに固有の対立遺伝子を併せ持っていた．つまり，雑種は例外なくシナイモツゴとモツゴを両親に持つ雑種第1世代（F_1世代）であり，戻し交雑やF_2以降の世代の雑種は見つからなかった（Konishi and Takata, 2004b）．中村（1969）は，正逆F_1雑種が2年以上経過しても成熟しないことを確認している．採集されたF_1雑種の生殖腺の組織を顕微鏡で観察したところ，成熟した生殖細胞は見られず，やはり不稔と推定された（Konishi and Takata, 2004b）．

　子孫を残せない交雑は，どちらの種にとっても不利益になるはずだが，なぜシナイモツゴだけが減るのだろうか．次に，モツゴとシナイモツゴの交配様式を知るために，母からのみ子に伝えられ，父親からは子に伝えることのないmtDNAを用いて，自然F_1雑種の母親種を調べた（Konishi and Takata, 2004b）．その結果，複数の池から採集された100個体の雑種は，例外なくシナイモツゴと同じmtDNAのハプロタイプを示し，モツゴと同じハプロタイプを示す個体は1個体も見つからなかった．つまり，自然雑種は，すべてシナイモツゴ雌とモツゴ雄間の交配に由来することが明らかになった．

　水槽飼育実験ではモツゴ雌1尾とシナイモツゴ雄1尾の組み合わせ，および，その反対の組み合わせのどちらの交配も成功し，自然産卵により得られたF_1雑種は，どちらの種を母親にした場合も，生存性となり親種と大差なく発育す

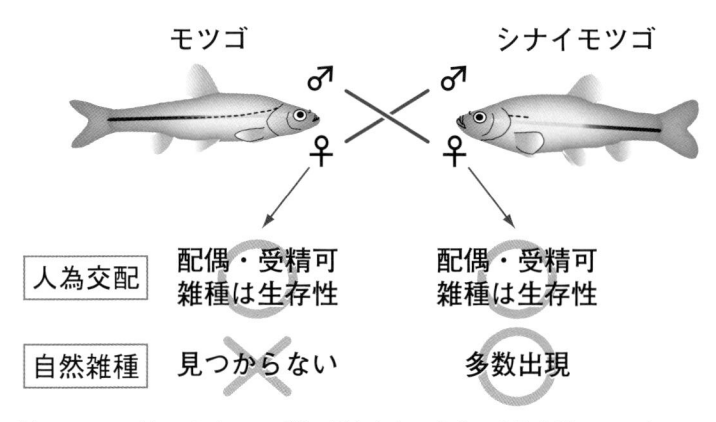

図4.3 モツゴとシナイモツゴ間に見られた一方向の自然交雑．シナイモツゴ雌とモツゴ雄間の交雑は起こるがその逆は起こらない．

る（中村，1969；小西・高田，未発表）（図4.3）．野外で正逆交雑が起きているならば，モツゴを母親とする雑種も見つかるはずだが，1個体も見つからなかった．つまり，野外では，シナイモツゴ雌とモツゴ雄間の交配のみが起こり，その逆は起こらない，という一方向の交雑が起きていることが明らかになった．

このような交雑の方向性は，シナイモツゴ雌のみが貴重な卵を不稔雑種形成に費やし無駄にすることを意味する．モツゴ属魚類は1シーズンに複数回交配するので，シナイモツゴ雌と交雑したモツゴ雄は同種雌とも交配できる．モツゴ雄が交雑に費やすコストは，高価な卵を不稔雑種形成に提供するシナイモツゴと比べてはるかに小さい．雑種の出現パタンを見る限り，交雑は両種にとって決して例外的な現象ではない．交雑とそれに引き続く雑種の不稔は，東日本全域で急速に進行したシナイモツゴからモツゴへの種の置き換わりのメカニズムとして重要な役割を果たしているに違いない．雑種が不稔であっても交雑現象が在来種の存続を脅かす可能性を報告した本例は，世界的に見ても数少ない事例といえる．

(3) 交雑に方向性をもたらす行動学的要因

3月末になるとモツゴ属魚類の雄は，頭部に追星と呼ばれる皮膚の硬化した小さなトゲのようなものと体全体に婚姻色を発現させる．次いで，植物の茎や葉の裏，石や貝などの産卵基質を中心に，強い縄張りを形成する．この時期の雄は攻撃的で，縄張りに入ってきた他個体を攻撃する（Maekawa et al., 1996;

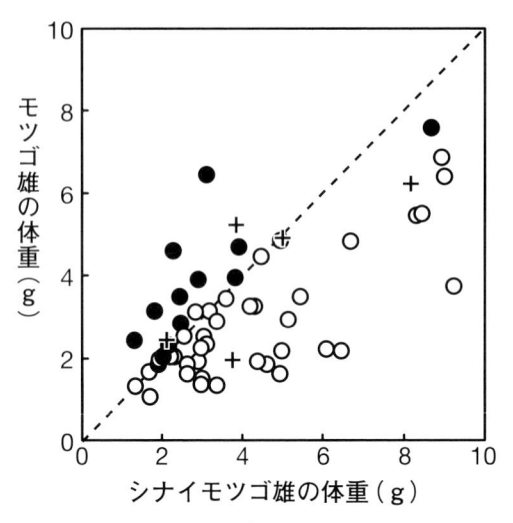

図4.4 サイズ依存的に勝負が決まるモツゴとシナイモツゴの雄間競争．モツゴ勝者（黒丸），シナイモツゴ勝者（白丸），引き分け（+印）．Konishi & Takata, 2004c より改変．

Konishi and Takata, 2004c)．基本的にペアで産卵し，雄に誘われた雌は50粒から400粒ほどの卵を基質に産み付ける．雄は稚魚が孵化するまで産着卵を保護する習性を持つ．産卵期は7月上旬まで続き，雌，雄ともに複数の個体と産卵を行う．そのため，産卵基質では発生段階の異なる複数の卵塊が観察されることが多い．

モツゴもシナイモツゴも雌は異種雄の求愛に応じて産卵し，雄はその卵を受精させる潜在的能力を持つ（図4.3）．それにもかかわらず，なぜ野外では一方向の交雑しか起こらないのだろうか．その行動的要因を探るため，まず水槽に繁殖期のモツゴとシナイモツゴの雄を1個体ずつ入れ，産卵基質（縄張り）の獲得をめぐる雄間競争を観察した（Konishi and Takata, 2004c）．その結果，種依存的な勝敗決定は認められず，体重の重い個体が勝つ，という2種に共通したルールの存在が明らかになった（図4.4）．モツゴはシナイモツゴよりも大型に成長する（中村，1969）．したがって，有限な産卵場所しかない野外では，モツゴのほうが縄張り獲得競争に有利となるのかもしれない．

モツゴでは，雌がより大型の雄を好むというサイズ依存的な交配が報告されている（Maekawa et al., 1996）．シナイモツゴの雌はより大型のモツゴの雄を

好むのかもしれない．そこで，どちらか一方の種の雌と体サイズを違えた2種の雄を，産卵基質を十分数設置した大型のコンテナで飼育し，雌の選り好みを実験的に検証した（小西・高田，2003）．本実験では行動観察はせず，マイクロサテライトDNAマーカー（Konishi and Takata, 2004a）から推定した孵化稚魚の遺伝子型から父親個体の種を判別した．そして，雌が選んだ雄の種と体サイズの大小の関係を調べた．実験には長野県北部で採集された個体を用いた．

　その結果，モツゴ雌のクラッチ（卵塊）からは雑種はまったく生まれず，シナイモツゴ雌のクラッチからはシナイモツゴとともに雑種の稚魚が生まれた．すなわち，実験下においても，シナイモツゴ雌とモツゴ雄間の一方向の交雑という野外と同様の現象を再現することに成功した．では，シナイモツゴ雌は，同種・異種に関係なく，大型の雄を選んだのだろうか．

　シナイモツゴのクラッチは20以上得られたが，過半数となる約3/4のクラッチは雄の体サイズに関係なく同種のシナイモツゴ雄によって受精されていた．つまり，シナイモツゴの雌は，モツゴの雌と同様に，2種の雄がいる環境においても同種の雄を選ぶという，同類交配の能力を持つことが強く示唆された．

　交雑を避ける同類交配の能力が備わっていながらも雑種が生じる仕組みとは，一体どんな仕組みだろうか．雑種が生まれた残りの1/4のクラッチだが，1つのクラッチ全体がモツゴ雄によって受精されることはなかった．数十個の卵のうち一部だけがモツゴ雄によって受精され，残りはシナイモツゴ雄によって受精されていた．モツゴもシナイモツゴも基本的に1対1のペア産卵を行う．それにもかかわらず，1クラッチからシナイモツゴとモツゴの2個体の雄由来の遺伝子が見つかったのである．前述したシナイモツゴの同類交配を考慮すると，シナイモツゴ同士の交配に，モツゴの雄が割り込み（スニーキング行動），受精をしたと推察するのが妥当であろう．モツゴのスニーキング行動はMaekawa et al.（1996）によって報告されている．

　野外の成熟雄の体長を調べると，モツゴ雄は孵化1年後にはどんなに小型でも婚姻色や追星を発現し成熟する（小西・高田，2002）．モツゴは，縄張りを持てなくても，スニーキング行動によって繁殖する戦略を獲得しているのかもしれない．一方，モツゴを母親とする雑種は野外でも実験下においてもまったく出現しないことから，シナイモツゴ雄はモツゴに対して（あるいはシナイモツゴに対しても），スニーキング行動をしない，すなわち，雄の繁殖戦略が種間で異なる可能性が考えられる．

(4) 種の置換のメカニズムを解明するための今後の課題

　スニーキングによって交雑が生じた場合，雑種と同腹のシナイモツゴも生まれるはずである．しかし，種の置換の最終ステージに相当するA池やB池（図4.2）では，シナイモツゴは見つからず，雑種が死滅するとともにモツゴ個体群へと置き換わった．すなわち，スニーキングによる交雑だけでは野外で起きた現象を十分に説明することはできないようである．不稔のF_1雑種が4割をも占めるこれらの池において，シナイモツゴの存続に与えた交雑の影響力は計り知れない．おそらく，最終ステージでは，モツゴが縄張りを独占することによって，シナイモツゴが交雑せざるを得ない状況が生じ，雑種形成およびシナイモツゴの絶滅は加速するのだろう．すなわち，交雑を誘発する要因は密度依存的な影響（個体数比率，水域の環境収容力，および，産卵場所の密度など）を受け，置換ステージによって変化すると予想される．シナイモツゴ個体群に侵入したモツゴが短期間に優勢となるメカニズムは今後検証されるべき課題と言えるだろう．

4．非意図的導入種の分散防止と駆除

　外来種の管理対策は，分布拡大を未然に防ぐための予防策と，すでに定着した個体を撲滅するための駆除策の2つに分けられる（西川ほか，2009）．最後に，長野県北部で発見された交雑個体群のG池（図4.2）を例に，モツゴの非意図的導入や自然分散を防ぐことの難しさや，駆除を妨げるローカルスケールの問題について紹介する．

(1) G池で観察されたモツゴ定着プロセス

　G池は，地方自治体によるシナイモツゴ保護調査の過程で2003年に発見された個体群であり，モツゴ侵入時からの置換プロセスを詳細に追跡することのできた唯一の交雑個体群である．モツゴの侵入が確認された際には迅速に対応し駆除を開始した．しかし，シナイモツゴからモツゴへの種の置き換わりは予想以上に急速に進行することが明らかになった（図4.5）．

　モツゴの侵入が確認された翌年（2006年）には，定着，すなわち，急激な増加が確認された．D池やE池の交雑個体群の場合，モツゴが侵入しても定着には至らず，シナイモツゴのみからなる個体群へと戻っている（図4.2）．外来種の定着成功には，侵入先の環境条件（Konishi et al., 2009），侵入個体数（密

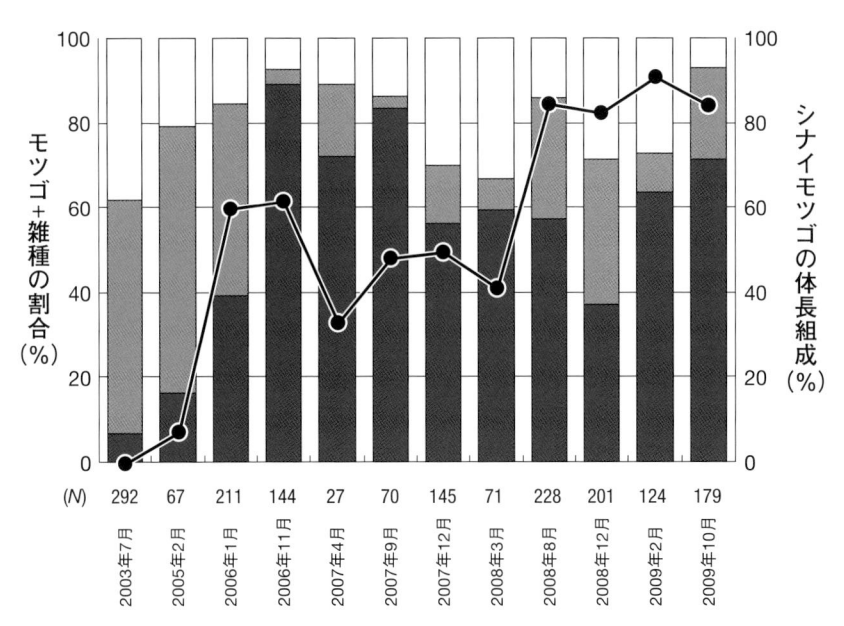

図4.5 G池で観察された急速な種の置き換わり．折れ線グラフは採集されたモツゴ属魚類（モツゴ，シナイモツゴ，F_1雑種）のうち，モツゴと雑種の合計個体数の割合とその経年変化を示す．棒グラフはシナイモツゴの体長組成（白：〜40 mm，灰色：41〜50 mm，黒：51mm 〜）を示す．Nは採集されたモツゴ属魚類の総数．モツゴが侵入・定着するとともに，シナイモツゴは減少し大型個体の割合が増加した．2003年7月から2006年11月までのデータは地元自治体による調査結果．

度）や回数，またタイミングなどの要素が関与するが（Sakai et al., 2001），G池ではモツゴの定着を促す条件が満たされたと考えられる．

　モツゴの駆除は，モンドリという仕掛けを用いて採捕を繰り返すことによって実施した．シナイモツゴの繁殖を妨げないよう繁殖期である4月から7月の作業は避けた．2種の判別は現地ですみやかに行う必要性があったため，主に側線有孔鱗数や体色などの外部形態の特徴により判断した．採捕されたモツゴはアルコール固定し，シナイモツゴはすみやかに池に戻した．2006年までは地方自治体の委託事業によって，2007年からは有志や学生らによって，年数回の積極的な駆除を開始した．その後，シナイモツゴの頻度はやや回復し，駆除効果が期待されたものの，2008年の夏以降，再びモツゴが圧倒的多数を占め，現在，シナイモツゴの捕獲頻度は2割を切ってしまった（図4.5）．

　他の交雑個体群と異なる特徴として，モツゴ頻度が増加した後も，雑種の出

現頻度が非常に低い（0～1.5%）ことがあげられる（図4.2）．これはたいへん興味深い特徴だが，残念ながら交雑が起こりにくい要因をうまく説明することはできていない．また，G池のシナイモツゴでは他個体群には観察されないマイクロサテライトDNAの対立遺伝子が確認されており，遺伝的多様性を保全するためにもG池個体群の絶滅は絶対に避けなければならない．効率的な駆除策が確立されていない現在，他池への移植や施設への保存などのシナイモツゴの危険分散の実施に向けて対応できるよう思案中である．

図4.5にG池のシナイモツゴの体長組成の経時的変化を示した．体長を40 mm以下，41～50 mm，51 mm以上と大まかに分類したところ，モツゴが侵入する以前の2003年では，わずか数パーセントしか認められなかった51 mm以上の大型個体が，モツゴが急増した2006年以降，おおむね個体群の40%以上を占めるまで増加し，若齢と推定される小型個体の比率は急激に減少した．このようなシナイモツゴの大型化は，モツゴの定着がシナイモツゴの繁殖や稚仔魚の生残率に負の影響をおよぼし，交雑以外にも種の置き換わりを促す生態学的要因のあることを強く示唆している．

モツゴとシナイモツゴのハビタット条件には多数の共通点が認められており（Konishi et al., 2009），生息場所や餌資源をめぐる種間競争もまた種の置き換わりに大きな影響をおよぼすと考えられる．また，モツゴはシナイモツゴと比較して小卵多産であり，成熟期間が短いことが示唆されている（小西・高田，2002）．このようなモツゴの生活史特性は一般に侵入種としての定着能力が高いとされている（Lodge, 1993）．個体群動態にかかわる生活史形質（産卵数，成熟齢，成長速度など）の種間比較や密度依存的な要因を加味したシミュレーションモデルの構築は，近縁外来種による種の置換リスクの予測・評価に有効であろう（小西，2010）．

(2) モツゴ対策の課題

地域によっては農閑期である冬に溜池の水を抜き，堆積した泥を除去する池干し（泥除けなどとも呼ぶ）と呼ばれる作業を行う．モンドリによる採捕を繰り返すよりも，池干し時に徹底的に駆除するほうが効率的だっただろう．しかし，本地域では池干しを20年から30年に一度しか行っておらず，駆除を目的とした池干しは所有者の大きな負担になると考えられた．したがって，モンドリにより採捕を繰り返すという地道な作業を選択せざるを得なかった．

長野県北部のシナイモツゴ生息地は，傾斜のある中山間地に形成されている．溜池－水路－田んぼのネットワークは網状に広がっており，この複雑なネットワークを通じて中腹付近に非意図的に導入されたモツゴが下方へと自然分散したと考えられる（小西・高田，2005）．中腹には比較的大きい共同溜池があり，ここではたびたび釣り人がバス釣りを楽しんでいる姿が見られ，岸辺には多数のブルーギルが観察される．外来魚の侵入口となっていることは容易に想像できる．

　G池はシナイモツゴ個体群のなかで最も標高の低い場所に位置し，現在ではモツゴ個体群に囲まれ，他のシナイモツゴ個体群からは孤立した状態にある．G池は常に上方からモツゴの侵入を受けるリスクに曝されており，池内のモツゴ駆除に成功したとしても，長期的に見ればいずれ上方のモツゴが再度流れ込むことになるだろう．G池のシナイモツゴを守るためには，上方に定着した十数のモツゴ個体群を駆除するとともに，外来魚のソース個体群と考えられる大型の共同溜池における監視体制も整備しなければならないだろう．しかし，そのような徹底的なモツゴの駆除・予防策は労力的，金銭的な事情から現実的な対策とは言えない．いったん定着・分散してしまった生物を根絶することは極めて困難である．モニタリングを続け，状況に応じて最善の努力を払うこと（局所的な駆除や在来魚の退避など）が本シナイモツゴ生息地における現実的なモツゴ対策ということになる．

(3) おわりに

　モツゴ属魚類の主な生息場所は，農業用の溜池や水路など人工的な環境である．したがってその存否は，人間の活動と密接に関係している．つまり，外来魚の侵入を未然に防ぐための適切な管理対策には，池の管理者，自治体，研究者が里山環境の情報を共有し，連携体制を整えることが重要であることは言うまでもない．しかし，それと同時に，一般市民が正しい基礎的な生物学的情報－溜池に魚が住んでいること，その魚には名前があること，そしてさまざまな生物とかかわりながら里山生態系の一部としての役割を担っていること－を学ぶ機会を増やし，身近な自然に関心を持つこともとても大切だと思う．そうでなければ外来種の蔓延を防ぐことや希少種の保全は始まらないだろう．

引用文献

Allendorf, F. W., R. F. Leary, P. Spruell and J. K. Wenburg. 2001. The problems with hybrids: setting conservation guidelines. Trends. Ecol. Evol., 16: 613-622.

Bianco, P. G. 1988. Occurrence of the Asiatic gobionid *Pseudorasbora parva* Temminck & Schlegel in south-eastern Europe. J. Fish Biol., 32: 973-974.

Britton, J. R., G. D. Davies and M. Brazier. 2010. Towards the successful control of the invasive *Pseudorasbora parva* in the UK. Biol. Invasions, 12: 125-131.

Buggs, R. J. 2007. Empirical study of hybrid zone movement. Heredity, 99: 301-312.

FAO. 1997. FAO database on introduced aquatic species. FAO, Roma.

Gozlan, R. E., S. St-Hilaire, M. Paul and M. Kent. 2005. Biodiversity: Disease threats to European fish. Nature, 435: 1046.

疋田豊彦．1959．北海道におけるシナイモツゴの新棲息地とその形態について．北海道水産孵化場研報．14: 67-70.

細谷和海．1979．最近のシナイモツゴとウシモツゴの減少について．淡水魚．5: 117.

環境省．2007．レッドリスト．汽水・淡水魚．環境省ホームページ：http://www.biodic.go.jp/rdb/rdb_f.html（参照2012-10-19）

河村功一・片山雅人・三宅琢也・大前吉広・原田康志・加納義彦・井口恵一朗．2009．近縁外来種との交雑による在来種絶滅のメカニズム．日本生態学会誌．59: 131-143.

Koga, K. and A. Goto. 2005. Genetic structures of allopatric and sympatric populations in *Pseudorasbora pumila pumila* and *Pseudorasbora parva*. Ichthyol. Res., 52: 243-250.

小西　繭・高田啓介．2002．シナイモツゴからモツゴへの種の置き換わりと繁殖生態の差違．2002年度日本魚類学会年会講演要旨．

小西　繭・高田啓介．2003．スニーキング行動がもたらすモツゴとシナイモツゴ間の非対称な交雑．2003年度日本魚類学会年会講演要旨．

小西　繭・高田啓介．2005．シナイモツゴからモツゴへ―交雑をとおした種の置き換わり―．片野　修・森　誠一（編），pp. 99-110．希少淡水魚の現在と未来―積極的保全のシナリオ―．信山社，東京．

Konishi, M., K. Hosoya and K. Takata. 2003. Natural hybridization between endangered and introduced species of *Pseudorasbora*, with their genetic relationships and characteristics inferred from allozyme analyses. J. Fish Biol., 63: 213-231.

Konishi, M. and K. Takata. 2004a. Isolation and characterization of microsatellite loci in Japanese minnows *Pseudorasbora parva*. Mol. Ecol. Notes, 4: 64-66.

Konishi, M. and K. Takata. 2004b. Impact of asymmetrical hybridization followed by sterile F1 hybrids on species replacement in *Pseudorasbora*. Conserv. Genet., 5: 463-474.

Konishi, M. and K. Takata. 2004c. Size-dependent male-male competition for a spawning substrate between *Pseudorasbora parva* and *P. pumila*. Ichthyol. Res., 51: 184-187.

Konishi, M., H. Sakano and K. Iguchi. 2009. Identifying conservation priority ponds of an endangered minnow, *Pseudorasbora pumila*, in the area invaded by *Pseudorasbora parva*. Ichthyol. Res., 56: 346-353.

小西 繭. 2010. シリーズ・Series 日本の希少魚類の現状と課題「シナイモツゴ：希少になった雑魚を守る」. 魚類学雑誌, 57(1): 80-83.

Lodge, D. M. 1993. Biological invasions — Lessons for ecology. Trends in Ecology & Evolution, 8: 133-137.

Maekawa, K., K. Iguchi and O. Katano 1996. Reproductive success in male Japanese minnows, *Pseudorasbora parva*: observations under experimental conditions. Ichthyol. Res., 43: 257-266.

中井克樹. 2002. 外来種ハンドブック, 日本生態学会（編）: 109 地人書館, 東京. 4 + 408 pp.

中井克樹. 2004. 移植放流がもたらす在来淡水魚の遺伝的撹乱. 環境情報科学, 33: 21-25.

中村守純. 1969. 日本のコイ科魚類. 資源科学研究所, 東京. 455 pp.

日本生態学会（編）, 村上正興・鷲谷いづみ（監修）. 2002. 外来種ハンドブック. 地人書館, 東京, xvi + 390 pp.

西川 潮, 米倉竜次, 岩崎敬二, 西田 睦, 河村功一, 川井浩史. 2009. 分子遺伝マーカーを用いて外来生物の侵入生態を探る：生態系管理への適用可能性. 特集「生物学的侵入の分子生態学」日本生態学会誌, 59: 161-166.

大浦 實・渡辺喜夫・三浦一雄・鈴木康文・遠藤富男・二宮景喜・佐藤孝三・石井洋子・坂本 啓・高橋清孝. 2006. シナイモツゴの保護とため池の自然再生. 細谷和海・高橋清孝（編）, pp. 117-126. ブラックバスを退治する—シナイモツゴ郷の会からのメッセージ—. 恒星社厚生閣, 東京.

Sakai, A. K., F. W. Allendorf, J. S. Holt, D. M. Lodge, J. Molofsky, K. A. With, S. Baughman, R. J. Cabin, J. E. Cohen, N. C. Ellstrand, D. E. McCauley, P. O'Neil, I. M. Parker, J. N. Thompson and S. G. Weller. 2001. The population biology of invasive species. Ann. Rev. Ecol. Syst., 32: 305-332.

高田啓介・小西 繭. 2006. シナイモツゴの保全への模索—長野県のシナイモツゴを例に. 高橋清孝・細谷和海（編）, pp. 109-116. ブラックバスを退治する—シナイモツゴ郷の会からのメッセージ—. 恒星社厚生閣, 東京.

高橋清孝・門間喜彦・細谷和海・高取知男・木曾克裕. 1995. 模式産地におけるシナイモツゴの再発見と人工繁殖試験. 宮城内水試研報, 2: 1-9.

内山 隆. 1987. ウシモツゴ *Pseudorasbora pumila* subsp. の形態と生態. 淡水魚, 13: 74-84

Watanabe, K., K. Iguchi, K. Hosoya and M. Nishida. 2000. Phylogenetic relationships of the Japanese minnows, *Pseudorasbora* (Cyprinidae), as inferred from mitochondorial 16S rRNA gene sequences. Ichthyol. Res., 47: 43-50.

渡辺勝敏・西田 睦. 2003. 近縁種群の歴史と多様性—モツゴ属魚類の系統地理. 保全遺伝学, 小池裕子・松井正文（編）, pp. 232-236. 東京大学出版会, 東京.

Wirtz, P. 1999. Mother species-father species: unidirectional hybridization in animals with female choice. Anim. Behav., 58: 1-12.

第5章

タナゴ類における遺伝子浸透
—見えない外来種—

三宅琢也・河村功一

1. 日本産タナゴ類の現状

　タナゴ類はコイ目コイ科タナゴ亜科に属する小型淡水魚でユーラシア大陸の温帯域に広く分布し（Bánárescu, 1990），日本においては北海道と沖縄を除く日本各地に生息する．タナゴ類の最大の特徴はその繁殖生態にある（Smith et al., 2004）．タナゴ類の繁殖は一般に春から初夏にかけて行われ，雄は繁殖期になると華麗な婚姻色を発現し，イシガイ科の二枚貝類を中心とする縄張りを形成する．雌は婚姻色を発現する代わりに長い産卵管を伸張させ，二枚貝類の鰓内に産卵する（長田・君塚，2001）．孵化は受精2～3日後とコイ科の中ではかなり早いものの，孵化直後の仔魚は卵黄が卵から出てきたような目も口も未発達の状態である．その後，孵化仔魚は貝内で変態を行い，産卵から約1ヵ月後に貝から浮出してくる．このようにタナゴ類の繁殖において二枚貝類は必要不可欠な存在であり，近年のイシガイ科貝類の減少はタナゴ類減少の一要因ともなっている（鬼倉ほか，2006）．

　タナゴ類においては現在約60種が有効種とされ（Froese and Pauly, 2010），そのうち日本には3属10種6亜種が存在し，ヤリタナゴ *Tanakia lanceolata* とカネヒラ *Acheilognathus rhombeus* を除く8種が日本固有種である（表5.1）（Arai and Akai, 1988; Arai et al., 2007）．タナゴ類の地理的分布に占める日本の割合はごく僅かであるのに対し，日本はタナゴ類の生息種数だけでなく固有種も多いことから日本はタナゴ類の種多様性におけるホットスポットの1つとも言うことができる．タナゴ類は主に溜池や農業用水路を含む小規模河川に生息するが，こうした環境は河川改修，水質悪化といった環境破壊だけでなく，ブラックバス，ブルーギル等の肉食性外来種による食害の影響をも受けやすい場所である．このため現在，タナゴ類はいずれの種においても分布の縮小ならび

表5.1 日本産タナゴ類一覧ならびに環境省レッドリスト（RL）におけるカテゴリー（環境省，2013）と分布

種	環境省RLカテゴリー	天然分布	移植	引用文献
アブラボテ属				
アブラボテ	準絶滅危惧	濃尾平野以西の太平洋側ならびに福井以西の日本海側の本州中西部，四国は香川のみ，九州は宮崎県を除く全域	静岡県，愛媛県	板井(1982)；Hashiguchi et al.(2006)
ヤリタナゴ	準絶滅危惧	本州，四国，九州（宮崎を除く）	千葉県	千葉県(2000)
ミヤコタナゴ	絶滅危惧IA類	関東地方	千葉県	
バラタナゴ属				
カゼトゲタナゴ	絶滅危惧IB類	九州中北部，壱岐島	岡山県	Miyake et al.(2011)
スイゲンゼニタナゴ	絶滅危惧IA類	千種川から芦田川までの岡山平野		
ニッポンバラタナゴ	絶滅危惧IA類	琵琶湖から岡山平野に至る本州中北部の瀬戸内周辺域，四国は香川のみ，九州中北部	福岡県，佐賀県，熊本県，大分県，宮崎県	河村(2003b)；三宅・河村（未発表）
タナゴ属				
タナゴ	絶滅危惧IB類	関東，東北地方の太平洋側		
イチモンジタナゴ	絶滅危惧IA類	近畿地方，濃尾平野，福井県三方湖	岩手県，静岡県，徳島県，高知県，広島県，山口県，熊本県	岩手県(2001)；長田・小川(1998)
シロヒレタビラ	絶滅危惧IB類	濃尾平野，琵琶湖から岡山平野に至る本州中北部の瀬戸内周辺域	青森県	竹内ほか(1985)
セボシタビラ	絶滅危惧IA類	九州中北部，壱岐島		
アカヒレタビラ	絶滅危惧IB類	関東，東北地方太平洋側	岩手県*1	岩手県(2001)
キタノアカヒレタビラ	絶滅危惧IB類	東北地方日本海側		
ミナミアカヒレタビラ	絶滅危惧IA類	北陸，山陰地方		
カネヒラ*2		琵琶湖から岡山平野に至る本州中北部の瀬戸内周辺域，九州中北部	岩手県，埼玉県，千葉県，茨城県	岩手県(2001)；熊谷(2007)
イタセンパラ	絶滅危惧IA類	琵琶湖淀川水系，濃尾平野，富山県		
ゼニタナゴ	絶滅危惧IA類	関東，東北地方（青森県を除く）	長野県，静岡県	君塚(2001)

*1 亜種については不明．
*2 都道府県版レッドデータブック（滋賀，京都など）では絶滅危惧種．

に個体数の減少が生じており，国内希少野生動植物種であるミヤコタナゴ *Tanakia tanago*，イタセンパラ *Acheilognathus longipinnis*，スイゲンゼニタナゴ *Rhodeus atremius suigensis* の3種を代表に全種が環境省ないしは都道府県版レッドデータブックにおいて絶滅危惧種として記載されている（河村，2010a）．このことから，タナゴ類は日本産淡水魚類において極めて絶滅の可能性が高い分類群のひとつと言うことができる（片野・森，2005）．

こうした状況下，生息環境の改善を含めたタナゴ類の保護は急務とされ，現在，国や地方公共団体だけでなく地元の有志を中心とするNPO法人などにより，保全活動が行われている．しかしながらタナゴ類の生息を脅かしているのは必ずしも環境破壊といった目に見える要因だけではなく，実は我々の目にはほとんど見えない要因も存在する．この目に見えない要因のひとつが外来種であり，本章ではタナゴ類における外来種問題の現状について説明する．

2．タナゴ類における2種類の外来種

(1) 外国産の外来種

日本には現在，外来のタナゴ類としてタイリクバラタナゴ *Rhodeus ocellatus ocellatus* とオオタナゴ *Acheilognathus macropterus* の2種が存在する．タイリクバラタナゴは台湾を含む東アジアの温帯域に広く生息し，外来生物法により要注意外来生物に指定されている（環境省，2005）．本種の日本への侵入は1940年代，中国長江から食用目的で持ち込まれたソウギョやハクレン等の種苗に混ざり利根川水系に入ったのが最初とされている（中村，1955）．その後，タイリクバラタナゴは1960年代に本種の卵を保有するイケチョウガイが霞ヶ浦から琵琶湖に移殖されたことにより琵琶湖内で大発生し，さらにこれはコアユの移殖放流と相まって日本各地に分布を拡大したとされている．またタイリクバラタナゴは観賞魚としても人気があることから，飼育個体の遺棄・逃散による分布拡大の可能性も示唆されている（長田，1980）．タイリクバラタナゴが外来種において問題とされている理由は，その繁殖力の高さだけでなく，近縁種を含めた在来のタナゴ類の駆逐にある（河村，2010a）．

オオタナゴは台湾を除く東アジアの温帯域に広く分布し，全長20センチに達するタナゴ類最大の種である．日本への詳しい侵入過程は不明であるが，淡水真珠の養殖用に中国から霞ヶ浦に持ち込まれたヒレイケチョウガイが本種の卵を保有していたことが原因とされている（自然環境研究センター，2008）．

我々の研究においてもミトコンドリアDNA（mtDNA）の分析結果から長江由来の可能性が示唆されている（河村，未発表）．オオタナゴは現在，霞ヶ浦において個体数だけでなく分布も急速に拡大している（諸澤・藤岡，2007）．オオタナゴが在来の生態系に与える影響についてはまだよくわかっていないが，タイリクバラタナゴをも上回る繁殖力の高さから在来のタナゴ類に与える影響が危惧されており，タイリクバラタナゴとともに要注意外来生物に指定されている（環境省，2005）．

これらタナゴ類2種はいずれも外国産であり，在来種を含めた在来の生態系に与える悪影響という自然保護の観点からみても駆除の意義は比較的自明である．しかしながら，現在，タナゴ類において外来種は外国産だけでなく国内産も存在する（日本生態学会，2002；松沢・瀬能，2008）．この国内産の外来種は自然保護において問題となりつつあり，外国産の外来種以上に無視できない存在となりつつある．

(2) 日本産の外来種

現在，日本における生物の人為的移殖は国外からだけではなく，国内における移殖も存在することから，前者の場合を国外外来種，後者の場合を国内外来種と区別している（日本生態学会，2002）．タナゴ類は，日本産淡水魚において国内における移殖の事例が多い分類群のひとつであり（日本生態学会，2002；松沢・瀬能，2008），過半数の種において人為的な移殖が確認されている（表5.1）．その中でも最も広く移殖されているのがイチモンジタナゴ *Acheilognathus cyanostigma* である．イチモンジタナゴは日本固有種であり，天然分布は琵琶湖淀川水系，三方湖，木曽三川であるとされている．イチモンジタナゴは三方湖においては水質悪化によりすでに絶滅し，琵琶湖と木曽三川においても河川改修やブラックバス，ブルーギルによる食害のため激減しており，環境省レッドデータブックにおいては絶滅危惧IA類にランクされている（河村，2010b）．

このようにイチモンジタナゴは天然分布域においては極めて絶滅の可能性が高い種であるが，実はおかしなことにその分布は全国的に拡大しており，日本全体として見た場合，お世辞にも絶滅危惧種とは言えないような状況にある．イチモンジタナゴが広範囲に分布を拡大した理由はコアユの移殖放流に付随した非意図的な移殖によるものとされているが（長田，2001），いずれにせよイ

チモンジタナゴは希少種ではなく，外来種として生き残りの道を選択したとも言えるような滑稽な状況にある．

　イチモンジタナゴの場合は天然分布が狭く，近縁種が存在しないことから比較的人為的移殖が特定しやすく，場合によっては駆除も可能と思われる．しかしながら，地域集団レベルで遺伝的分化が見られる広域分布種においては，形態情報のみによる移殖の判定は不可能であり，またこうした種の移殖は在来集団との関係において自然保護の面でも大きな問題を生じている．こうした事例のひとつとしてバラタナゴ属2種における国内外来種を紹介する．

3．バラタナゴ属における国内外来種

(1) 見えない交雑―スイゲンゼニタナゴの抱える問題―

　スイゲンゼニタナゴとカゼトゲタナゴ *Rhodeus atremius atremius*（脚注）は，いずれも日本産タナゴ類の中では最も小型の種で両者は亜種の関係にある．スイゲンゼニタナゴは吉井川から芦田川までの岡山平野の限られた水域に生息するのに対し，カゼトゲタナゴは九州中北部に広く生息する．これら2亜種の主な生息地は農業用水路に代表される小規模河川であることから，20世紀後半の圃場整備ならびに都市化や工業化に伴う水質汚濁による環境の悪化は，いずれの亜種においても個体数減少の大きな要因となっている．特にスイゲンゼニタナゴの場合，もともと分布が狭いことに加え，環境破壊が著しいことから個体数ならびに生息地の減少は顕著であり，IUCN版レッドリストでは絶滅危惧Ⅱ類に，環境省レッドデータブックでは絶滅危惧ⅠA類にそれぞれランクされている．カゼトゲタナゴにおいてもスイゲンゼニタナゴほどではないにしろ，過去十数年における個体数と生息地の減少は自明であり，環境省レッドデータブックでは絶滅危惧ⅠB類にランクされている（河村，2003a，2010c）．

　スイゲンゼニタナゴとカゼトゲタナゴは形態が酷似しており，外部形態のみによる両亜種の識別はほぼ不可能である．これら2亜種の遺伝的類縁関係については Okazaki et al.（2001）による報告があり，mtDNAの12S rRNA（約700 bps）の解析においてスイゲンゼニタナゴには2つのクレード（旭川クレードと芦田川クレード）が存在し，旭川クレードは芦田川クレードよりもカゼトゲタナゴに遺伝的に近縁とされている．12S rRNA は mtDNA において進化速度

脚注：細谷（2013）においてはスイゲンゼニタナゴはカゼトゲタナゴ（*R. smithii smithii*）のシノニムとされているが，本稿では従来の分類（Miyake et al., 2011）に従い，別亜種とした．

が遅い領域であることから（松井・小池，2003），我々はスイゲンゼニタナゴとカゼトゲタナゴの詳細な遺伝的類縁関係を明らかにするため，mtDNA の中で比較的進化速度が速いとされる ND 1 領域（975 bps）を用いて解析を行った．その結果，スイゲンゼニタナゴとカゼトゲタナゴはいずれも独立した単系統性の高いクレードを形成し，両者の間の塩基置換率は約 8％であった（図5.1）．ところが，Okazaki et al.（2001）が分析に用いた旭川水系の 1 集団においてはスイゲンゼニタナゴのクレードに属するハプロタイプだけでなく，カゼトゲタナゴのクレードに属するハプロタイプも検出された．このハプロタイプは系統 I に属し，筑紫平野の集団において高頻度で見られるものであった．このことはスイゲンゼニタナゴの一部の集団におけるカゼトゲタナゴの存在を示唆するものであるが，mtDNA は母系遺伝であることから，この分析だけでは正確な同定はできない．そこで我々は核 DNA の中で最も進化速度の速い領域のひとつとされるマイクロサテライト DNA（MS）（Avise, 2004）を用いてより詳細な遺伝的特徴の推定を行った．MS 情報に基づくベイズ法によるアサインメントテストにおいてスイゲンゼニタナゴとカゼトゲタナゴは mtDNA の場合と同じく大きく二分したが，カゼトゲタナゴの mtDNA が検出された旭川水系の 1 集団においてはカゼトゲタナゴの遺伝子浸透の存在が示唆された（図5.2）．この集団においては遺伝子浸透の程度に差はあるもののほとんどの個体が両亜種の交雑個体であると考えられた．さらに，この集団は遺伝的多様性が他のスイゲンゼニタナゴ集団の約 2 倍であり，カゼトゲタナゴ固有の対立遺伝子が高頻度で認められたことから，カゼトゲタナゴによる遺伝子浸透が生じている可能性が高いことが明らかとなった．

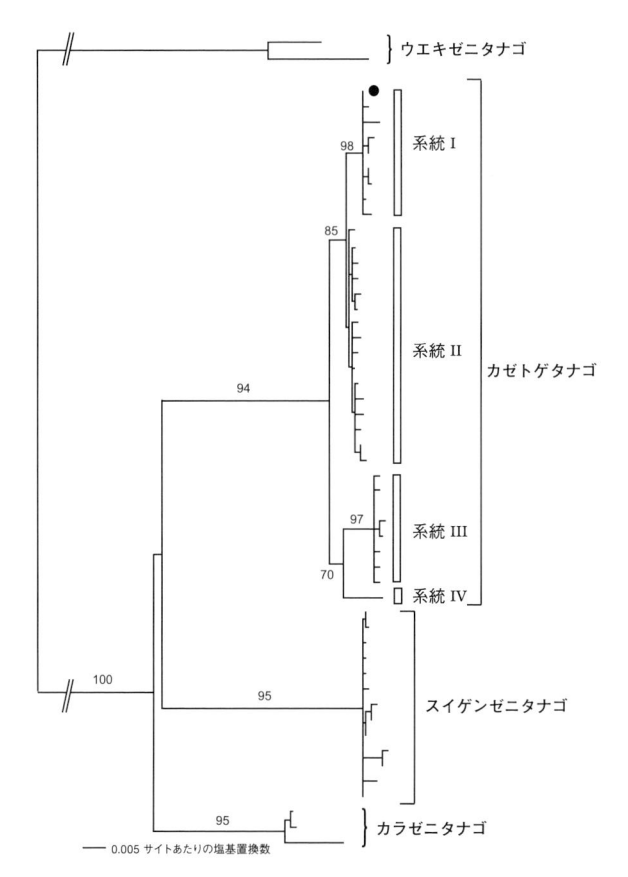

図5.1 ミトコンドリア DNA の ND1 領域（975 bps）から見たスイゲンゼニタナゴとカゼトゲタナゴの遺伝的類縁関係（最尤法）（Miyake et al., 2011）．●は旭川のスイゲンゼニタナゴの1集団において検出されたハプロタイプ．ノード上の数値は各クレードのブートストラップ値を表す．

図5.2 マイクロサテライト DNA 7遺伝子座を用いたスイゲンゼニタナゴとカゼトゲタナゴのアサインメントテストの結果（Miyake et al., 2011）．白はスイゲンゼニタナゴ，グレーはカゼトゲタナゴのクラスターをそれぞれ表す（集団名は省略）．＊はカゼトゲタナゴの遺伝子浸透を示す．計算には Structure 2.2（Hubisz et al., 2009））を使用．

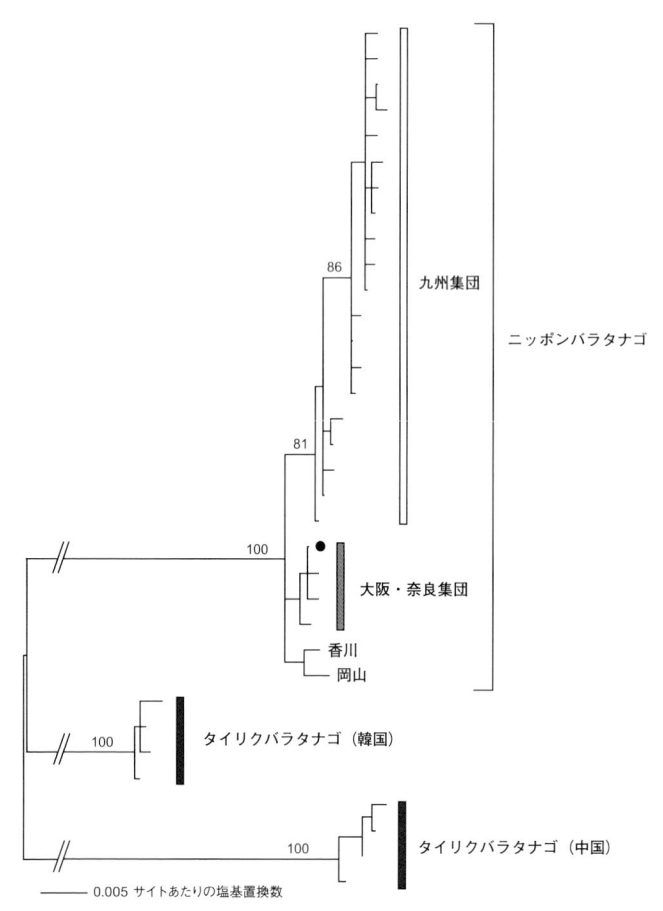

図5.3 ミトコンドリア DNA の ND1領域（975 bps）から見たバラタナゴの遺伝的類縁関係（近隣結合法）（三宅・河村，未発表）．●は九州産ニッポンバラタナゴとの交雑集団において見られたハプロタイプ．ノード上の数値は各クレードのブートストラップ値を表す．

(2) 九州のニッポンバラタナゴにおける第二の侵入―知られざるもうひとつの外来種―

　ニッポンバラタナゴ *Rhodeus ocellatus kurumeus* はタイリクバラタナゴの日本固有亜種であり，かつては西日本に広く分布していたとされている（中村，1969）．しかしながらタイリクバラタナゴはニッポンバラタナゴよりも繁殖力が高いだけでなく後者と容易に交雑し，雑種はタイリクバラタナゴに匹敵する

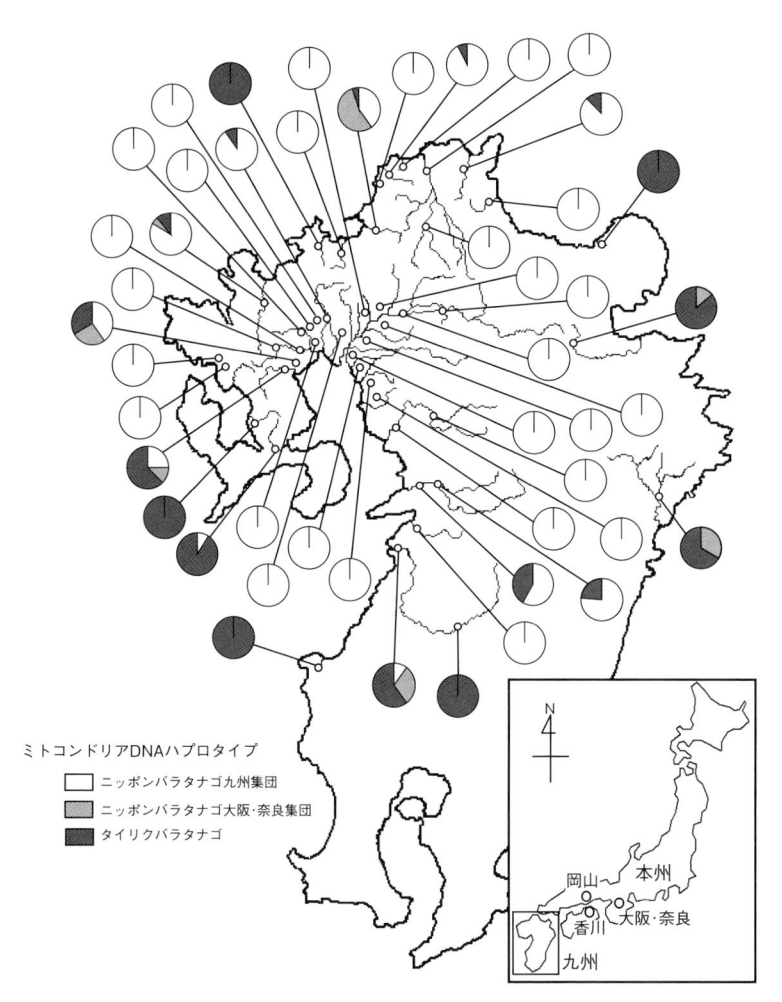

図5.4. 九州地方におけるバラタナゴのハプロタイプの分布．○はサンプリング地点を表す（三宅ほか，2008を一部改変）．

高い適応度を持つことから，本州と四国においては大阪と香川の僅かな溜池を残しニッポンバラタナゴはほとんどが全滅したとされている（河村，2003b；河村ほか，2009）．その一方で，九州におけるタイリクバラタナゴの侵入は僅かであり，九州のニッポンバラタナゴはこれまで比較的安全と考えられていた（Nagata et al., 1996; Kawamura, 2005）．しかしながら近年，mtDNAのPCR-RFLP分析による分布調査の結果，調査した集団のうち約40％においてタイリ

クバラタナゴの mtDNA が確認された．さらに形態分析においてこれらの集団はいずれもニッポンバラタナゴとタイリクバラタナゴの中間の形態的特徴を有しており，九州においてもタイリクバラタナゴの侵入が著しいことが明らかとなった（三宅ほか，2008）．

バラタナゴにおける集団間の遺伝的類縁関係を明らかにするため，我々は mtDNA の ND1 領域（975 bps）を用いて集団解析を行った．その結果，九州地方のニッポンバラタナゴは本州・四国のニッポンバラタナゴとは異なり（塩基置換率：約1％），独自のクレードを形成することが明らかとなった（図5.3）（三宅・河村，未発表）．ところが九州産ニッポンバラタナゴとタイリクバラタナゴの交雑が指摘された集団のうち7つ（約15％）において，ニッポンバラタナゴの mtDNA の中に九州クレード以外のハプロタイプも検出され，このハプロタイプは，大阪・奈良の集団において高頻度で見られるものであることがわかった（図5.4）（三宅・河村，未発表）．このことは九州のニッポンバラタナゴにおいてはタイリクバラタナゴだけでなく，近畿産のニッポンバラタナゴとの間でも交雑が生じている可能性を示唆しており，同様の現象は九州だけでなく岡山の交雑集団においても確認されている（三宅・河村，未発表）．

(3) 国内外来種がもたらすもの

スイゲンゼニタナゴと九州産ニッポンバラタナゴにおける遺伝子分析の結果は，これらの種においては一部の集団で遺伝的に異なる系統が混在することを示している．この理由として考えられるのは，人為的要因と地史的要因である．人為的要因は人間により別亜種（カゼトゲタナゴ）ないしは他の地方集団（ニッポンバラタナゴ）が移殖されたとするものであり，地史的要因はこうした現象が人為的なものではなく，有史以前の歴史的プロセスにより生じたとするものである．後者の場合，このプロセスとして2つの可能性があげられる．ひとつは分断された集団内における分断前の共通祖先が持っていた対立遺伝子ないしはハプロタイプの不完全な系統選別による存続であり，もうひとつは異なる集団間における二次的接触により生じた遺伝子浸透である（Avise, 2000）．

mtDNA の分子時計を用いた分岐年代の推定において，スイゲンゼニタナゴとカゼトゲタナゴの分岐は約500万年前の鮮新世，ニッポンバラタナゴの九州集団と近畿集団の分岐は約65万年前の中期更新世にそれぞれ相当することが示唆されている（三宅・河村，未発表）．mtDNA のように進化的にほぼ中立と

される遺伝子においては，時間の経過とともに古いハプロタイプが突然変異により生じた新しいハプロタイプに置換される系統選別が生じ，この置換速度は有効集団サイズの逆数に比例することがわかっている（Neigel and Avise, 1986）．スイゲンゼニタナゴと九州産ニッポンバラタナゴにおいて複数の系統のmtDNAが見られた集団は，いずれも過大に見積もっても集団サイズが1万個体以下の集団である．また亜種ないしは集団間での分岐の古さとmtDNAの進化速度から判断して，本州と九州の集団の分岐以前に存在していた祖先型のハプロタイプが現存している可能性は確率論的に見てほぼゼロに近い（渡辺・前川，2008）．また，スイゲンゼニタナゴの1集団において見られたカゼトゲタナゴのハプロタイプはハプロタイプネットワークにおいて派生的なハプロタイプであることから，これは明らかにスイゲンゼニタナゴとカゼトゲタナゴの分岐後の突然変異に生じたものである．これらのことから，バラタナゴ属2種の一部の集団におけるmtDNAの複数の系統の存在は不完全な系統選別によるものとは考えにくい．もうひとつの可能性である集団の二次的接触についてもスイゲンゼニタナゴの場合，交雑が分布の中心に位置する1集団においてのみ生じたとは考えにくい．またニッポンバラタナゴの九州集団においても近畿系統のmtDNAの存在が散材的であるだけでなく，タイリクバラタナゴのmtDNAと同所的に出現することから（図5.4），こうした分布が地史的要因による可能性は極めて低いと言える．

　カゼトゲタナゴのハプロタイプが検出された旭川水系の1集団は，生息環境の立地条件ならびに物理的特徴から，カゼトゲタナゴだけでなくスイゲンゼニタナゴ自身も人為的移殖の可能性が高いと考えられている（河村，未発表）．また，ニッポンバラタナゴの複数の系統のmtDNAが検出された大分と宮﨑の生息地においては，かつてニッポンバラタナゴは生息していなかったとされている（村田，1989）．こうした情報から判断して，バラタナゴ2種におけるmtDNAの複数の系統の存在は，人為的要因，すなわち意図性の有無にかかわらず人により移殖された可能性が極めて高いと考えられる．

　それではなぜバラタナゴ2種においてこうした国内外来種が存在するのであろうか．タナゴ類は雄の婚姻色の美しさと二枚貝に対する特殊な産卵行動から観賞魚として人気の高い分類群であり（赤井ほか，2009），またこうした観賞魚の遺棄・逃散は流通手段の進歩と拡大により年々増加傾向にあるとされている（日本生態学会，2002）．このことからスイゲンゼニタナゴの生息地におけ

るカゼトゲタナゴの侵入は，意図がどうであれ観賞魚の愛好家による密放流の可能性が高いと思われる．九州産ニッポンバラタナゴの生息地における近畿産ニッポンバラタナゴの侵入プロセスとしてまず考えられるのは，先ほど述べたタイリクバラタナゴと同様，観賞魚の遺棄・逃散ないしはコアユの放流に付随した分散である．ところが九州における近畿産ニッポンバラタナゴの侵入の大きな特徴として，コアユの放流履歴のない河川における存在（鬼倉，私信）とタイリクバラタナゴのmtDNAとの同所性をあげることができる．前者はコアユの放流に付随した移殖の可能性を否定するものであり，後者は九州に持ち込まれた個体が近畿産ニッポンバラタナゴではなく，近畿産ニッポンバラタナゴとタイリクバラタナゴの交雑個体である可能性を強く示唆している．この交雑個体の移殖の可能性については観賞魚として流通している個体の中に交雑個体が混じっていたことも考えられるが，我々は現在，ヘラブナ種苗の放流に付随した移殖の可能性を考えている．ニッポンバラタナゴはかつて大阪平野，奈良盆地に広く生息していたとされるが，現在こうした生息地はごく一部の溜池を除き，ほとんどがタイリクバラタナゴの侵入により交雑個体群と化している（長田，1980；三宅ほか，2007）．大阪平野においてはこうした溜池の多くでヘラブナの養殖が行われており，その種苗は日本各地で放流されている（矢田，1967；木村，1983）．このことから，ヘラブナの移殖放流に付随してニッポンバラタナゴとタイリクバラタナゴの交雑個体が分布を広げた可能性は高く，実際，近畿産ニッポンバラタナゴのmtDNAを持つ個体が採集された九州の生息地においては，いずれもヘラブナが同所的に出現することがわかっている（鬼倉，私信）．このことは，ヘラブナの移殖に付随したバラタナゴの雑種個体の侵入の可能性を強く裏付けるものと言うことができる．

4．見えない外来種：国内外来種問題の抱えるジレンマ

(1) 見えない国内外来種

外来種という言葉はかつてその名の通り，"外国から来た種"を指すものであった（Elton, 1958；川合ほか，1980）．しかしながら，20世紀後半から外国からではなく国内移動により持ち込まれる種が増えるようになり，その数はいずれの分類群においても年々増加傾向にある（環境省，2002）．人による生物の国内移動は決して新しいものではなく，淡水魚においてもコイ，フナ類に代表されるように古くから行われている（丸山ら，1987）．しかしながら，近年

における人為的移動による生物の分布拡大は出所，分類群の如何を問わず過去に例を見ない大規模なものである（日本生態学会，2002；松沢・瀬能，2008）．

外来種対策における理想は早期発見による外来種の撲滅であるが，撲滅が不可能な場合，生息密度を生態系への影響が許容できるレベルにまで低下させること（抑制）が必要となる（松沢・瀬能，2008）．国外外来種の場合，もともと日本に生息しない生物であることから早期発見は比較的容易と思われるが，国内外来種の場合，これは必ずしも容易ではない．天然分布についての情報が曖昧な種や移殖先に形態がよく似た近縁種が存在する場合には，形態情報のみによる国内外来種の発見は極めて困難である．本稿で取り上げたバラタナゴ属2種における国内外来種は，系統地理解析を目的とした遺伝子分析において副次的に判明したものであり，肉眼による判定はまず不可能である．動植物の移動が世界的規模で行われている現在，こうした"見えない外来種"はタナゴ類に限らず，他の淡水魚においても増加傾向にある（本書第6章，コラム2）．それでは如何にしてこうした見えない外来種を検出するかであるが，外部形態による在来種との識別が不可能な外来種においては，本稿で用いたような分子生物学的手法に頼るしか方法は存在しない．ところが，分子生物学的手法による検出はコストと労力を要する作業である．このことは外来種の発見という外来種対策の第一段階において，国内外来種はこれまでの国外外来種には見られない新たな問題を抱えていることを意味している．

(2) 国内外来種が孕む潜在的脅威

スイゲンゼニタナゴの1集団におけるカゼトゲタナゴの遺伝子浸透が我々の調査により明らかになったとき，環境省の担当者の方から「希少種の遺伝的特性調査は研究者の趣味の範疇の問題であり，環境省の自然保護行政と直接結びつくものではない．したがって環境省としてはあえてこうした研究を支援する必要はない」とのお言葉をいただいたことがあった．本稿をお読みになられた方には，見えない国内外来種の検出において分子生物学的手法が如何に有効であり重要であるかがよくおわかりいただけたと思うが，はたしてこうした国内外来種を放置しておいてよいものであろうか．目で見てわからないのなら大丈夫と思われる方もおられるかもしれないが，実はこれは2つの危険性，すなわち遺伝子置換と異系交配弱勢の問題を孕んでいる．遺伝子置換とは在来種と外来種の交雑において在来種が外来種に遺伝的に置換され，最終的には絶滅する

ことであり，外来種の適応度が在来種よりも高い場合，外来種による遺伝子置換の確率ならびにその進行速度は高くなることが知られている（河村ほか，2009）．もうひとつの異系交配弱勢とは適応度が両親種よりも低いことにより交雑個体が集団から淘汰されることであるが，外来種の適応度が在来種よりも高く，両種の間で交雑が生じやすい場合には，交雑個体だけでなく在来種も時間の経過とともに絶滅する可能性が高い（Allendorf and Waples, 1996）．スイゲンゼニタナゴの場合，亜種レベルにおける遺伝的多様性はカゼトゲタナゴの1/2以下であり，各集団における近交度も高いことから，カゼトゲタナゴよりも適応度が低いことは十分に予想される（Miyake et al., 2011）．このことから交雑個体の適応度がどうであれ，適応度の高いカゼトゲタナゴの侵入がスイゲンゼニタナゴを絶滅させる可能性は極めて高いと言える．北米の絶滅危惧種であるカットスロートトラウトとニジマスの交雑（Allendorf and Leary, 1988）に見られるように，いったん，外来種と交雑が生じた集団において非交雑個体を検出することはほぼ不可能であり，こうした集団においては周囲の集団への交雑の拡大を防ぐため，集団レベルでの駆除が必要となる（河村ほか，2009）．

(3) 希少種という名の外来種

　日本産淡水魚における国内外来種のもうひとつの特徴として希少種の数の多さがあげられる（日本生態学会，2002；松沢・瀬能，2008）．日本産淡水魚の場合，現在，在来種の1/3以上がレッドリストの掲載種であることから，国内外来種においてもイチモンジタナゴ，カゼトゲタナゴのように希少種も多く含まれている．ここで問題とされるのはこうした希少種の取り扱いである．外来種対策の基本原則は防除であるが，イチモンジタナゴのように天然分布域においては絶滅が危惧されている種の場合，外来種対策は希少種保護というまったく目的が異なる課題に直面することとなる．この問題への対応については研究者間ならびに自然保護の担当者間でも大きく意見が分かれるところではあるが，こうした問題は年々確実に増加しており，今後の対応ならびに対策については研究者，行政，自然保護の実務担当者を交えた早急の議論が必要と思われる．

(4) 国内外来種問題の解決とは

　ブラックバス，ブルーギルのように生態系に与える悪影響ならびに経済的損失が自明な種においては，駆除の意義を世間一般に理解させることは比較的容

易である．しかしながら国内外来種は前に述べたように国外外来種と比べ概して発見が難しく，近年になってようやく研究が端緒についたところである．したがって，その生態的影響ならびに人間社会に与える影響についてはほとんどわかっていないのが現状である．このため駆除の意義を一般に理解させることはなかなか容易ではない（河村ほか，2009）．これに対し，外来種の数は国外，国内を問わず輸送交通手段の進歩により年々増加している．"覆水盆に返らず"という言葉があるように，いったん破壊された生態系を完全に元に戻すことはまず不可能である．したがって，影響評価を待つまでもなく，国内外来種においても早期に対策を講じることは重要と思われる．

　外来種の駆除において残酷とか可哀相という意見があるが，これは在来種を守っていくうえで止むを得ない措置であり，憎むべきは外来種ではなく，こうした外来種を生み出している人間の行為にある．バラタナゴ2種の交雑の例に見られるように，在来種との交雑を伴うような場合においては，在来種と交雑種の識別の難しさという技術的な問題から交雑の有無にかかわらず集団全体の駆除が必要となる場合もある．こうした事態を生じさせないようにするためにも，国内外来種問題の意義ならびに対応の重要性を世間一般に理解させることは重要課題であると思われる．

引用文献

赤井　裕・秋山信彦・上野輝彌・葛島一美・鈴木伸洋・増田　修・藪本美孝．2009．生態・釣り・飼育・繁殖のすべてがわかる　タナゴ大全．マリン企画，東京．191 pp.

Allendorf, F. W. and R. Leary. 1988. Conservation and distribution of genetic variation in a polytypic species, the cutthroat trout. Conserv. Biol., 2: 170-184.

Allendorf, F. W. and R. S. Waples. 1996. Conservation and genetics of salmonid fishes. Pages 238-280 in J.C. Avise and J. L. Hamrick, eds. Conservation genetics: case histories from nature. Champman & hall, New York.

Arai, R. and Y. Akai. 1988. *Acheilognathus melanogaster*, a senior synonym of *A. moriokae*, with a revision of the genera of the subfamily Acheilognathinae (Cypriniformes, Cyprinidae). Bull. Nat. Sci. Mus., Tokyo, Ser. A., 14: 199-213.

Arai, R., H. Fujikawa and Y. Nagata. 2007. Four new subspecies of *Acheilognathus* bitterlings (Cyprinidae: Acheilognathinae) from Japan. Bull. Nat. Sci. Mus., Tokyo, Ser. A. Suppl., 1: 1-28.

Avise, J. C. 2000. Phylogeography: The history and formation of species. Harvard Univ. Press, Cambridge. 477 pp.

Avise, J. C. 2004. Molecular markers, natural history, and evolution. Sinauer Associates,

Sunderland, Massachusetts. 684 pp.
Bánárescu, P. 1990. Zoogeography of fresh waters. Aula-Verlag, Wiesbaden. 1617pp.
千葉県．2000．千葉県の保護上重要な野生生物－千葉県レッドデータブック－動物編．千葉県環境部自然保護課，千葉．438 pp.
Elton, C. S. 1958. The ecology of invasions by animals and plants. Methuen, London. 181 pp.
Froese, R. and D. pauly. 2010. Fishbase. World Wide Web electronic publication. ホームページ：http://www.fishbase.org.
Hashiguchi, Y., T. Kado, S. Kimura and H. Tachida. 206. Comparative phylogeographyof two bitterlings, *Tanakia lanceolata* and *T. limbata* (Teleostei, Cyprinidae), in Kyushu and adjacent districts of western Japan, based on mitochondrial DNA analysis, Zool.Sci., 23: 309-322.
Hubisz, M., D. Falush, M. Stephens and J. Pritchard. 2009. Inferring weak population structure with the assistance of sample group information. Mol. Ecol. Resour., 9: 1322-1332.
板井隆彦．1982．静岡県の淡水魚－静岡県の自然環境シリーズ－．第一法規出版，東京．208 pp.
岩手県．2001．岩手県野生生物目録．岩手県生活環境部自然保護課，岩手．492 pp.
環境省．2002．移入種（外来種）への対応方針について．環境省ホームページ：http://www.env.go.jp/nature/report/h14-01/index.html.
環境省．2005．要注意外来生物リスト，魚類．環境省ホームページ：http://www.env.go.jp/nature/intro/1outline/caution/detail_gyo.pdf.
環境省．2013．環境省第4次レッドリスト，汽水・淡水魚類．環境省ホームページ：http://www.env.go.jp/press/file_view.php?serial=21437&hou_id=16264
片野　修・森　誠一．2005．希少淡水魚の分布と生態．片野　修・森　誠一（編），pp. 1-10．希少淡水魚の現在と未来－積極的保全のシナリオ－．信山社．東京．
川合禎次・川那部浩哉・水野信彦（編）．1980．日本の淡水生物　侵略と撹乱の生態学．東海大学出版会，東京．194 pp.
河村功一．2003a．スイゲンゼニタナゴ．環境省自然環境局野生生物課（編），pp. 46-47．改訂・日本の絶滅のおそれのある野生生物－レッドデータブック－　4 汽水・淡水魚類．自然環境研究センター，東京．
河村功一．2003b．ニッポンバラタナゴ．環境省自然環境局野生生物課（編），pp. 44-45．改訂・日本の絶滅のおそれのある野生生物－レッドデータブック－　4 汽水・淡水魚類．自然環境研究センター，東京．
Kawamura, K. 2005. Low genetic variation and inbreeding depression in small isolated populations of the Japanese rosy bitterling, *Rhodeus ocellatus kurumeus*. Zool. Sci., 22: 517-524.
河村功一．2010a．タナゴ類．野生生物保護学会（編），pp. 628-633．野生動物保護の辞典．朝倉書店，東京．
河村功一．2010b．イチモンジタナゴ．環境省自然環境局野生生物課（編），p. 3．改訂レッドリスト付属説明資料　汽水・淡水魚類．環境省自然環境局野生生物課，東京．
河村功一．2010c．カゼトゲタナゴ．環境省自然環境局野生生物課（編），p. 23．改訂

レッドリスト付属説明資料　汽水・淡水魚類．環境省自然環境局野生生物課，東京．

河村功一・片山雅人・三宅琢也・大前吉広・原田泰志・加納義彦・井口恵一朗．2009．近縁外来種との交雑による在来種絶滅のメカニズム．日本生態学会誌，59: 131-143．

君塚芳輝．2001．ゼニタナゴ．川那部浩哉・水野信彦・細谷和海（編），pp. 332, 367. 改訂版　日本の淡水魚．山と渓谷社，東京．

木村　重．1983．魚紳士録（上巻）．緑書房，東京．617 pp.

熊谷正裕．2007．カネヒラ．萩原富司・熊谷正裕（編），pp. 65-67．―まだいるの？どこから来たの？―　平成調査　新・霞ヶ浦の魚たち．霞ヶ浦市民協会．茨城．

丸山為藏・藤井一則・木島利通・前田弘也．1987．外国産新魚種の導入過程．水産庁研究部資源課・水産庁養殖研究所，東京．147 pp.

松井正文・小池裕子．2003．生物進化と保全遺伝学．小池裕子・松井正文（編），pp. 19-39．保全遺伝学．東京大学出版会，東京．

松沢陽士・瀬能　宏．2008．日本の外来魚ガイド．文一総合出版，東京．157 pp.

三宅琢也・河村功一・細谷和海・岡崎登志夫・北川忠生．2007．奈良県内で確認されたニッポンバラタナゴ．魚類学雑誌，54: 139-148．

Miyake, T., J. Nakajima, N. Onikura, S. Ikemoto, A. Komaru and K. Kawamura. 2011. The genetic status of the two subspecies of *Rhodeus atremius*, an endangered bitterling in Japan. Conserv. Genet., 12: 383-400.

三宅琢也・中島　淳・鬼倉徳雄・古丸　明・河村功一．2008．ミトコンドリアDNAと形態から見た九州地方におけるニッポンバラタナゴの分布の現状．日本水産学会誌，74: 1060-1067．

諸澤崇裕・藤岡正博．2007．霞ヶ浦における在来4種と外来3種のタナゴ類（Acheilognathinae）の生息状況．魚類学雑誌　54: 129-137．

村田　弘．1989．県北部地域河川のタナゴ類の分類と分布．大分大学教育学部（編），pp. 63-76．山国川―自然・社会・教育―．大分大学教育学部，大分．

長田芳和．1980．タイリクバラタナゴ，純血の危機．川合禎次・川那部浩哉・水野信彦（編），pp. 147-153．日本の淡水生物，侵略と撹乱の生態学．東海大学出版会，東京．

長田芳和．2001．イチモンジタナゴ．川那部浩哉・水野信彦・細谷和海（編），pp. 333, 372．改訂版　日本の淡水魚．山と渓谷社，東京．

長田芳和・君塚芳輝．2001．タナゴ亜科．川那部浩哉・水野信彦・細谷和海（編），pp. 330-333, 354-377．改訂版　日本の淡水魚．山と渓谷社，東京．

長田芳和・小川力也．1998．イチモンジタナゴ．水産庁（編），pp. 32-36．日本の希少な野生水生生物に関する基礎資料（V）．日本水産資源保護協会，東京．

Nagata, Y., T. Tetsukawa, T. Kobayashi and K. Numachi. 1996. Genetic markers distinguishing between the two subspecies of the rosy bitterling, *Rhodeus ocellatus* (Cyprinidae). Ichthyol. Res., 43: 117-124.

Neigel, J. and J. Avise 1986. Phylogenetic relationships of mitochondrial DNA under various demographic models of speciation. In "Evolutionary processes and theory" (eds. Nevo, E. and Karlin), pp. 515-534. Academic Press.

細谷和海．2013．コイ科．中坊徹次（編），pp. 308-327, 1813-1819．日本魚類検索全

種の同定．第三版．東海大学出版会，秦野市．

中村守純．1955．関東平野に繁殖した移殖魚．日本生物地理学会会報，16-19: 333-337．

中村守純．1969．日本のコイ科魚類．資源科学研究所，東京．455 pp．

日本生態学会（編），村上正興・鷲谷いづみ（監修）．2002．外来種ハンドブック．地人書館，東京．xvi + 390 pp．

Okazaki, M., K. Naruse, A. Shima and A. Arai. 2001. Phylogenetic relationships of bitterlings based on mitochondrial 12S ribosomal DNA sequences. J. Fish. Biol., 58: 89-106.

鬼倉徳雄・中島　淳・江口勝久・乾　隆帝・比嘉枝利子・三宅琢也・河村功一・松井誠一・及川　信．2006．多々良川水系におけるタナゴ類の分布域の推移とタナゴ類・二枚貝の生息に及ぼす都市化の影響．水環境学会誌，29: 837-842．

自然環境研究センター．2008．多紀保彦（監修），日本の外来生物－決定版．平凡社，東京．479 pp．

Smith, C., M. Reichard, P. Jurajda and M. Przybylski. 2004. The reproductive ecology of the European bitterling (*Rhodeus sericeus*). J. Zool., 262: 107-124.

竹内　基・松宮隆志・佐原雄二・小川隆・太田隆．1985．青森県の淡水魚類相について．淡水魚，11: 117-133．

渡辺勝敏・前川光司．2008．日本列島の形成と淡水魚類相の成立過程　陸域の長周期変動．沢田　健・綿貫　豊・西弘　嗣・栃内　新・馬渡峻輔（編），pp. 117-150．地球の変動と生物進化　新・自然史科学 II．北海道大学出版会，札幌．

矢田敏晃．1967．フナ．川本信之（編），pp. 75-104．養魚学各論．恒星社厚生閣，東京．

第6章

琵琶湖から関東の河川への
オイカワの定着

高村健二

1. オイカワは1種なのか

　オイカワは東アジア一帯に広く分布するとされている．アジア大陸では，中国東部・南部などに広く分布する．日本列島でも九州・四国・本州に広く分布する．しかし，これらの分布域は海域や山脈などによって地理的に区切られている．アジア大陸と日本列島との間だけではなく，日本列島内でも，九州・四国・本州が海によって隔てられ，近畿地方から関東地方にかけて鈴鹿山脈・飛騨山脈・木曽山脈・赤石山脈・関東山地などによっても区切られている．これらの山々の隆起はほぼ第四紀に起きたことが知られている（平，1990）．つまり，日本列島内に分布するオイカワは，永いと200万年前後にわたって地理的に隔てられていることになり，遺伝的に分化していると思われる．アジア大陸のオイカワも同じく長期の隔離を受けていると推測され，Perdices et al. (2003) は長江の洞庭湖付近より上流のオイカワに4つの系統群を認めて，別種として扱うにふさわしいとしている．また，Berrebi et al. (2005) も，同じ長江中流部と西江流域に4つの系統群を認めている．したがって，オイカワは地域的分化程度が低く東アジアの広範囲に分布するとされてきた（Bánărescu, 1991) ものの，実際には種として区別されてもおかしくない遺伝的集団が含まれているのは明らかである．

　実は形態面で地域的な分化が存在することは水口（1970）によって明らかにされている．その研究では，琵琶湖とそれ以外の水系に由来を持つオイカワ個体群とが比べられ，脊椎骨数の脊椎骨形成時温度（オイカワ繁殖期の平均気温で代用）に対する関係がほぼ直線で回帰できることがわかっている．その直線の傾きはほぼ同じであるが，位置には明確な違いがあり，琵琶湖由来の個体群のほうが同じ温度条件に対する脊椎骨数が0.42個ほど多いことがわかった．魚

種は違うが，琵琶湖産アユも海産アユと比べると，緯度あるいは高度の近い個体群に対して，脊椎骨数・鱗数・鰭軟条数が多いことがわかっており，このような違いが生じたのは氷期の低温条件を繰り返し経験したことによると推測されている（東，1980）．琵琶湖のオイカワ個体群についても同様のことが考えられるが，それは，いわゆる Jordan の法則（高緯度ほど魚の脊椎骨数が増加する）にも合致しており，十分に可能性のあることである．

2．アユ放流に伴う分布拡大

　オイカワは西は九州・四国から本州は利根川水系・信濃川水系まで自然分布していたとされる（宮地ほか，1976）．しかし，放流によってそれまでいなかった河川・湖沼にも棲むようになり，東北地方・四国・九州などで分布を拡げた（中村，1969；水口，1990）．オイカワ自体の増殖が目的で放流された場合もあるが，主には琵琶湖産アユの放流に混じって随伴して分布を拡げたと考えられている．琵琶湖産アユ放流以前にオイカワの採れなかった水域にオイカワが出現した場合には放流の効果が明らかで，その実態は内水面漁業者に対する聞き込みにより詳細に記録されている（水口，1990）．このように分布拡大したオイカワは，その多くを琵琶湖産オイカワが占めると考えられる．しかし，オイカワがすでにいた水域に琵琶湖産オイカワが定着したかどうかは，すぐにはわからないのである．

　琵琶湖産アユは，オイカワのもともとの分布域の内外で広く放流されてきた．したがって，在来のオイカワと琵琶湖から運ばれてきたオイカワとが同じ河川に生存する機会は数多くあったと考えられる．しかし，実際にそれを確かめることは簡単ではない．先に紹介した脊椎骨数の違いはひとつのものさしとはなりうるが，問題点もある．脊椎骨数でもって個体群の由来を判別することはできても，脊椎骨数の変異の幅は由来の間で重なっているので，個体ごとの判別は難しい．また，由来による個体群の形態の違いは別の新たな疑問をもたらす．というのは，水口（1970）の研究においては，オイカワが分布していない地域に琵琶湖産オイカワが導入された場合は，琵琶湖由来として扱われるが，在来のオイカワが分布する地域に琵琶湖産オイカワが導入されても，在来のオイカワに由来を持つ個体群として扱われたうえで，由来による脊椎骨数の違いが結論されている．つまり，事実上，在来個体群の存在する水域に導入された琵琶湖産オイカワは定着しなかったものとして扱われているかのようである．ある

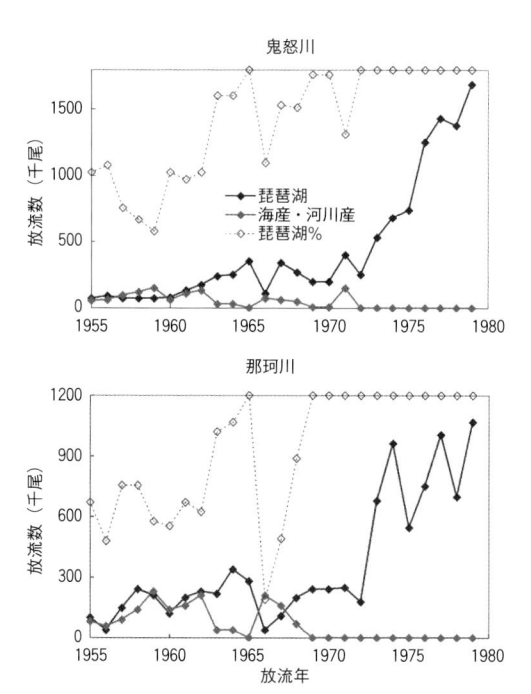

図6.1 琵琶湖産アユ放流量—1955〜79年の鬼怒川・那珂川における変化.

いは，定着したとしてもその形質は，少なくとも脊椎骨数に関する限り，定着していないと見なされていることになる．

　そこで，在来のオイカワ個体群が存在していたかどうかにかかわらず，琵琶湖産オイカワの定着を確かめるために使えるのが遺伝子解析である．仮に琵琶湖のオイカワ個体群に永ければ200万年前後の集団分化の歴史があるならば，琵琶湖産とその他のオイカワとの間にはそれに見合うだけの遺伝子変異が蓄積して，判別が可能となるはずである．しかも，個体毎に区別することも難しくない．したがって，琵琶湖産アユの放流に伴って国内に広く導入されたオイカワがどの程度定着して国内外来生物となっているかを明らかにするためには遺伝子解析手法を導入することが必要であり，それによってオイカワの国内外来の実態を関東地方の河川を舞台に明らかにすることがここで紹介する研究の目的である．

　琵琶湖産アユの放流が最初に行われたのは，1913年であるが，盛んに行われるようになったのは第二次大戦後のことである．ここでは，栃木県の資料（栃

木県水産指導所，1956〜1964；栃木県水産試験場，1965〜1982）を参照して，利根川支流鬼怒川の鬼怒川漁業協同組合および那珂川の那珂川漁業協同組合のそれぞれの管理区域での放流量の変化を1955〜80年にかけて紹介する（図6.1）．これらの水域へのアユ放流量は，1950年代にはまだ多くなく，また琵琶湖産と河川・海産の放流量に大きな差がなかった．しかし，1960年代に入ると，河川・海産は減少して，1970年代にはほぼ放流されなくなった．一方で，琵琶湖産アユ放流量は1960年代から1970年代にかけて増加の一途をたどった．多少の違いはあるものの，鬼怒川・那珂川ともに同じような変化をたどった．図に表した期間の放流量は，鬼怒川で1105万尾（1尾4gとして約44 t），那珂川で910万尾（1尾4gとして約36 t）と集計される．このように盛んに行われた琵琶湖産アユの放流には，他の魚種も混入しており，たとえば，オイカワ・ハス・タモロコの混入が確認されており，オイカワの混入率は0.5％，あるいは10％になったこともあるらしい（水口，1990）．琵琶湖産アユは琵琶湖に固有であるがゆえに，随伴外来も含めて国内外来生物の問題化に一役買うという皮肉な結果をもたらしている．

3．関東地方には琵琶湖のオイカワが定着していた

　関東地方の河川に棲むオイカワがどのような由来を持っているのか，琵琶湖産オイカワにその由来をたどれるのかを調べるために，まず第一の手順として，ミトコンドリアDNAのチトクローム b（cytochrome b）遺伝子の塩基配列を決定した．この遺伝子を選んだのは，1）チトクローム b 遺伝子の領域には1000個あまりの塩基が並んでおり，1％程度以上の配列の違いを見つけやすい，2）チトクローム b 遺伝子の配列変異量は系統分化後100万年で1％以上になるという目安（Zardoya and Doadrio, 1999）があり，日本列島での水系の分化が100〜200万年前以降に進んだとすれば，それに並行して生じた系統の分化も見つけやすい，3）同遺伝子を用いたアジア大陸産オイカワの分子系統地理の先行研究（Perdices et al., 2003）があり，それと比較することにより日本列島に分布するオイカワの系統的位置を知ることができる，という理由がある．配列決定にはPerdices et al.（2003）の用いたプライマーを使って領域のDNAをPCR酵素によって増幅したが，領域内をできるだけ正確に調べるために，決定配列情報を用いて領域の内部にもプライマーを設計して使用した（Takamura and Nakahara，未発表）．全部で1193塩基長の配列を決定した．オイカワを採

図2　関東地方で採集されたオイカワのチトクローム b 遺伝子ハプロタイプの分子系統樹
○：琵琶湖グループハプロタイプ，●：関東グループハプロタイプ，▲：カワムツ，＊：琵琶湖産標本から見つかったハプロタイプ，枝長：塩基置換率，関東グループ6ハプロタイプの枝は信頼度100％である．

第6章　琵琶湖から関東の河川へのオイカワの定着 ● 89

集したのは，関東地方の南から北へと，相模川・多摩川・思川（利根川支流）・鬼怒川・那珂川・久慈川・花貫川と，オイカワの自然分布域内外の河川を取り上げた．

　採集した約350尾のオイカワから決定された塩基配列をハプロタイプとして分類したところ，全部で65個のハプロタイプが見つかった．これらのハプロタイプの間では，最大2.4％，塩基数で28個の違いが見つかり，最小は0.1％，1塩基だけの違いであった．このような塩基配列の違いをもとにハプロタイプのどれとどれが近縁かを推定し系統樹にまとめることで，これらのハプロタイプのグループ分けができる．この分子系統樹推定には複数の方法が使われるが，ここでは近隣結合法・最節約法・ベイズ法を用いたところ，結果に大きな違いはなく，ハプロタイプは大きく2つのグループに分けられた（図6.2）．近縁種のカワムツが系統樹の根となり，それ以外のハプロタイプは枝の長さで2つに分かれる．琵琶湖安曇川採集のオイカワから見つかったハプロタイプが属するグループが琵琶湖から由来したと考えられるので，琵琶湖グループと名づけ，もう一方を関東地方に以前から分布していた関東グループと名づけた．以上のように，アユ放流に伴って琵琶湖から由来したオイカワの遺伝子は関東地方の河川に定着していることがわかった．これで研究のひとつの目的は果たされたことになる．

　このように由来の異なるオイカワが関東地方の河川でともに見つかることがわかったが，それとは別に興味深いのは，琵琶湖グループのハプロタイプ数が関東グループに比べてはるかに多いことである．琵琶湖グループは59タイプ，関東グループは6タイプとほぼ10倍の較差である．関東地方の河川では，7河川だけとはいえ，広く標本が集められている．したがって，関東グループのハプロタイプは，さらに調べても飛躍的には増えないだろう．一方，琵琶湖グループのハプロタイプは，琵琶湖にある全ハプロタイプのどれだけを集めているかははっきりしないが，関東地方や琵琶湖自体で標本を増やせば，まだまだ増える可能性はある．ちなみに，約350尾の配列決定標本のうち，2/3弱の標本は関東グループに，残りの1/3強は琵琶湖グループに属する．また，遺伝子分析にかけた琵琶湖産4標本はすべて異なるハプロタイプを持っていた．つまり，琵琶湖グループはハプロタイプの多様度が極めて高いことになる．これは，琵琶湖という湖が大きく，またそこに流れ込む河川も多いため，今までに生じた遺伝子変異が残りやすいためではなかろうか．チトクロームb遺伝子は自然選

択の影響を受けにくい中立的な遺伝子であるため，特定のハプロタイプが世代を経て残りやすいという傾向はないと考えられる．そのような遺伝子のハプロタイプの頻度が変化するのは，偶然の作用により特定のハプロタイプが優占，あるいは消失する遺伝的浮動によると考えられるが，琵琶湖のようにオイカワの個体数が多く，また河川ごとに繁殖場所ができて，繁殖期にはある程度集団が分かれる場合には，遺伝的浮動の効果は弱くなり，ハプロタイプの多様性は保たれるのであろう．これは，国内外来魚の問題とは別に，そもそも国内外来が生じる背景として国内在来魚に複数の地理的集団があり，さらに遺伝的多様性に特徴があることを示していて興味深い．

4．川による由来の違い

さて，全体としてみれば関東地方に2系統のオイカワが混在するが，それぞれの河川ではどのように分布するか．関東地方の河川の調査地点ごとの琵琶湖グループと関東グループの出現尾数をまとめたところ（表6.1），両グループが出現する河川と琵琶湖グループだけが出現する河川とがあった．琵琶湖グループだけが出現する河川は久慈川・花貫川と北に偏る．両グループが出現する河川では，その比率はほぼ同じか，琵琶湖グループが少ない傾向がある．なかでも，那珂川は琵琶湖グループの割合が低く，同じ6地点が調べられた鬼怒川と比べてはっきりと低い．

ここで観察されたように琵琶湖グループの出現率が河川によって違うのは，なぜであろうか．当然ながら，第一には，琵琶湖オイカワ導入以前からオイカワがいたかどうかによる．久慈川・花貫川，すなわち関東地方北部太平洋沿岸の河川にはオイカワはもともと分布せず，琵琶湖アユ放流によってオイカワが分布するようになったと考えられる．一方，那珂川より南の河川では琵琶湖オイカワ導入以前からオイカワがいて，そこに琵琶湖からオイカワが定着して混在している．つまり，関東地方でのオイカワの自然分布域は那珂川を北限とするようである．ただし，中村（1969）は，相模川・酒匂川には本来オイカワがおらず，琵琶湖アユの放流以来増えたらしいと報告している．しかし，関東グループのオイカワについては，この報告は当てはまらないので，本来の分布について検討の余地がある．第二に考えられるのは，琵琶湖アユの放流量の違いである．ただし図6.1で見たように，1950年代から1970年代の琵琶湖アユ放流量は鬼怒川のほうが多いが，著しい違いではない．もちろん，この統計期間後

表6.1 関東地方河川採集地点ごとのオイカワハプロタイプグループの出現頻度.

地点名	全魚数	琵琶湖グループ	関東グループ	琵琶湖グループ %
花貫川	7	7	0	100
久慈川	13	13	0	100
那珂川1	29	4	25	14
那珂川2	31	8	23	26
那珂川3	21	4	17	19
那珂川4	22	9	13	41
那珂川5	30	10	20	33
那珂川6	30	4	26	13
鬼怒川1	27	11	16	41
鬼怒川2	30	13	17	43
鬼怒川3	30	14	16	47
鬼怒川4	30	12	18	40
鬼怒川5	30	10	20	33
鬼怒川6	5	2	3	40
思川	21	11	10	52
多摩川	32	12	20	38
相模川	17	9	8	53

も1990年代初めにアユ冷水病が流行するまで，琵琶湖産アユは多量に放流され続けているうえに，上記の数量には鬼怒川水系の上流・支流や両河川の栃木県外での放流量が含まれていないので，正確な比較はできないが，琵琶湖グループの出現率の違いをもたらすほどに差があったとは言いがたい．第三には，河川環境の違いを考えることもできる．那珂川はカヌーによる川下りが知られている．調査区間には段差の大きな堰堤がないのが特徴である．それに対して，鬼怒川は調査地点の間に大きな取水堰が2箇所もある．これらの堰によって，オイカワの個体群が遺伝的にある程度分離され，またそれが食物連鎖上の地位を制限している可能性があることがわかっている（Takamura, 2009）．つまり，堰はその川に棲むオイカワの生活に影響を与えているのである．従来の研究では，オイカワは河川の中流部を好み，それも河川改修により流れが浅く平たくなった流程に多くなると言われている（名越ほか, 1962）．また，ダム湖の上流に琵琶湖産アユとともにオイカワが放流されると，稚魚期の流下がダムで阻まれるため，オイカワがダムへの流入河川で増えることも報告されている（水野・名越, 1964）．つまり，堰のある河川はオイカワにとって棲みやすいとも思えるが，琵琶湖産オイカワについて考えた場合，その傾向は一層強いのではないだろうか．琵琶湖でのオイカワの生活場所は川だけでなく，湖も含まれて

いる．したがって，稚魚期に流下しやすく，川の流れの速いところに留まりにくいのではないかとも考えられる．これは，まったくの推測にすぎないが，琵琶湖産オイカワと関東地方のオイカワとでは生息場所の好みに違いがあり，それが鬼怒川・那珂川間でのハプロタイプ出現率の違いに現れているのかもしれない．このような河川環境の変化がオイカワの分布に与える作用は大きなものがあり，オイカワの分布に年代的な変化があるとき，河川環境が人手によって変えられた影響も考慮に入れておく必要がある．

5．由来が違うと生態が違うのか？

(1) 繁殖時期の違い

　関東地方の多くの河川では琵琶湖グループと関東グループのオイカワが混在することがわかったが，系統による生態の違いは同じ河川の中で観察されないのだろうか．この疑問に答えるために，まず繁殖時期の違いを調べてみた．といっても，オイカワの繁殖場所や繁殖行動は観察しやすいものの，繁殖行動中のオイカワのハプロタイプを知ることは楽ではないため，そのかわりに，産卵床から泳ぎ出たばかりの仔魚を採集して遺伝子解析を行った．ただし，仔魚は成魚に比べてごく小さく抽出できるDNA量が少ないうえに，多数の標本を処理するため，遺伝子解析に不安がある．そこで，琵琶湖グループと関東グループの間で塩基配列が異なる部位に，各グループだけでPCR増幅産物ができるプライマーを設計した（Takamura and Nakahara, 未発表）．PCR増幅産物はアガロースゲル上で電気泳動することでバンドとして検出できた（図6.3）．仔魚は河川流れ脇のヨシ類の茂み下手に遊泳しているため捕りやすいが，その場ではカワムツ・ウグイなどの仔魚とも区別がつかないため，まとめて上述のバンド検出を行った．あらかじめ，カワムツ・ウグイのDNAからはバンドが検出されないことを確かめたうえで，バンド検出されない標本は塩基配列決定により種を同定した．オイカワの繁殖期を含む5月から9月まで採集した結果，オイカワ仔魚は5月下旬から捕れ始め，6月中には最も多くなり，そのまま9月初めまで優占した（図6.4）．琵琶湖グループと関東グループの出現数は，鬼怒川では両グループがほぼ同数に，那珂川では関東グループのほうが多かった．ただし，両グループの比率自体はあまり変化がなく，どちらかのグループが季節的に早く現れるということはなかった．したがって，オイカワのハプロタイプグループの間で繁殖時期は変わらないようである．

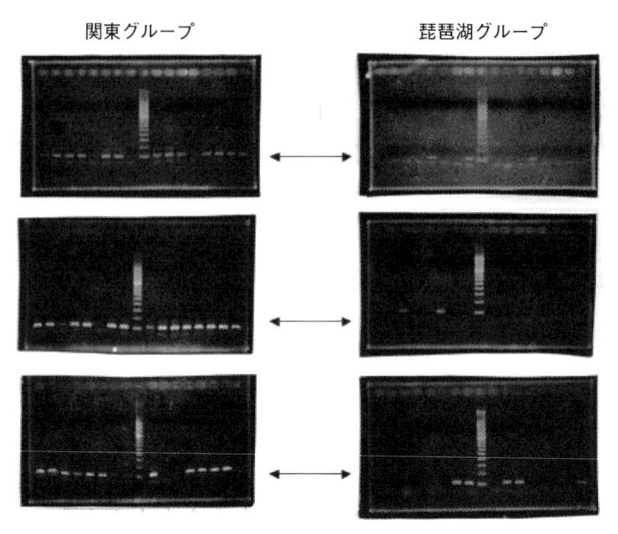

図6.3 オイカワハプロタイプグループ判別用のプライマー2種類によるPCR増幅産物の電気泳動バンド像.
同一標本に対する2種類のバンド像を左右一対に配置．1ゲル当たり18標本と中央に一定長DNAを泳動．矢印でバンド出現位置（塩基配列長）を示す．

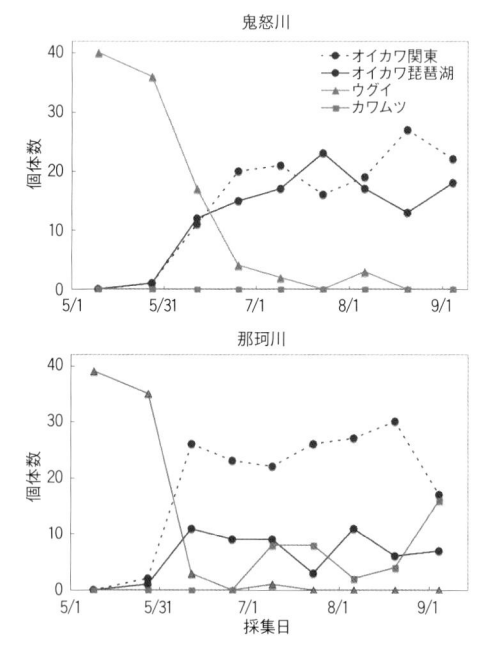

図6.4 鬼怒川・那珂川採集仔魚におけるオイカワハプロタイプグループとウグイ・カワムツの出現数季節変化．

(2) 食性の違い

　食性の違いを知るために，オイカワの窒素安定同位体比を利用した．その原理は以下のとおりである．自然界の生き物がつくる生態系のなかには，植物が草食動物に食べられ，草食動物が肉食動物に食べられるといった，食う‐食われるの関係からなる食物連鎖と呼ばれる構造がある．植物が光合成する有機物は食物連鎖を通じて動物の体を作るが，その有機物は炭素とともに窒素が主要な成分である．窒素は，ふつう原子量が14であるが，わずかながら原子量が15の窒素も含まれている．これを同位体と呼ぶが，原子量が安定しているので，放射線を出して軽くなる放射性同位体と区別して安定同位体と呼ばれる．餌として動物の体内に取り込まれた窒素安定同位体（^{15}N）は同時に取り込まれた^{14}Nほどには排泄されず，体内に残りやすい．つまり，窒息安定同位体比が高くなっていくが，この性質を利用することによって，ある動物が食う‐食われるの関係を何回繰り返した食物連鎖の果てにいるかが，数値として表せる．この数値をここでは栄養的地位（trophic position）と呼ぶ．食物連鎖の出発点の植物には栄養の地位＝1，植物だけを食べる動物は栄養的地位＝2と順番に与える．ここでは底に生える藻類を出発点の植物として扱ったが，実際には，藻類そのものではなく，藻類を食べる動物（ヒラタカゲロウ類など）を基準にして魚と比べた．藻類の窒素安定同位体比が変動しやすいので，藻食動物が摂食を通じてそれをならすと期待したのである．

　このようにして求めたオイカワ成魚の栄養的地位はおおむね3.0から3.5の間におさまる（図6.5）．つまり，オイカワは一次消費者（植物食者だけを食べる肉食者）ではなく，食物連鎖上ではもう少し上にいることになる．オイカワは藻類を多食する場合がある（名越ほか，1962）ので，その場合には栄養的地位は2に近くなる．それも考えに入れると，実際には植物食者を食べる肉食者（栄養的地位＝3）をかなり食べていると考えられる．琵琶湖グループと関東グループとを比べると，その違いはないように見える．実際には，魚が成長して大きくなるにつれ，また図では鬼怒川と那珂川の結果をまとめているため，川によって栄養的地位が変わるかもしれないので，統計的にその効果を除いているが，それでもハプロタイプグループのあいだで栄養的地位に違いは見られなかった．何を食べるかという点でも，これらの由来の異なるオイカワは似通っているらしい．

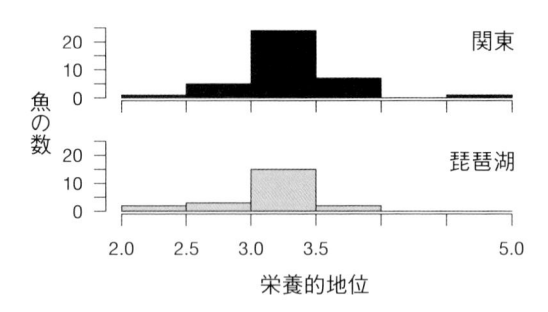

図6.5　オイカワ成魚の栄養的地位のハプロタイプグループ間比較.

6．琵琶湖のオイカワと関東のオイカワとは交雑していた

　関東地方の河川で見つかった琵琶湖グループと関東グループのオイカワの間に生態の違いは今のところ見つかっていないが，実は，これまでの説明は，ひとつ大切なことに触れずに進めてきた．それは，この2つのグループのオイカワが交雑しているかもしれないということである．もし交雑が起きているならば，もともと繁殖時期や食性などの違いがあったとしても，それらの習性に違いがなくなっているかもしれない．交雑を確かめるためには，遺伝子自体が混じっているかどうかを調べればよいが，ミトコンドリアDNAは染色体を作る核DNAと違ってコピーが1つしかなく，母親だけから仔に受け渡されるので，交雑が起きているかどうかは確かめようがない．そこで，核DNAから適当な領域を選んで，交雑が起きているかどうかを確かめてみた．選んだのは，マイクロサテライト領域DNAである．このDNAでは，2〜3塩基の同じ配列が繰り返し並んでいる．繰り返しの数が変わりやすいため，繰り返しを含む領域の長さを測ると，さまざまな長さのDNAが得られる．長さの違いは生活上の有利不利には一般に関係ないので，中立的な遺伝子と考えられている．領域を増幅するプライマーを作成してPCR反応を行うと，1尾の魚から最大2種類の長さのDNAが得られる．多い場合は，10種類を超える長さのDNAが同じ種の魚から得られるので，どの長さのDNAが多いかを見て，ある場所の魚の群れの特徴をつかむことができる．

　ここでは，琵琶湖から由来したオイカワが関東にいたオイカワと交雑したかどうかを確かめるために，琵琶湖産オイカワと関東地方河川のオイカワのマイ

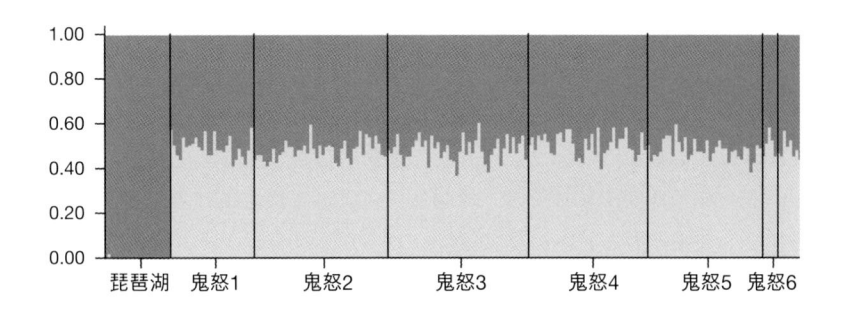

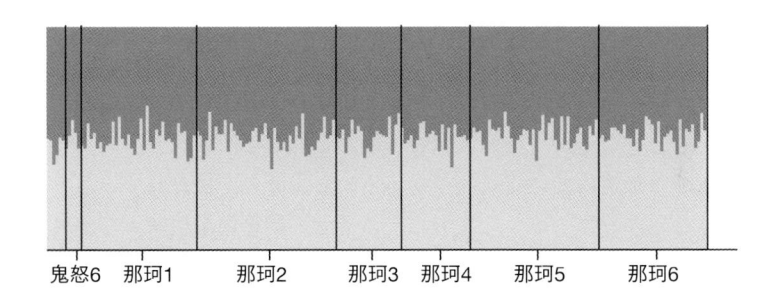

図6.6 マイクロサテライト領域DNAによるオイカワ個体の由来推定．
短冊形の個体表示に2色で由来の違いを表示，縦軸：由来確率，横軸：採集地点ごとにまとめられた個体，採集地点1：琵琶湖，2-7：河川．

クロサテライト領域DNAを調べた．その結果から，ベイズ推計という統計学の手法を使って，あるオイカワ標本の由来は琵琶湖・関東のどちらにあると考えるのがもっともらしいかを計算した．推計した結果は図6.6に示す．ここでは，鬼怒川・那珂川の各6地点のオイカワ標本に対して，琵琶湖標本を由来源と見なして由来確率を推定した．そうすると，鬼怒川・那珂川のオイカワは由来確率がほぼ半々という結果になった．つまり，個体の由来がはっきり分かれるというよりは，全般に交雑していると考えたほうがよさそうである．

7．国内外来の広がりが問題の解明を難しくする

交雑がおきていると考えたほうがよいことはわかったので，生態の違いがないことにとりあえず納得はいくが，核DNAの他の領域の塩基配列を比較するか，中立でない，機能に関係した遺伝子を調べることで生態と遺伝子とのつながりをつまびらかにしていくことが望ましい．とはいえ，それは今後の研究に

委ねるとして，ここでは，交雑を遺伝子解析から研究する際に忘れてならないことに触れておきたい．それは，交雑が起きても，遺伝子全体が完全に混じり合うとは限らないことである．たとえば，遺伝子の一部が交雑後，外来のものに置き換わってしまっているが，残りの遺伝子は置き換わっていない例が知られている．たとえばイトヨでは，核遺伝子によって決定される酵素タンパク質で見れば，太平洋型と日本海型で区別されるが，ミトコンドリア遺伝子やマイクロサテライト領域では区別がつかない（Higuchi and Goto, 1996; Takamura and Mori, 2005）．どの遺伝子が置き換わり，どれが置き換わらないかは，その遺伝子がある地域での生存しやすさを決めているかどうかによるのであろう（Avise, 2000; Karl and Avise, 1992）．そういう意味では，琵琶湖から外来したオイカワに対して，関東に以前からいたオイカワのある意味での抵抗性を期待してよいのかもしれないが，生態・習性・姿形を通じて関東地方の河川で生存しやすいかどうかを決めている遺伝子があるのか，それが保たれているのかを明らかにすることが望ましい．今までのところは，琵琶湖産オイカワが外来・定着したという証拠しか得られておらず，そうすることによって，定着が関東のオイカワを全体としても変えてしまったかどうかまで遺伝的に明らかにできればよいのだが，琵琶湖由来のオイカワが以前からいたオイカワ以上に広がり，かつ交雑が進んでいるとすると，たやすい仕事ではない．

　オイカワの国内外来の影響を明らかにするためには，遺伝子解析をさらに進める以外にも，わかりやすい手立てがないことはない．それは，琵琶湖からオイカワが入った川と入らなかった川とを比べることである．どちらの川にももともとオイカワがいれば，琵琶湖のオイカワの効果を見ることができる．川の生態系がどのように変わったかもわかるかもしれない．どちらの川にもオイカワがいなかったとすれば，オイカワが，それもとりわけ琵琶湖のオイカワが入った効果を確かめることができる．運良く，入らなかった川にもともとオイカワがいたとすれば，琵琶湖からのオイカワはまだ新しい環境になじんでない恐れもあるが，琵琶湖のオイカワと在来のオイカワとの違いを比べることができる．しかし，ここで国内外来魚の問題の深刻な一面を思い知ることになるのであるが，そのように川を比べることが簡単ではなくなっている．というのは，いたるところに琵琶湖由来のオイカワが定着しているためである．ここで紹介した研究結果でも，すべての調べた川に琵琶湖由来のオイカワが生息していた．つまり，先ほどの川比べの3つの場合ともに実現性はうすいのである．もちろ

ん，琵琶湖由来のオイカワが定着していない河川が知られてはいるが，ただ2種類の河川が揃えばよいのではなく，よく似た環境と大きさの河川でなければ，国内外来の効果は，くっきりとは知りようがないのである．国内外来魚の問題は，それを明確に知り得る遺伝子解析の手法が進歩した頃には，魚種によってはすでに広がりすぎていて，問題の解明を難しくしているのが実状である．

参考文献

Avise, J. C. 2000. Phylogeography. Harvard University Press, London.

Bánárescu, P. 1991. Zoogeography of Fresh Waters vol. 2, Distribution and Dispersal of Freshwater Animals in North America and Eurasia. AULA-Verlag. Wiesbaden.

Berrebi, P., E. Boissin, F. Fang and G. Cattaneo-Berrebi. 2005. Intron polymorphism (EPIC-PCR) reveals phylogeographic structure of *Zacco platypus* in China: a possible target for aquaculture development. Heredity, 94: 589-598.

東　幹夫．1980．コアユ――一代限りの侵略者？．川合禎二・川那部浩哉・水野信彦（編）pp. 154-161．日本の淡水生物―侵略と撹乱の生態学．東海大学出版会，東京．

Higuchi, M. and A. Goto. 1996. Genetic evidence supporting the existence of two distinct species in the genus *Gasterosteus* around Japan. Environ. Biol. Fish., 47: 1-16.

Karl, S. A. and J. C. Avise, 1992. Balancing selection at allozyme loci in oysters: implications from nuclear RFLPs. Science, 256: 100-102.

水口憲哉．1970．オイカワ（*Zacco platypus*（T. & S.））の繁殖生態と分布域の拡大にともなう二，三の形質の変異．東京大学大学院博士（農学）論文甲02306．

水口憲哉．1990．オイカワの日本における分布域の拡大．東京水産大学論集，25: 149-169.

水野信彦・名越　誠．1964．奈良県猿谷ダム湖の魚類Ⅲ．オイカワの生活．生理生態，12: 115-126.

宮地伝三郎・川那部浩哉・水野信彦．1976．原色淡水魚類図鑑．保育社，大阪．462 pp.

中村守純．1969．日本のコイ科魚類．資源科学研究所，東京．455 pp.

名越　誠・川那部浩哉・水野信彦・宮地伝三郎・森　主一・杉山幸丸・牧　岩男・斉藤洋子．1962．川の魚の生活 Ⅲ オイカワの生活を中心にして．京都大学生理・生態学研究業績，82: 1-19.

Perdices, A., C. Cunha and M. M. Coelho. 2004. Phylogenetic structure of *Zacco platypus* (Teleostei, Cyprinidae) populations on the upper and middle Chang Jiang (=Yangtze) drainage inferred from cytochrome *b* sequences. Mol. Phylogen. Evol, 31: 192-203.

平　朝彦．1990．日本列島の誕生．岩波書店，東京．226 pp.

Takamura, K. and S. Mori. 2005. Heterozygosity and phylogenetic relationship of Japanese threespine stickleback (*Gasterosteus aculeatus*) populations revealed by

microsatellite analysis. Conserv. Gen., 6: 485-494.
Takamura, K. 2009. Population structuring by weirs and the effect on trophic position of a freshwater fish *Zacco platypus* in the middle reaches of Japanese rivers. Fundam. Appl. Limnol., 173: 307-315.
栃木県水産指導所．1956-1964．栃木県水産指導所事業報告第1-9号．栃木県，宇都宮．
栃木県水産試験場．1965-1982．栃木県水産試験場事業報告第10-26号．栃木県，宇都宮．
Zardoya, R. and I. Doadrio. 1999. Molecular evidence on the evolutionary and biogeographical patterns of European cyprinids. J. Mol. Evol., 49: 227-237.

第7章

大和川水系で認められたヒメダカによる遺伝的撹乱

北川忠生

　メダカは，かつては日本中の小川や溜池，水田でも見られた，日本人にとって最も馴染みの深い淡水魚である．遺伝学的な研究結果に基づいて，日本のメダカには主に本州北部の日本海側に生息する北日本集団と，それ以外の地域に生息する南日本集団が存在することが知られてきたが，近年の分類学的研究の進展から両者は別種として扱われるようになっている（Asai et al., 2011）．したがって，厳密には2種を区別して扱うべきであるが，本章で扱う遺伝的撹乱の問題は両種に共通して起こっている現象であるため，「メダカ」を両種を含むメダカ種群 *Oryzias latipes* complex を指す言葉として従来通り用いていく．

　メダカは，この30年あまりの間に，農地改革や農薬の使用，外来種の分布拡大等によって減少し，その姿をあまり見かけなくなった．このため，環境省版レッドリスト（RL）では，「絶滅危惧Ⅱ類」として掲載される状況にまで陥っている（環境省, 2013）．その一方で，各地でメダカの保護活動が進められ，身近な自然のシンボルとして復活させようと放流する活動が後を絶たない．

　メダカは野生下では絶滅の危機に瀕している一方で，全国各地の鑑賞魚店やホームセンターのペットコーナーの店頭でごく普通に販売されているのを見ることができる．しかし，野生のメダカを見たことがある方であれば，これらの販売されているメダカの多くは，体色が野生に生息している個体に比べ黄色がかっていることに気付くであろう．これらの黄色いメダカは，"ヒメダカ"と呼ばれるメダカの流通品種である．ヒメダカは，それ自体が人気の高い観賞魚であるとともに，安価で入手しやすいことから他の肉食性の観賞魚の餌としても利用されている．また，飼育や繁殖が容易であることから，小学生の理科の教材としても扱われており，今ではむしろ飼育魚として最も身近でなじみの深い魚となっている．近年，このヒメダカが日本各地の野外の河川や水路などでも目撃されている．生産現場であるヒメダカの養殖池からの流出や飼育個体の

遺棄的放流，野生のメダカが減少しているなかでの誤った環境保護の認識によるメダカの放流が，その原因として考えられている（瀬能，2000；竹花・酒泉，2002；竹花・北川，2010）．

ヒメダカが野外に放たれることによって，どのようなことが起こっているのであろうか．本章では，このヒメダカの野外での生息実態とそれらが野生のメダカに与える影響，および今後の対策について論じていく．

1．ヒメダカの正体

ヒメダカの正体，それは体色を構成する4種類の色素（黒色，黄色，白色，虹色）のうち，体表皮の黒色素が遺伝子に生じた突然変異によって合成されなくなった突然変異体に由来するメダカの飼育品種である．ヒメダカがどの地域で誕生し，どのような経緯で現在まで維持されてきたかの詳細はわかっていないが，江戸時代の浮世絵に金魚やコイなどとともに観賞魚として描かれることから，少なくとも200から300年前に野生で生じた突然変異を，金魚の養殖業者等が長年維持してきたものと考えられている（Yamamoto，1975；江上・酒泉，1981）．従来，ヒメダカの黄色い体色は，メンデルの遺伝法則にしたがった劣性形質として遺伝することが知られていた．現在では，ヒメダカの黄色変異が，体表での黒色素の発現に関連する遺伝子（通称 B 遺伝子，正確には $Slc45a2$ 遺伝子）上のDNAの欠損によることが特定されている（Fukamachi et al., 2001; Fukamachi et al., 2008）．つまりこのヒメダカは，体色の発現にかかわる1つの遺伝子の機能が壊れているだけで，基本的な遺伝子の種類や数，それぞれの染色体上の位置などのゲノム構成はメダカそのもので，本質的な違いはないのである．少なくとも飼育下ではヒメダカと野生のメダカとは容易に交雑し，正常な繁殖能力を持った野生型体色の子供が産まれることはよく知られている．

このヒメダカが野生下に流出することによってもたらされる影響とはどのようなものだろうか．予測される影響の内容については後で論じるとして，まずは，実際に野外においてヒメダカと野生のメダカが交雑しているかどうか，あるいはその遺伝子がどの程度，野生集団に浸透しているのか，これまで筆者たちは目では見えないその実態をDNAレベルの分析によって検証してきたので，その結果を次に紹介していく．

2．メダカの地理的分化

　ヒメダカの遺伝子の流出・定着を理解するためには，まずは野生のメダカが持つ遺伝的な多様性の背景を理解する必要がある．日本の野生メダカは，アロザイム分析により遺伝的に大きく異なる2つのグループ，「北日本集団」と「南日本集団」に分けられることが明らかになっていた（Sakaizumi et al.,1983）．北日本集団は青森県の東部から日本海沿いに丹後半島の東側まで分布し，それ以外の地域の集団はすべて南日本集団にまとめられる．北日本集団と南日本集団の間のDNA配列の違いは大きく，すでに別種として認識されていることは前述したが（Asai et al., 2011），両者は少なくとも飼育下ではまったく問題なく交配し，正常な個体を産する（Sakaizumi et al., 1992）．この南北集団間の大きな遺伝的分化はミトコンドリアDNA（mtDNA）の分析からも確認されており，分子時計の適用によりその分岐年代は研究者によって400～500万年前（Takehana et al., 2003）とも，約1800万年前（Setiamarga et al., 2009）とも推定されている．いずれにしても，両者の分岐が非常に古い時代であったことは間違いない．地域固有の遺伝的差異は南北それぞれの集団内にも認められ，特に南日本集団ではアロザイム遺伝子座やmtDNA分析における地域固有の遺伝子型の分布から，「東日本型」，「東瀬戸内型」，「西瀬戸内型」，「山陰型」，「北部九州型」，「大隅型」，「有明型」，「薩摩型」および「琉球型」の9つの「地域型」に分けられている（酒泉，1990，2000; Takehana et al., 2003）．このような，各地域のメダカの間では基本的な遺伝子の種類や数，それぞれの染色体上の位置などのゲノム構成は同じであるが，DNA上の対応する領域の塩基配列を比較すると地域ごとに少しずつ異なる場合が多い．このような塩基配列の違いは，長年にわたって地域集団間の交流が制限されていた歴史を物語るとともに，それぞれの地域集団が少しずつ違ったもの，あるいは今後違ったものへと分化する潜在的な可能性を秘めたものであることを意味している．近年では，このようなDNAの塩基配列の違いだけではなく，集団間に微妙な形態的差異や，各地域に応じた適応度の違い，たとえば温度による形態形成や耐性の違いが存在することも報告され始めている（Yamahira, 2007, 2009）．また同じ地域集団のなかでも，DNA上の対応する領域に多型と呼ばれる塩基配列の違いがいくつか存在している．各集団はときには新たな塩基配列を生じ，逆に消失させながら，それら個々の多型の割合を変動させ，遺伝的な多様性を維持しているので

ある.まさに,メダカという種(種群)は「進化し続ける実体」なのである.

3. ヒメダカの遺伝的特徴

　一方のヒメダカの遺伝的特徴を見てみよう.ヒメダカは長期にわたり人間によって維持されてきた品種であり,主に金魚の養殖で有名な愛知県弥富市や奈良県大和郡山市,熊本県玉名市周辺において盛んに養殖されている.また,近年では分子生物学のモデル生物としても多くの研究に利用されている.しかしながら,意外にもヒメダカの遺伝的特徴に関する情報は断片的なものに限られていた.

　そこで我々は,ヒメダカの主産地である弥富市と大和郡山市のヒメダカ養魚場や,全国の観賞魚店からヒメダカを購入し,それらの遺伝的特徴を調査した.また,ヒメダカを購入する際に,できる限り養魚場や販売店から種苗の由来や流通経路についての聞き取り調査を行った.その結果,ヒメダカの養魚場は,弥富や大和郡山のほかにも,新潟県,長野県など全国各地に存在しているが,流通しているヒメダカの種苗の起源は,愛知県の弥富産にあることがわかった.これらの結果は,全国的に流通するヒメダカが遺伝的に均質なものであることを示唆する.また,弥富周辺の複数の養殖場において,ヒメダカに近交弱勢を生じさせないために,数年前に岡山県旭川水系の野生メダカを交雑育種に使用したということがわかった.そこで,交雑育種に使用したとされる岡山県旭川水系からも野生メダカを採取し,ヒメダカと合わせて分析した.

　ヒメダカの遺伝的特徴を調べるには,何と言ってもその体色にかかわる B 遺伝子自体の分析が最も直接的であり,これにより,ヒメダカの特徴である体色の変異が単一起源なのか,それとも複数の起源を持つのかを明らかにすることができると考えられた.我々は,これを調べるためヒメダカの原因遺伝子自体を検出するDNAマーカー(b マーカー)を作製した.このマーカーは,ヒメダカの原因となっているDNA上の特徴的な欠失を検出するもので,すべてのヒメダカが同じパターンの欠損を持つものかどうかを確認できるのである(図7.1).この分析の結果,すべてのヒメダカ個体が同一のDNA領域の欠損パターンを持つ b 対立遺伝子のホモ接合を示した.すなわち,すべての流通しているヒメダカの体色が単一の変異を起源としたものであることが明確となったのである.

　続いて我々は,mtDNAのチトクローム b の遺伝子領域の塩基配列を対象と

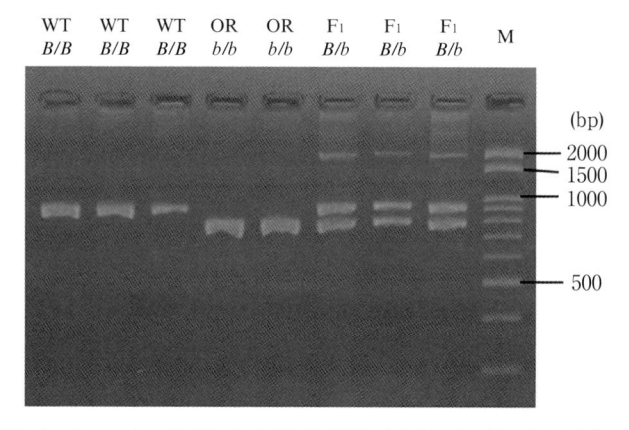

図7.1 *b* マーカー分析による電気泳動像（中井ほか（2011）から抜粋）．WT は野生型の純系，OR はヒメダカの純系，F_1 は両者の雑種第１代を示す．ヒメダカの体色を特徴づける *b* 対立遺伝子が構成するバンドは，*b* 対立遺伝子よりも速い移動度を示す．

した分析を行った．mtDNA は核 DNA よりも進化速度が速いために，メダカの種内の地域集団間の違いを容易に検出することができる．また，このチトクローム *b* 領域では Takehana et al.（2003）によりすでにメダカの全国的な遺伝子型の分布の情報が明らかにされているため，ヒメダカから得られた塩基配列が全国のどの地域のものと一致するのかを照合することができるのである．

　分析の結果，弥富市と大和郡山の養魚場のヒメダカの遺伝子型構成はほぼ一致しており，すべての個体が南日本集団東日本型に由来する遺伝子型（マイトタイプ B27）か，同東瀬戸内型に属する遺伝子型（マイトタイプ B1a）のどちらか一方を持ち，すべての養魚場においてマイトタイプ B27 を持つ個体が B1a よりも高い割合を占めていた（表7.1）．マイトタイプ B27 は，養殖が盛んな弥富の地域の在来の遺伝子型と一致する．しかしこの結果のみでは，ヒメダカがこの地域のメダカを起源とするためであるのか，長年にわたるこの地域での交雑，継代飼育によって本来の遺伝子型から置換されたものであるのかは不明である．一方のマイトタイプ B1a についても，もうひとつのヒメダカの主産地である大和郡山市周辺の遺伝子型と一致するものであった．しかし，弥富での聞き込み調査において交雑育種に使用したとされる岡山県旭川水系の野生メダカからも，すべての個体からマイトタイプ B1a が検出された（表7.1）．したがって，ヒメダカに含まれるマイトタイプ B1a が奈良と岡山のどちらに由来す

表7.1 各地で養殖販売されているヒメダカおよびクロメダカのミトコンドリアDNAの遺伝子型(マイトタイプ)と流通経路(小山ほか(2011)から抜粋).

入手先	ヒメダカ		野生型メダカ(クロメダカ)	
	マイトタイプ(個体数)	仕入れ先等	マイトタイプ(個体数)	仕入れ先等
弥富市養魚場	B27(9), B1a(1)			
大和郡山市養魚場	B27(8), B1a(2)	弥富市養魚場由来種苗を使用		
宮城県内観賞魚店	B27(6), B1a(3)	弥富卸売市場		
神奈川県内観賞魚店	B27(9), B1a(1)	新潟養魚場		
長野県内観賞魚店	B27(9), B1a(1)	長野養魚場		
愛知県内観賞魚店1	B27(14), B1a(6)	弥富卸売市場	B27(5)	弥富卸売市場
愛知県内観賞魚店2	B27(9), B1a(1)	弥富卸売市場		
愛知県内観賞魚店3	B27(9), B1a(1)	弥富卸売市場		
愛知県内観賞魚店4	B27(7), B1a(3)	弥富卸売市場	B27(4), B1a(1)	弥富卸売市場
奈良県内観賞魚店1	B27(9), B1a(1)	新潟養魚場	B27(3), B1a(1), A1(1)	新潟養魚場
奈良県内観賞魚店2	B27(4), B1a(1)	弥富卸売市場	B27(5)	弥富卸売市場
奈良県内観賞魚店3	B27(7), B1a(1)	弥富卸売市場	B27(5)	弥富卸売市場
奈良県内観賞魚店4	B27(9)	大和郡山(養魚場)	B1a(3), B6(2)	大和郡山卸売市場
奈良県内観賞魚店5	B27(7), B1a(2)	弥富卸売市場		
奈良県内観賞魚店6	B27(10)	弥富卸売市場		
奈良県内観賞魚店7	B27(7), B1a(3)	大和郡山(養魚場)		
広島県内観賞魚店	B27(5)	弥富卸売市場		
熊本県内観賞魚店1	B27(10)	弥富卸売市場		
熊本県内観賞魚店2	B27(10)	不明		
岡山県旭川水系野生集団			B1a(5)	著者ら採集

るのかについては,今後,より詳細な分析が必要である.さらにその後,熊本県玉名市の複数の養魚場のヒメダカについて実施した調査でも,弥富や大和郡

山と同様の結果が得られている（中井・北川, 未発表）．

　また，全国の観賞魚店から購入したヒメダカの分析結果では，17店舗すべての店舗からマイトタイプB27が高頻度で検出され，うち12店舗からはマイトタイプB1aも低い頻度ながら検出されたが（表7.1），この2つ以外の遺伝子型が検出されることはなかった．このように，調査した全国の店舗において，2つの主要産地の養魚場とほぼ同一の遺伝子構成が得られ，流通しているヒメダカが全国的にもかなり均一な集団であることが確認された．

　養魚業者によると，ヒメダカに野生個体を掛け合わせる交雑育種では，交雑の個体の体色の選別にたいへんな労力がかかる作業であるという．また，ヒメダカの黄体色は劣性形質であるため，一度交雑育種を行うと得られるヒメダカの個体数も大幅に減少する．ヒメダカ生産の現場においては，独自に交雑育種を実施して系統を維持するよりも，すでに入手できる健全な種苗を利用するほうが生産性も高く，その利用が優先されているのであろう．

　上記の流通しているヒメダカの遺伝解析の結果に基づくと，野生下で野生型の個体からヒメダカの特徴を持つ b 対立遺伝子やmtDNAのマイトタイプB27またはB1aが検出されれば，その地域においてヒメダカと野生個体の交雑による遺伝的な撹乱が生じている確かな証拠となる．

4．大和川水系における調査

　我々は，実際にヒメダカが野生のメダカに浸透しているのかどうかを調べるため，奈良盆地に広がる大和川水系の野外生息集団について b マーカーを用いた調査およびmtDNA分析による調査を行った．大和川水系の一部の支流は，ヒメダカの養殖が盛んな大和郡山市を流れており，実際に大和郡山市付近では，河川や水路にヒメダカのような黄体色の個体が認められている．おそらくそれらの多くが養殖場からの流出などに由来する個体と考えられる．

　採集にあたっては，メダカ自体が環境省版RLや奈良県版RLにおいても希少種に位置づけられているため，各地点での採集は5個体以下にとどめて集団の維持に影響を与えないよう配慮する必要があった．このため，ヒメダカのような黄体色の個体が確認できた場合は，積極的にそれを捕獲するように採集を行った．したがって，ここに示すデータは，決して集団中の遺伝子頻度を反映した定量的なものではなく，あくまでも遺伝的撹乱現象の有無を検出するにとどまるものであることはご理解いただきたい．

表7.2 各地で養殖販売されているヒメダカおよびクロメダカのミトコンドリアDNAの遺伝子型（マイトタイプ）と流通経路（小山ほか（2009）から抜粋）

採集地点 (図1)	採集地域名	個体数	野生型メダカ		ヒメダカ	
			bマーカー	マイトタイプ	bマーカー	マイトタイプ
1	生駒市	5	B/B(5)	B1a(4), B27(1)		
2	奈良市	1			b/b(1)	B27(1)
3	奈良市	5	B/B(2), $\underline{B/b}$(2)	B1a(4)	b/b(1)	B27(1)
4	大和郡山市	5			b/b(5)	B27(5)
5	大和郡山市	5			b/b(5)	B27(5)
6	大和郡山市	4	B/B(3), $\underline{B/b}$(1)	B1a(2), B27(2)		
7	川西町	5	B/B(4), $\underline{B/b}$(1)	B1a(5)		
8	三宅町	5	B/B(2), $\underline{B/b}$(2)	B1a(3), $\underline{B27(1)}$	b/b(1)	B1a(1)
9	広陵町	5	B/B(4), $\underline{B/b}$(1)	B1a(5)		
10	広陵町	5	B/B(3), $\underline{B/b}$(2)	B1a(5)		
11	広陵町	5	B/B(4), $\underline{B/b}$(1)	B1a(5)		
12	橿原市	5	B/B(4)	B1a(4)	b/b(1)	B1a(1)
13	桜井市	5	B/B(4), $\underline{B/b}$(1)	B1a(5)		
14	桜井市	5	B/B(4)	B1a(4)	b/b(1)	B1a(1)

上記以外の31地点から得られた118個体はすべて，B/BとマイトタイプB1aを持った野生型メダカであった．下線の個体が，ヒメダカから野生メダカへの遺伝子浸透を示している．

大和川水系の計45地点で採集を行った結果，2地点では5個体すべてがヒメダカと同じ黄体色をしていた．このうち1地点はヒメダカの養殖池に隣接する水路であったため，養殖池から流出した個体であると予想された．他の5地点からは黄体色の個体が各1個体得られ，このうち4地点からは野生型メダカと黄体色のメダカが同所的に得られた（表7.2）．採集地点付近に養殖場が存在しない場所などにおいても黄体色の個体が確認されており，これがヒメダカと同一であれば，人為的放流が行われたことが示唆される．bマーカーの分析結果は，これら黄体色の個体が，すべてb対立遺伝子をホモ接合（b/b）で持っていることを示し，これらがヒメダカであることが確認された．さらに，野生型の体色の複数の個体からも，ヘテロ接合としてb対立遺伝子が検出された（B/b）．このことは，野生下に放たれたヒメダカが野生のメダカと交配している明

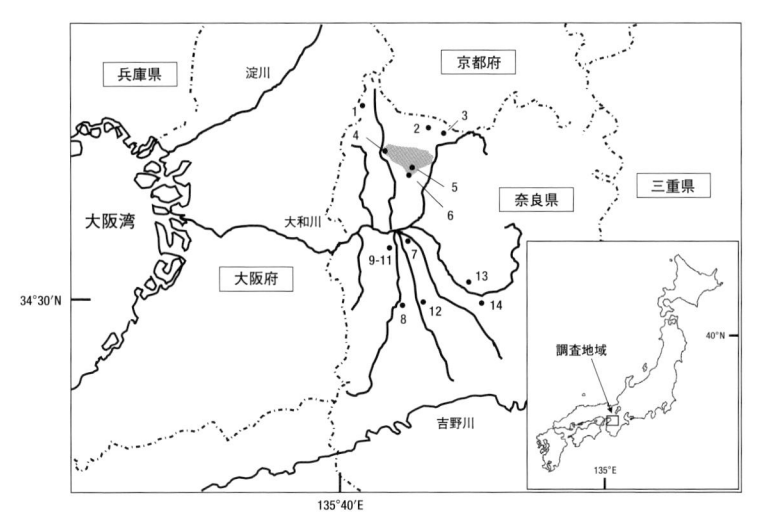

図7.2 大和川水系におけるヒメダカおよびヒメダカ由来のmtDNAの検出地点（小山・北川（2009），中井ほか（2011）から抜粋）．

確な証拠と言える．

　続いて，大和川水系内で採集されたメダカについてmtDNA分析も行った．大和川水系の在来の遺伝子型はマイトタイプB1aであることがすでにわかっている．この遺伝子型は，ヒメダカを構成する1つでもあるため，たとえヒメダカに由来するマイトタイプB1aが含まれていても，それを区別することはできない．したがって，大和川水系では，ヒメダカ由来のmtDNAの遺伝子型の指標としてはマイトタイプB27のみとなり，得られた結果はヒメダカ由来の遺伝子型の存在を過小評価することになるが，野生型の個体からマイトタイプB27が検出された場合，これもヒメダカと野生型メダカの間での交雑が生じた証拠と言える．分析の結果，全45地点中38地点では，解析に用いたすべての個体が在来のマイトタイプB1aを持っていた．しかし，計7地点の計16個体において，ヒメダカを特徴づけるマイトタイプB27が検出され，このうち12個体はヒメダカから，残りの5個体は野生型メダカからであった（表7.2，図7.2）．野生型体色を持つメダカからヒメダカが持つマイトタイプB27が検出されたことは，ヒメダカと野生メダカの交雑やそれに伴う遺伝子浸透があったことを裏付けるものと言える．特にb対立遺伝子が検出されていないにもかかわらずマイトタイプB27が検出された個体が存在したことは（生駒市，大和郡山市），

雑種形成が第2世代以降にまでおよんでいる結果を示すものであり，この地域においてヒメダカの遺伝子の浸透が進行していることを明確に示している．今後，雑種化していると考えられた集団については分析個体数を増やし，どの程度交雑が進行しているのかを調査する必要がある．

5．遺伝的撹乱が進行すると

　ヒメダカによる遺伝的な撹乱が確認された大和川のメダカをこのまま放置した場合，どのような影響が出てくるだろうか．このヒメダカが野生下に流出することによってもたらされる影響として，その体色に影響を及ぼす変異した b 対立遺伝子が野生メダカの集団中に広がることを懸念されるかもしれない．確かに機能を失った遺伝子が，野生下では有害な対立遺伝子として個体や集団に何らかの影響をおよぼす可能性は否定できない．しかし，ヒメダカが野外に放流されることによって生じる問題の本質は，この b 対立遺伝子の流出や拡散ではない．

　ヒメダカが野生下に流出した場合，その個体は体色によって容易に見分けることができる．おそらく，その目立つ体色によって，ヒメダカは捕食者からも容易に発見できる対象として格好の餌食となろう（写真7.1）．しかし，一度ヒメダカが野生のメダカと交雑してしまうと，劣性形質である黄体色はその子供の世代には発現しない．こうなると，たとえ b 対立遺伝子を持つ個体が存在しても認識することは不可能である．そして，表現型には現れないが，ヒメダカはこの b 対立遺伝子以外にもヒメダカに特徴的な遺伝子のDNA配列を持っている可能性がある．特定の地域の集団を起源に持ち，長年人為的に維持されてきたヒメダカが持っているそれぞれのDNA領域の塩基配列と，放流された地域の野生のメダカの個体が持つ対応するDNA領域の塩基配列は異なる場合がほとんどである．つまり，ヒメダカと野生メダカの間に産まれた子供が持つゲノムの半分は，本来その地域には存在しなかったヒメダカ由来のものとなるである．ヒメダカとメダカの間に種としての本質的な違いはないため，交雑によって生まれた個体も正常な繁殖能力を持ち，その次世代の個体も同様である．つまり，ヒメダカに由来する遺伝子は，後の世代へと引き継がれていくため，もともとヒメダカに由来する異なった塩基配列を持つ遺伝子が野生のメダカの集団中に広がる可能性がある．実はヒメダカの流出によって生じる影響の本質はここにある．

写真7.1 野生型メダカ（3尾）とともに泳ぐヒメダカ（3尾）
（近畿大学　中尾遼平氏撮影）．

　なぜ，異なる地域のDNA配列の浸透がよくないのか，メダカの地域間の分化の重要性から考えていきたい．遺伝的な分化を遂げた野生の各地域集団に，異なる地域に由来する塩基配列を持った個体を放流してしまうと，前述したような集団内で長年かけて培われてきた各地域集団固有の遺伝的な構成や特性が弱められたり，多様性が失われたりする効果をもたらす．このことは，直接的にその集団自体の生存の可能性（適応度）を低下させる可能性を示唆している．すみやかに何らかの影響が出なかったとしても，ゲノム中の大半をしめる自然淘汰に対して中立的なヒメダカの遺伝子は，偶然の作用による遺伝的浮動の影響を受け，あるものは集団から消滅するがあるものは集団中に広がる．このことは，本来その地域の集団が持っていたDNA配列を一定の確率で消失させることも意味する．ヒメダカに由来する遺伝子のなかにたまたま有利に働くものがあった場合には，このようなDNA配列と染色体上でその近傍にある領域は，積極的に集団中に広がり，在来のDNA配列と置き換わっていくだろう．しかし，常に変化する環境の中では，現在は有利な遺伝子でも逆に不利な遺伝子となるかもしれないし，現時点では中立な遺伝子や意味のないDNA領域配列も何らかの変化により優劣を生じたり，何らかの重要な機能を持つかもしれない．環境の変化に備え，生物は各地域にさまざまな種類の遺伝的な多様性を「進化の火種」として蓄えているのである．移殖などによって異なる集団のゲノムを

混ぜることは，遺伝的均質化の進んだ集団の遺伝的な多様性を増加させ集団をより強くすることになるという意見もあるが，ごく限られた小さな範囲での効果はあってもメダカという生物全体で見たときにはこれも誤りである．異なる集団を混ぜるという行為は，移殖された集団のゲノム構成と移殖元の集団のゲノム構成を均一化させる行為であり，地域集団の固有性を低下させることにつながる．各地域集団の持つ固有性は，メダカ全体で見たときには多様性として見ることができる．常に変動する自然環境の中でメダカという生物が進化しながら存続していくためには，さまざまな種類の遺伝情報という「進化の火種」を備えている必要があり，さまざまな環境の変化に応じてそれぞれの火種がときに広がり，ときに消滅しながらもつながっていくことで，メダカという生物が維持されてきたのである．個々の集団内の多様性の喪失，集団ごとの固有性の喪失は，メダカの「進化の火種」が徐々に失われ，メダカという生物が「進化できない実体」へと変化していくことを意味するのである．進化を忘れた生物は絶滅を待つしかない．したがって，目の前の川のメダカを増やそうとして，他の地域から持ってきたメダカを放流する行為は，目に見える変化にとらわれた満足感を得るために，長い時間をかけて培われてきた目に見えない地域集団ごとの遺伝的固有性を無駄にし，メダカという種の存在を危険にさらす身勝手な行為にすぎない．

　この観点から考えると，ヒメダカが野外へ流出することの問題は，単に他の地域のメダカを放流することよりもさらに深刻である．ヒメダカは黄色い体色であるがゆえに需要が高く，全国どこにでも手軽に手に入る魚となっている．さらに，前述のように遺伝的にはかなり均質な集団として維持されている．このような遺伝的に均質なヒメダカが，全国で野外に流出し，野生個体との間で交雑が進行すれば，結果的に全国のメダカが遺伝的に均質化していくことになる．大量に養殖され流通に乗っているヒメダカは，この遺伝的撹乱を迅速に，かつより多くの影響力を持って進行させる潜在的な危険性を持っているのである．ヒメダカが自然界に流出した場合，どの程度，遺伝的な撹乱を引き起こすかについては，野生メダカと体色やその他の遺伝的バックグラウンドが異なるヒメダカがお互いに同類として認識し，交配するかどうかが重要である．少なくとも，人工飼育下では両者は問題なく交配していることから，比較的容易に交配すると考えてよいだろう．また，ヒメダカは野外では目立つ体色のために，おそらく捕食により淘汰される傾向にあるだろう．とはいえ，毎日の産卵が可

能なメダカでは繁殖に参加する機会が多く，捕食による淘汰はある程度の抑制となったとしても絶対的な遺伝子の浸透の障壁とはならないだろう．ひとたびヒメダカが野生メダカと交配すれば，その子供たちの体色は野生型となるため，仮に体色の違いによる配偶者選択性や捕食圧に対して何らかの差異があったとしても，次世代以降はこれらの障壁が取り除かれてしまう．したがって，交配由来の個体がさらに交雑を重ね，集団中には一定の確率でヒメダカ由来の遺伝子は残っていくはずである．

十分な「進化の火種」が維持されていれば，仮に，環境の変化により大和川の在来の集団が衰退したとしても，その環境の変化に強い他地域のメダカがこれを補い，メダカという生物は途絶えない．しかし，大和川と同様なヒメダカによる遺伝的撹乱が全国規模で起こっている場合，大和川の集団の衰退を補うべき他地域の固有性も失われていることになる．極論を言えば，全国のメダカが今，東海地方，近畿地方の遺伝子だけに置き換えられているのである．そして，メダカという種の絶滅のリスクは確実に高まっているのである．

このようにヒメダカからの遺伝子移入が確認された以上，雑種化や遺伝子移入の原因となるヒメダカの放流は，在来生物の遺伝的撹乱をもたらす行為として認識されるべきであり，ヒメダカの養殖場等においても流出を防止する措置をとるべきであると考えられる．ヒメダカによる遺伝的撹乱が，ヒメダカ養殖場を抱えた大和川水系に限定された現象であるのか，全国的にも認められるものなのかは今後検証していく必要がある．ヒメダカが野生下に流出した場合において，どの程度の淘汰を受け，また交配の可能性がどの程度高いのかは，現在，実験的に検証しているところである．

生き物の集団において失われた多様性は取り戻すことができない．すでに遺伝的撹乱を受けた集団を排除すべきかどうかは，他の集団や生物への影響の有無，代替集団が存在するかどうかなどさまざまな状況から個別に検討するしかないが，少なくとも，これ以上ヒメダカを野外環境に流出させないことが，メダカを救う必要絶対条件にあることは間違いない．

6．クロメダカの問題

我々はこれまで，ヒメダカの原因遺伝子自体を検出する b マーカーを作製して野生集団における解析を行ってきた．しかし，このマーカーによって検出された結果は，ヒメダカによる遺伝的撹乱の実態を過小評価するものと予想して

いる．なぜならば，ヒメダカの体色の原因遺伝子自体は，自然界では淘汰される可能性が高いものであるからである．これまで述べてきたように，ヒメダカによる害は，養殖された均質なメダカの遺伝子が全国に広がることにある．ヒメダカの黄色い体色はそのきっかけを与える形質にすぎず，本来の危険ではないのである．

　観賞魚店のなかには，野生型のメダカを販売しているところもある．このなかには，特定の産地に由来するメダカに対し産地を明示して，メダカの地理的変異と希少性に対して付加価値をつけ，販売している店舗がある．このような販売形態をとっている全国のいくつかの店舗について調査を行ったが，これらの明記された産地から予想されるmtDNAの遺伝子型と，実際にそれらから検出された遺伝子型は，ほぼ一致していた（小山ほか，2011）．これらを販売，購入する人たちの間では，遺伝的な違いを持つ地域個体群の概念が認識され，尊重されていることの裏付けと言える．希少生物を採取し，販売することの是非はあるが，地理的変異が遺伝子レベルまでしっかりと維持されていることについてはある程度評価できることかもしれない．採集する側，購入し飼育する側が今後もモラルを持って維持してもらえることを願う．その一方で，一部の個体に遺伝子型と産地との不一致が認められた．この不一致をもたらしている遺伝子型は，すべてヒメダカを構成する遺伝子型であった．流通の過程で混入したか，これらの産地の集団自体にすでにヒメダカによる遺伝的撹乱が生じている可能性を示唆している．

　一方，野生型体色を持つメダカでも，産地が明確でなく，「クロメダカ」としてヒメダカと同等に安価に販売されているメダカもいる．販売店や養殖場からの聞き取り調査の結果，これらのクロメダカは，ヒメダカと同様な養殖，流通ルートをとっている養殖メダカであることがわかった．ヒメダカの養殖において野生集団との掛け合わせを行い，副産物的に得られた野生型のメダカがクロメダカの種苗の元になっているとのことであった．このことを裏付けるように，これらクロメダカについてbマーカーを用いた分析を行ったところ，多くの個体からb対立遺伝子がヘテロ接合で検出された．mtDNAを調べたところ，見事にヒメダカとの共通性を示し，ほとんどの個体がマイトタイプB27とB1aを持っていた（表7.1）．さらに，各地の販売店において地域特有の別の遺伝子型を含んでいることがわかった．おそらく，これらのクロメダカは，クロメダカに若干の地域の野生メダカを掛け合わせながら生産されているのであろう．

つまり，クロメダカは，「野生型の体色を持つヒメダカ」といっても過言ではない．むしろ，優性形質である野生型の体色の個体の生産と維持は容易であり，さまざまな地域の野生個体と容易に交配させることができるため，ヒメダカ以上にさまざまな地域に由来する遺伝子を含んでいる可能性が高い．

また，実際，保護のためにメダカを放流しようとする場合，体色の異なるヒメダカを放流することについては直感的に疑念を抱く人がいるかもしれない．しかし，野生にいるメダカと同じ体色のメダカの放流であれば，放流することに対して疑問を抱く人も少なく，抵抗感も低くなるのではないだろうか．野外環境では淘汰される可能性の高いヒメダカよりも，クロメダカはより生残率の高いことが予想され，より大きな影響をもたらす可能性がある．今後は，ヒメダカの問題をクロメダカにまで拡大してとらえていく必要があるだろう．

7．現実の問題

筆者はこれまでにも，他の地域に由来するメダカを放流すべきか相談を受けることが何件かあった．その多くは学校の先生からの相談であった．専門家に相談をされる時点で，相談者自身が明確ではないにしてもその放流に何か問題があることに気付いていると考えられる．なかには，上司（校長先生）にメダカの放流の有害性が理解されず，中止することができなくて困っているというものもあった．いまだに，希少な生物の放流という行為が，無条件にその活動あるいは活動をする団体（学校）のイメージをよくするものであるとの考えが残っているようである．この背景には，メダカの放流のような活動を，意義ある環境保護活動と美化して報じるマスメディアの問題がある．最近，自然保護のためある生物を放流した団体について取材している新聞記者から相談を受けた．筆者は（美談として）記事化すべきではないと記者を納得させたが，結局はデスク（上司）に話題性が優先されるとして押し切られ，掲載されるという事例もあった．このような誤った認識について，学校や一部の自然保護団体，マスメディアへの啓発を行うだけでも，放流行為を相当抑止することができるのではないかと考えられる．

日本のメダカに関して言えば，現時点では，他地域の個体を放流することはその効果よりも弊害が多いと考えられる．放流する前になぜメダカがいなくなったのかを考え，その問題を解決することが先決なのは言うまでもない．さらに，メダカが生息できるような環境を整え，市民の理解を得ることが優先され

るべきである．これらのことを怠り，手っ取り早く結果を求める手段として放流をすることは，逆の結果をもたらすことになる．少なくとも専門家の判断なしに生物の移殖放流を行うべきではない．小さな個体群が残存していれば，それが自ら増えるような生息環境を整えることが必要であり，すでにその地域で絶滅しているのであれば，十分に生息できる環境を整えたうえで専門家と相談して十分な分析を実施し，慎重な移殖集団の選定が必要であろう．魚類に関しては，日本魚類学会が策定した「生物多様性の保全をめざした魚類の放流ガイドライン」（日本魚類学会，2005）に従うべきであろう．

いずれにしても，現在，市場で販売されているヒメダカやクロメダカは，自然環境からは切り離された人工的な環境でのみ飼育されるべきものであり，これらの野外への放流はいかなる理由があろうとも御法度である．これらの不注意による流出や，単なる理解不足からくる「自己満足」の放流が蔓延すれば，やがて日本のメダカは，水族館のみでしか見られない魚となるだろう．

引用文献

Asai, T., H. Senou and K. Hosoya. 2011. *Oryzias sakaizumii*, a new ricefish from northern Japan (Teleostei: Adrianichthyidae). Ichthyol. Explor. Freshwaters, 22(4): 289-299.
江上信雄・酒泉　満．1981．メダカの系統について．系統生物，6: 2-13.
Fukamachi, S., A. Shimada and A. Shima. 2001. Mutations in the gene encoding B, a novel transporter protein, reduce melanin content in medaka. Nat. Genet., 28: 381-385.
Fukamachi, S., M. Kinoshita, T. Tsujimura, A. Shimada, S. Oda, A. Shima, A. Meyer, S. Kawamura and H. Mitani. 2008. Rescue from oculocutaneous albinism type 4 using medaka *slc45a2* cDNA driven by its own promoter. Genetics, 178: 761-769.
環境省．2013．レッドリスト，汽水・淡水魚．環境省ホームページ：http://www.biodic.go.jp/rdb/rdb_f.html（参照2013-3-8）
小山直人・北川忠生．2009．奈良県大和川水系のメダカ集団から確認されたヒメダカ由来のミトコンドリア DNA．魚類学雑誌，56: 153-157.
小山直人・森　幹大・中井宏施・北川忠生．2011．市販されているヒメダカとクロメダカのミトコンドリア DNA．魚類学雑誌，58: 81-86.
中井宏施・中尾遼平・深町昌司・小山直人・北川忠生．2011．ヒメダカ体色原因遺伝子マーカーによる奈良県大和川水系のメダカ集団の解析．魚類学雑誌，58: 189-193.
日本魚類学会．2005．生物多様性の保全をめざした魚類の放流ガイドライン（放流ガイドライン，2005）．http://www.fish-isj.jp/info/050406.html（参照2013-4-20）
酒泉　満．1990．遺伝学的にみたメダカの種と種内変異．江上信雄・山上健次郎・嶋　昭紘（編）．pp.143-161．メダカの生物学．東京大学出版会，東京．

Sakaizumi, M., K. Moriwaki and N. Egami. 1983. Allozymic variation and regional differentiation in wild population of the fish Oryzias latipes. Copeia, 1983: 311-318.

Sakaizumi, M., Y. Shimizu and S. Hamaguchi. 1992. Electrophoretic studies of meiotic segregation in inter- and intraspecific hybridsamong east Asian species of the genus Oryzias (Pisces: Oryziatidae). J. Exp. Zool., 264: 85-92.

酒泉　満．2000．メダカの系統と種内構造．蛋白質核酸酵素，45: 2909-2917.

瀬能　宏．2000．今，小田原のメダカが危ない―善意？の放流と遺伝子汚染．自然科学のとびら，6(2): 14.

Setiamarga, D. H. E., M. Miya, Y. Yamanoue, Y. Azuma, J. G. Inoue, N. B. Ishiguro, K. Mabuchi and M. Nishida. 2009. Divergence time of the two regional medaka populations in Japan as a new time scale for comparative genomics of vertebrates. Biol. Lett., 5: 812-816.

竹花佑介・酒泉　満．2002．メダカの遺伝的多様性の危機．遺伝，56: 66-71.

竹花佑介・北川忠生．2010．メダカ：人為的な放流による遺伝的攪乱．魚類学雑誌，57: 76-79.

Takehana, Y., N. Nagai, M. Matsuda, K. Tsuchiya and M. Sakaizumi. 2003. Geographic variation and diversity of cytochrome b gene in Japanese wild population of medaka, Oryzias latipes. Zool. Sci., 20: 1279-1291.

Yamahira, K., M. Kawajiri, K. Takeshi and T. Irie. 2007. Inter- andintrapopulation variation in thermal reaction norms for growth rate: evolution of latitudinal compensation in ectotherms with a genetic constraint. Evolution, 61: 1577-1589.

Yamahira, K. and T. Nishida. 2009. Latitudinal variation in axial patterning of the medaka (Actinopterygii: Adrianichthyidae): Jordan's rule is substantiated by genetic variation in abdominal vertebral number. Biol. J. Linn. Soc., 96: 856-866.

Yamamoto, T. 1975. Medaka (killifish). Biology and Strains. Keigaku Publishing, Tokyo. 365 pp.

コラム 2

撹乱される希少淡水魚

向井貴彦

　日本国内での淡水魚の人為的な移動は，種内の地理的多様性を失わせてしまう．分類学的に同種とされているものでも，淡水魚のように水系間の移動が難しい生物では地域ごとにさまざまな違いが生じており，山間部の河川が山崩れや浸食によって流路を変えて，元の水系から離れて別の水系と接続したりすると，同じ水系であっても支流間で遺伝的に異なる集団が生じることもある．

　遺伝的に異なるということは，形態や色斑，生態，行動，病気への抵抗性などに何らかの違いが生じているということであって，その差が大きい場合は別種や別亜種として名前がついている．今は同種の地域集団とされているものが，今後研究が進むことで違いが認識されて別種や別亜種として記載されていくこともあるだろう．

　いずれにしても，淡水魚の地域差は大きく，今は同種とされているからといってむやみに混ぜてしまうと本来の地域性がなくなってしまう．しかし，こうした地域性が認識される以前は「近親交配を避けるためにさまざまな地域の個体を混ぜたほうが強くなる」という考えに基づいて，複数産地の個体を交配させることが行われていた．飼育動物の育種では近交弱勢を避けるための一般的な手法であるが，地理的多様性を持つ野生生物の保全の手法としては，必ずしも適切とはいえない．国の天然記念物に指定され，種の保存法の指定種にもなっている関東固有のミヤコタナゴ *Tanakia tanago* においても，初期に行われた系統保存では複数産地の個体を混合して飼育された事例もあるが，その後の遺伝的な調査によって，ミヤコタナゴには明確な地理的変異があり，関東地方における過去数万年間の分布変遷の歴史を反映していることが明らかになった (Kubota et al., 2010)．

　地域性を意識して，生息地の環境を含めた保全活動を行っていたにもかかわらず，遺伝的に撹乱されてしまった事例もある．ハリヨ *Gasterosteus aculeatus* subsp. 2 は滋賀県と岐阜県の湧水に生息するトゲウオで，両県のハリヨの間には形態や行動に違いがあるため，それぞれの地域ごとに湧水を象徴する魚として保護されていた．滋賀県の米原市でもハリヨの保護活動が長年続けられていたのだが，その河川に太平洋型のイトヨ *Gasterosteus aculeatus aculeatus* が導入されて交雑した結果，大半がイトヨとハリヨの中間的な形態の個体になってしまった（中日新聞，2010年5月15日付）．

　保全活動が行われていない希少魚の場合は，取り返しがつかない状況になっている可能性もある．シロヒレタビラ *Acheilognathus tabira tabira*（図1）は濃尾平野から琵琶湖－淀川水系，山陽地方まで分布する希少なタナゴ類であ

図1 長良川水系産シロヒレタビラ．

図2 岐阜県産ヨシノボリ類．(A) トウカイヨシノボリ，(B) オウミヨシノボリ（トウヨシノボリ）とトウカイヨシノボリの中間型，(C) オウミヨシノボリ（トウヨシノボリ）．(AとB，古橋芽氏撮影)

り，東海地方ではわずかな生息地しか残っていない．そのため，環境省と三重県のレッドリストでは絶滅危惧IA類，岐阜県版レッドリストで絶滅危惧I類とされているが，岐阜県の主要な生息地の個体を調べた結果，木曽川水系のダム湖の個体はすべて琵琶湖からアユの種苗に混入してきたと考えられる近畿・山陽地方に由来するミトコンドリアDNAを持っていた．長良川水系の生息地

でも，調査した45個体中の15個体が同じく近畿・山陽地方由来のミトコンドリアDNAを持っており，どちらも遺伝的撹乱が進んでいる（あるいは木曽川水系のダム湖は外来個体群）と考えられた（梅村ほか，2012）．岐阜県ではほかにシロヒレタビラの生息地は知られておらず，三重県の在来シロヒレタビラの生息地でも同様に，琵琶湖からと考えられるミトコンドリアDNAの侵入があること（北村淳一，私信）から，東海地方では，すでに純系が残っていない可能性もある．

　東海地方固有種で溜池に生息するトウカイヨシノボリ Rhinogobius sp. TO については，環境省と岐阜県のレッドリストで準絶滅危惧とされている．三重県鈴鹿市南部で調査された81地点の溜池の中でトウカイヨシノボリが見つかったのは1地点のみであり，周辺にはオウミヨシノボリ（トウヨシノボリ）Rhinogobius sp. OM と雑種化した複数の個体群が分布することが明らかになった（向井ほか，2012）．愛知県や岐阜県でも雑種化した個体群が分布する地域があり（図2；向井・古田・古橋，未発表），溜池のような閉鎖的な生息地に近似種のオウミヨシノボリが導入されることで遺伝的撹乱が進行していると考えられた．

　絶滅危惧種は生息地の数が限られており，各生息地における個体数も少ないことから，他地域産個体の導入がおよぼす影響は大きく，その地域のすべての個体群が遺伝的に撹乱されてしまう事態が生じやすい．国内外来個体の導入初期に対策をとれればよいが，万一すべての個体が他地域産と交雑もしくは置き換わってしまった場合に，それらを排除すべきか，あるいは在来個体群は絶滅したと認定したうえで外来個体群を容認すべきか．また，容認するとしても「絶滅危惧種」として外来個体群を保護すべきかどうか．明確な答えはなく，保全のうえで大きな問題となるため，希少魚の保全の現場における国内外来個体群の導入を未然に防ぐことは重要な課題である．

引用文献

Kubota, H., K. Watanabe, N. Suguro, M. Tabe, K. Umezawa and S. Watanabe. 2010. Genetic population structure and management units of the endangered Tokyo bitterling, Tanakia tanago (Cyprinidae). Conserv. Genet., 11: 2343-2355.

向井貴彦・平嶋健太郎・古橋　芽・古田莉奈・淀　太我・中西尚文．2012．三重県鈴鹿市南部のため池群におけるヨシノボリ類の分布と種間交雑．日本生物地理学会会報，67: 15-24．

梅村啓太郎・二村　凌・高木雅紀・池谷幸樹・向井貴彦．2012．岐阜県産シロヒレタビラにおける外来ミトコンドリアDNAの分布．日本生物地理学会会報，67: 169-174．

国内外来魚拡散の要因と対策

第 III 部

第8章

琵琶湖水系のイワナの保全と利用に向けて

亀甲武志

1．はじめに

イワナ Salvelinus leucomaenis は日本では北海道と本州に生息し，体色や斑紋に見られる変異パターンからアメマス，ヤマトイワナ，ニッコウイワナ，ゴギの4亜種に分けられている（細谷，2013；図8.1）．アメマスは主に海に降って生活する降海型の生活史を示すが，本州に生息するヤマトイワナ，ニッコウイワナ，ゴギはほぼ一生を河川ですごす河川型の生活史を示す．イワナはかつて山間部における貴重な食料資源として利用されていたが，現在では渓流釣りの対象種として人気が高い．しかし，これらの日本のイワナは生息環境の悪化

図8.1　日本のイワナ4亜種の分布（山本，1991より一部改変）．

や砂防堰堤などによる個体群の分断化（Morita and Yamamoto, 2002; 遠藤ほか, 2006），放流された養殖イワナとの交雑（Sato, 2006; Kubota et al., 2007; Kikko et al., 2008a, b），遊漁者による乱獲（佐藤・渡辺，2004）などにより，全国的に減少傾向にあると考えられている．なかでも，分布の南限付近では特に個体数が減少していることが指摘されている（Nakano et al., 1996）．

　第Ⅲ部のテーマである国内外来魚拡散の要因に関して，イワナでは，養殖イワナの放流が関係する．イワナの養殖技術は1970年代の前半に開発され，それからすぐに川への養殖イワナの放流が始められた．放流のおかげで魚の数が増え，多くの遊漁者のニーズを充たすことができた．一方で，河川で放流されるイワナはイワナ4亜種の分布（細谷，2013；図8.1）にかかわらず，ニッコウイワナやアメマス系統の種苗が用いられることが一般的であり，多くの場合，放流先の河川とは異なる地域の由来を持つ（Kubota et al., 2007; Kikko et al., 2008a）．そのため，ヤマトイワナの分布域である静岡県の大井川では，放流されたニッコウイワナとの交雑により，ヤマトイワナの遺伝的固有性が失われたことが報告されている（後藤ほか，1998）．滋賀県においては，琵琶湖流入河川の姉川水系支流にはナガレモンイワナという特殊斑紋イワナが生息していた（武田，1975）．1970年代では，その支流で出現するイワナのほぼすべてがナガレモンイワナであった．しかし，筆者らが行った2005年の調査では，成魚，当歳魚ともにナガレモンイワナの出現率は4割以下と大きく低下しており，代わりに滋賀県で放流用種苗として用いられているニッコウイワナが多く採捕された（図8.2）．このことから，放流されたニッコウイワナとの交雑により，ナガレモンイワナの遺伝的固有性が失われた可能性がある（亀甲ほか，2007）．北アメリカのスチールヘッド（ニジマスの降海型）を対象とした研究では，養殖魚の放流が天然魚の遺伝的固有性を喪失させるだけでなく，交雑を通して野生生物集団の適応度に負の影響をおよぼしている事例が報告されている（Araki et al., 2007）．このように放流がもたらす負の影響は日本のイワナでも予想されることから，自然集団が持つ遺伝的特性を把握し，適切な遺伝的集団単位を設定する研究が行われている（Yamamoto et al., 2004; Kubota et al., 2007; Kikko et al., 2008a, b；山本ほか，2008）．

　近年それぞれの川にもともと生息しているヤマトイワナやニッコウイワナなどの天然魚を保全し，利用する取り組みが全国的に行われつつある（中村 2007）．その理由として，遊漁者の間で鰭が丸く溶けたような養殖魚でなく，

図8.2 2005年琵琶湖流入河川姉川水系支流で採捕されたナガレモンイワナとニッコウイワナ（a）1歳魚以上（b）当歳魚（鹿野雄一氏提供）.

「ヒレピン」のきれいな魚を釣りたいという釣り人のニーズが高まっていることがある．また，それぞれの川固有のイワナの遺伝子を残したほうが良いという，遺伝的多様性の保全という考え方が定着しつつあることがあげられる．さらに，天然魚は，生物進化の歴史を解明する材料としてだけでなく，新たな種苗を作っていく際の遺伝資源としても貴重である．また，天然魚は，それぞれの川の環境に適応しており，自然環境下では養殖魚よりもその川で生き残る能力が高いので，資源として持続的に利用できるという考え方も広がりつつある．つまり，水産資源の管理という観点からも，天然魚を保全し，利用することは重要である．

筆者は滋賀県水産試験場醒井養鱒場に勤務していた2001年から2005年までの5年間，琵琶湖水系に生息するイワナを研究する機会に恵まれた．イワナを巡

っては上記のような時代の流れであったことから，琵琶湖水系の天然イワナを保全し，利用するという課題を与えられ，悪戦苦闘の毎日であった．本章では，その研究で明らかになった琵琶湖水系のイワナの遺伝的，生態的特徴を述べ，今後の琵琶湖水系のイワナの漁場管理策の指針についても示したい．

なお，本章では中村（2007）にならい，「それぞれの川にもともと生息していた魚」つまり，「それぞれの川固有の遺伝子を持った魚」を天然魚と呼ぶことにする．これに対して，「遺伝的にはその川固有でないが，自然繁殖している魚」を野生魚と呼ぶ．そして，「養殖された魚」を養殖魚，「放流された養殖魚」を放流魚と呼ぶことにする．

2．琵琶湖水系のイワナの遺伝的特徴

(1) 琵琶湖水系のイワナの分布

琵琶湖水系は，イワナの分布の南限にあたり，ヤマトイワナとニッコウイワナの分布の縁辺部に位置する（細谷，2013）．日本のイワナの分布や起源に関しては多くの研究者により議論されてきたが，琵琶湖水系のイワナに関しても同様である（Kawanabe, 1989）．そのなかでも，成瀬・吉安（1983）は，琵琶湖の東西の河川間でのイワナの斑紋の差異に注目し，琵琶湖東部流入河川ではヤマトイワナが，西部流入河川ではニッコウイワナが生息すると報告した．しかし，イワナの斑紋は変異が著しいことから，琵琶湖水系のイワナの分布にはいまだに不明点が残されている状況であった．さらに琵琶湖流入河川においては，醒井養鱒場で生産されたニッコウイワナの放流が1970年代から開始されていたので，筆者が研究を開始した当初は，放流魚との交雑により天然魚はそれほど残っていないのではないかと予想された．したがって，琵琶湖水系のイワナを保全し，利用するには，まず現在の天然魚の生息状況を確認することが不可欠であると考えられた．

そこで，琵琶湖水系のイワナの現在の生息状況を確認するために，聞き取り調査により天然魚の生息地を推定（中村，2001a）し，そこに生息する川固有の遺伝子を持つと思われる個体群の遺伝子解析を行うことにした．遺伝子解析を行った理由として，聞き取り調査だけでは情報の精度に限界があり，集団遺伝学的手法を用いて，天然魚か否かを検証することが求められていたからだ．聞き取り調査は2001年から2005年にかけて滋賀県内にある約20の河川漁協の組合員や遊漁者，自主的にイワナを放流しているグループの方々を対象に行った．

そして，滝や砂防堰堤など魚類の遡上の妨げとなる障害物を確認するために，2万5千分の1の地図を片手に琵琶湖に流入するほぼすべての河川を踏査した．その結果，1970年代までは琵琶湖流入河川の上流部に広く分布していたイワナは（鎌田，1979），本州に生息している他の天然魚と同様に（中村，2001a；遠藤ほか，2006），現在では琵琶湖流入河川の最上流部の滝や砂防堰堤などの上流の狭い水域にのみ生息していることが推定された．

(2) 天然魚の遺伝的特徴－AFLP法から－

聞き取り調査から天然魚と推定されたイワナが，はたして本当に放流魚の遺伝的影響を受けていないのか？　またこれまで議論されてきた琵琶湖の東西における2亜種の存在の有無を検証するため，琵琶湖流入河川6河川7水域（図8.3）の個体群を対象に，近縁な個体群間の遺伝的分化の検出力が高いAFLP法を適用した．イワナの採捕はエレクトリックショッカーを用いて行い，採捕した個体を麻酔にかけて写真撮影を行い，DNA解析用に鰭の一部を切除して，すべての個体を元の地点に再放流した．比較のために，滋賀県内で放流用種苗として用いられている醒井養鱒場産の養殖魚とその養殖魚が過去に放流されていた芹川の野生魚のサンプルも併せて用いた．芹川以外の水域は，聞き取り調査から天然魚と推定された琵琶湖流入河川源流域の滝や砂防堰堤の上流に生息している個体群である．

主座標分析の結果，天然魚と推定された個体群は，養殖魚とは別のクラスターを形成したことから，養殖魚の遺伝的影響を受けていないことを確認できた（Kikko et al., 2008a；図8.4）．さらに，天然魚と推定された個体群は，琵琶湖の東西ではなく，河川ごとに遺伝的にまとまる傾向があったことから，河川ごとに遺伝的分化が進んでいることが示唆された．したがって，琵琶湖水系においては，それぞれの河川ごとの天然個体群を単位とした保全管理を進めていく必要があると考えられた．一方，養殖魚とその放流歴のあった芹川の野生魚は同一のクラスターに属した．漁業協同組合員への聞き取り調査から，醒井養鱒場で生産された養殖魚が調査水域（河川の長さ約2km，川幅約2m）に，1980年から1990年までほぼ毎年放流されていた．したがって，芹川の野生魚は放流された養殖魚に由来する可能性が高いと考えられた．

また，同じ調査水域で約10年前に調査を行ったサンプルが残されていたので，10年前と現在の個体群内の塩基多様度を算出，比較した（Kikko et al., 2008a；

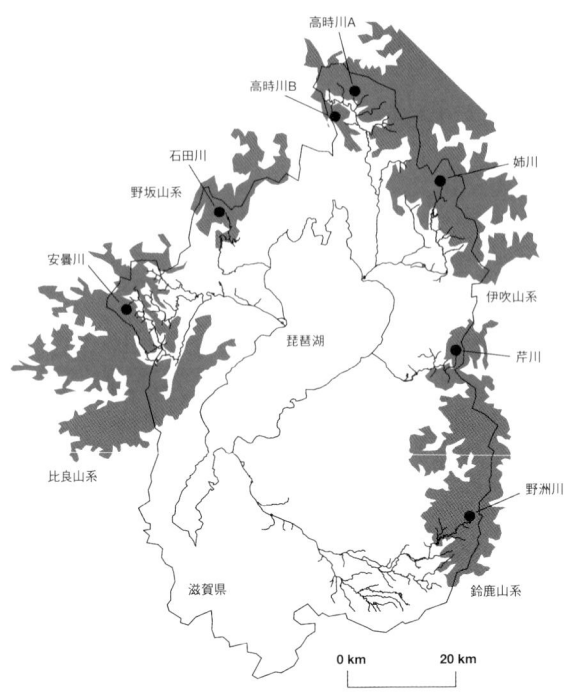

図8.3 琵琶湖水系におけるイワナ個体群の採集水域．黒色の部分は，野坂・比良・伊吹・鈴鹿山系における標高500 m以上の高地を示す（Kikko et al., 2008aより改変）．

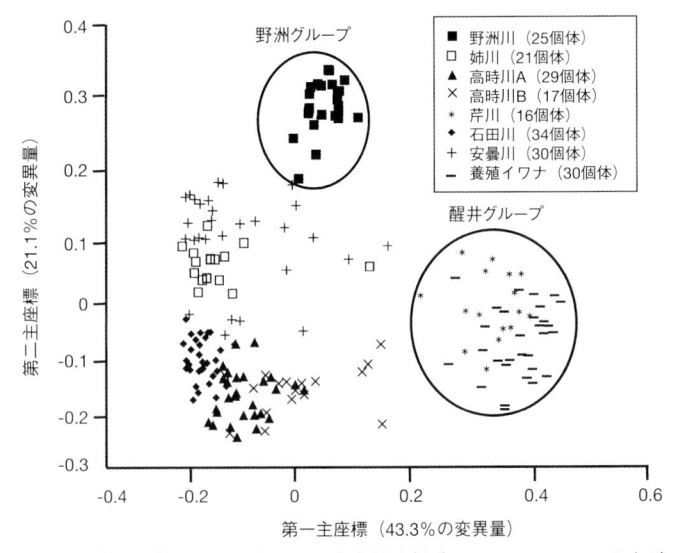

図8.4 118種類の多型バンドを用いた主座標分析（Kikko et al., 2008aより改変）．

表8.1 個体群ごとの採集年度，分析個体数，塩基多様度．

採集水域	採集年度	分析個体数	塩基多様度 $\pi \pm$ SD（％）
安曇川	1994	2	0.439
安曇川	2003	30	0.119 ± 0.047
石田川	1994	4	0.075 ± 0.009
石田川	2003	34	0.075 ± 0.024
高時川 A	1994	3	0.069 ± 0.007
高時川 A	2003	29	0.084 ± 0.025
高時川 B	1994	2	0.085
高時川 B	2002	17	0.146 ± 0.044
姉川	1994	5	0.085 ± 0.013
姉川	2002	21	0.067 ± 0.045
芹川	1994	6	0.264 ± 0.068
芹川	2002	16	0.278 ± 0.059
野洲川	1994	3	0.085 ± 0.024
野洲川	2003	25	0.095 ± 0.026
養殖イワナ	2003	30	0.316 ± 0.054

表8.1）．その結果，2002年および2003年における塩基多様度は，放流歴のある芹川（$\pi = 0.278\%$）や養殖魚（0.316％）と比べて，他の水域では比較的低い値（0.067-0.146％）であった．1994年に採取した個体からの塩基多様度を2002年および2003年のものと比較したところ，4河川5水域（石田川，高時川の2支流，姉川，野洲川）では大きな変化が見られず，低レベルで推移していたが，安曇川の個体群においては減少していた．つまり，天然魚が生息している多くの個体群では低いレベルで遺伝的多様性を保っていることが示唆された．また，養殖魚は複数の系統が導入されたことがあるため，天然魚より高い塩基多様度を示したと考えられた．

以上の結果から，琵琶湖水系の天然個体群は琵琶湖の東西ではなく，河川ごとに遺伝的分化が進み，多くの個体群が低い遺伝的多様性を保っていることから，天然個体群が生息している水域へ養殖魚を放流することは控える必要がある．河川ごとに遺伝的分化が進み，遺伝的多様性が低い要因として，琵琶湖流入河川の天然個体群間で現在は遺伝的な交流がなく，天然個体群の集団サイズが小さいということが関係していると考えられる．つまり，イワナの分布の南限にあたる琵琶湖水系では，琵琶湖流入河川でも水温の低い源流域，つまり4つの山系（比良，野坂，伊吹，鈴鹿）に生息域が限られるため，琵琶湖を介した河川間での遺伝的交流は絶たれている．また，天然個体群は源流部の滝や砂

防堰堤の上流部の狭い水域に生息しているため，集団サイズも小さく（Kikko et al., 2009），集団内の変異も小さいと考えられる．

(3) 琵琶湖水系のイワナの起源と分散過程―ミトコンドリア DNA 塩基配列解析から―

　では，どのようにして琵琶湖水系のイワナが，4 つの山系が位置する琵琶湖流入河川の源流部に生息するようになったのだろうか？　また，天然魚とは異なる遺伝的特性を持つ養殖魚の由来はどこであろうか？　これらの疑問を解明するためには，個体群間の詳細な系図的情報を把握する必要がある．そこで，4 つの山系が位置する琵琶湖流入河川，近接する日本海流入河川（北川水系天増川，笙の川水系五位川）や太平洋流入河川（揖斐川水系藤子川）16 水域でさらにサンプリングを行った（図8.5）．いずれも聞き取り調査から天然魚が生息すると推定された個体群である．そして，日本全国のイワナ mtDNA チトクローム b 領域の部分塩基配列（Yamamoto et al., 2004）を解析することで，日本の他の地域と琵琶湖周辺のイワナの系図関係を把握することにした（Kikko et al., 2008b）．

　その結果，琵琶湖水系とその周辺水域の195個体では合計 4 つのハプロタイプ（Hap-19，Hap-18，Hap-33，Hap-34）が検出された（図8.5）．最も多く検出された Hap-19 は，琵琶湖水系で広く検出され，日本海流入河川である天増川でも検出された．2 番目に多く検出された Hap-18 は，主に琵琶湖北部の流入河川で検出され，日本海流入河川である笙の川水系の五位川でも検出された．Hap-34 は伊吹山系の東西（琵琶湖水系側と岐阜県側）に位置する 3 個体群にのみ検出された．Hap-33 は琵琶湖水系では南限である野洲川でのみ検出された．以上のように琵琶湖周辺水域でのイワナのハプロタイプは，「琵琶湖水系や日本海流入河川で広域に出現する Hap-19，Hap-18」と「山系や河川に固有な Hap-33，Hap-34」の 2 種類あった．一方で養殖魚からは Hap-19 以外に，Hap-h，Hap-9，Hap-10 が検出された．次に，最節約法（maximum-parsimony analysis）により，日本全国のイワナ（Yamamoto et al., 2004）と琵琶湖水系のイワナで検出されたハプロタイプの関係を明らかにしたところ，図8.6のようなネットワークが描かれ，上記 4 つのハプロタイプは日本の他の地域では検出されず，琵琶湖水系周辺でのみ検出された．琵琶湖水系周辺のイワナで最も主要であった Hap-19 は，日本全国で広く検出された Hap-3 から派生し，琵琶湖水系と隣接

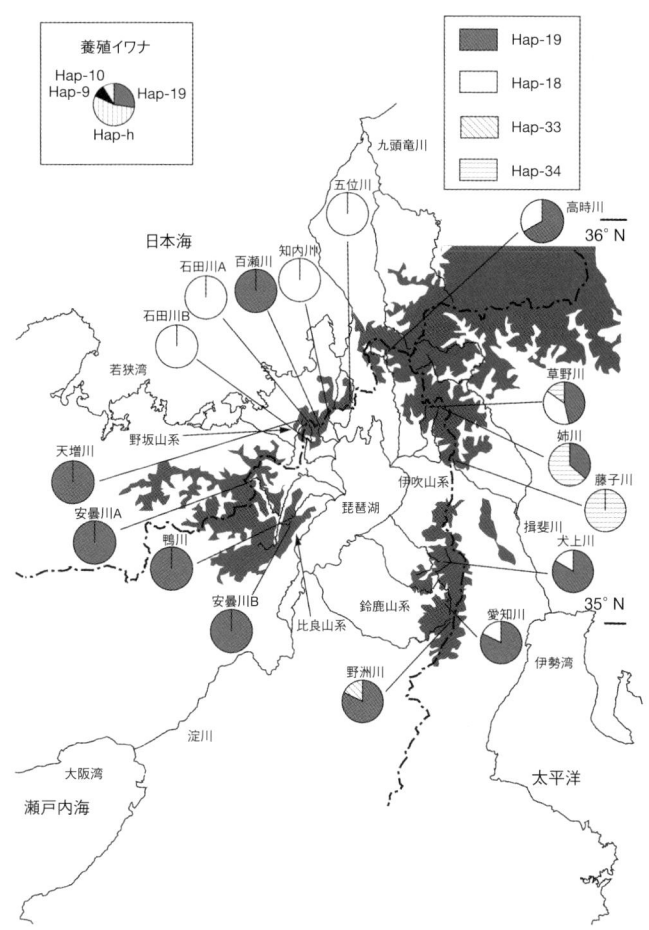

図8.5　琵琶湖水系周辺の天然イワナ16個体群の採集河川と養殖イワナのハプロタイプの分布．円グラフは各個体群におけるハプロタイプの頻度を示す．波線は分水嶺を示す．野坂・比良・伊吹・鈴鹿山系の500m以上の標高を黒色で示す（Kikko et al., 2008b より改変）．

する日本海流入河川でも検出されていた．そして，Hap-18，Hap-33，Hap-34はHap-19から派生したハプロタイプであったことから，琵琶湖水系周辺ではHap-19が祖先型と考えられた．養殖魚から検出されたHap-h は Hap-19から派生したハプロタイプであるが，それ以外のHap-9，Hap-10はアメマスやニッコウイワナで検出されたハプロタイプであった（Yamamoto et al., 2004）．

　日本産イワナの系統地理的研究からは，日本産イワナには4つの遺伝的グル

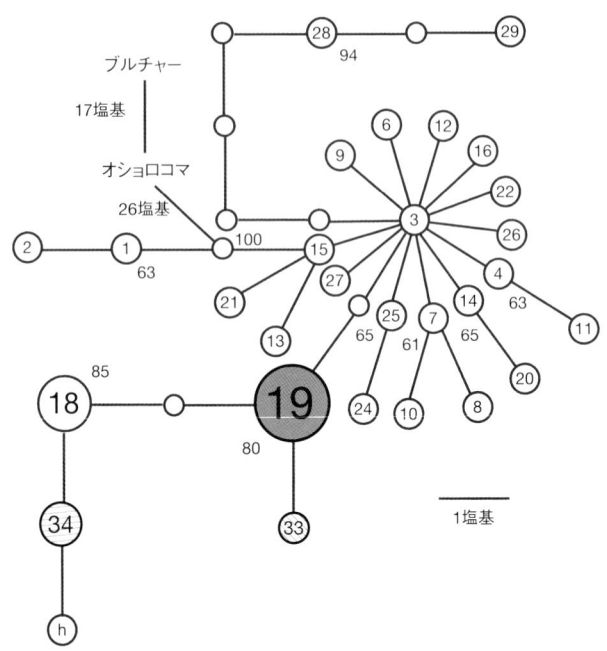

図8.6 琵琶湖水系周辺の天然イワナ16個体群と養殖イワナから得られたハプロタイプと日本全国のイワナ50個体群（Yamamoto et al., 2004）から得られたハプロタイプネットワーク樹（Kikko et al., 2008b より改変）．オショロコマとブルチャーを外群とする．系統樹の数値はブートストラップ値を示す．円の大きさは，ハプロタイプの相対量を示す．

ープが存在し，それらの地理的分布には各地で重複が見られる．このことから現在本州の渓流に陸封されているイワナは，氷期が繰り返し訪れた過程でより北方に生息していた集団が海を介して複数回河川に侵入し，現在の分布が形成されたものであると考えられている（Yamamoto et al., 2004）．以上の結果から琵琶湖水系のイワナにおいても，琵琶湖水系周辺で広域に検出された Hap-19 と Hap-18 は隣接する日本海流入河川から琵琶湖北部の流入河川に侵入し，更新世の氷期に琵琶湖を介した分散により琵琶湖水系全体に分布を拡大したと考えられた．そして気温が上昇した後氷期には琵琶湖や河川の水温も上昇したために，冷水性魚類であるイワナは，水温が低い琵琶湖流入河川の上流で生息するようになったと考えられる．Hap-33 と Hap-34 に関しては琵琶湖水系内で生じたか，もしくは太平洋流入河川から琵琶湖水系に侵入してきた可能性が考え

られた．また，琵琶湖水系のイワナは山系ごとにハプロタイプ組成が異なるという遺伝的な地域性があり，AFLP法の結果と同様に，河川ごとにも遺伝的特徴を保持していた（図8.5）．以上の結果から，琵琶湖水系のイワナの起源は日本海側であり，河川ごとに高い遺伝的固有性を持つと考えられた．

醒井養鱒場で生産された養殖魚の過去の導入経過を調べてみると，1970年代の種苗生産設立時に，琵琶湖流入河川の杉野川から親魚が導入されていたが，それ以外に複数の地域からの種苗が導入されていた（Kikko et al., 2008a）．したがって，養殖魚で検出されたHap-19とHap-hは杉野川に由来すると考えられ，Hap-9とHap-10はアメマスやニッコウイワナの種苗が導入された結果だと考えられる．また，聞き取り調査の結果からは天然魚と推定された個体群の中からも，Hap-9やHap-10が検出された（亀甲，未発表）．この結果は，過去にその水域にも養殖魚の移植放流が行われたことを示唆するものである．イワナでは古い時代の移植放流や遊漁者による持ち上げ放流など，記録に残らない放流も多く行われているので，天然魚の生息域を推定するには，聞き取りの情報と遺伝子解析を合わせて行うことが有効であることが示唆された．

3．琵琶湖水系のイワナの生態的特徴

(1) 琵琶湖水系のイワナの成熟体長

遺伝子解析の結果からは，琵琶湖水系には河川ごとに，遺伝的特徴を持つ天然個体群が生息していることが確認できた．したがって，それらの水域においては放流に頼らず，自然繁殖により長期的に個体群が維持できるようにすることが重要であるが，それらの個体群は現在も遊漁の対象となっている．遊漁に関する制限を定める滋賀県漁業調整規則では繁殖を保護するために10・11月はイワナの採捕を禁止しており，資源を保護するために全長12 cm以下のイワナを採捕することも禁止している．しかし，規則で定められた制限サイズ以下で，成熟できる親魚がどれくらいいるのかは検討されていない．そこで，天然個体群の成熟サイズを調査するために，産卵期である2005年の10月下旬から11月上旬にかけて，琵琶湖水系周辺の9河川での自然繁殖状況を調査した．調査では採捕したイワナを，腹部の触診により成熟雌，成熟雄，未成熟個体に分類し，体長と体重を測定し，元の地点に再放流した．そして，50％成熟体長を最尤法により河川ごとに雌雄別に算出，比較した（Kikko et al., 2011）．

琵琶湖水系周辺9河川1322個体の成熟状況を調べた結果，全長12 cm（標準

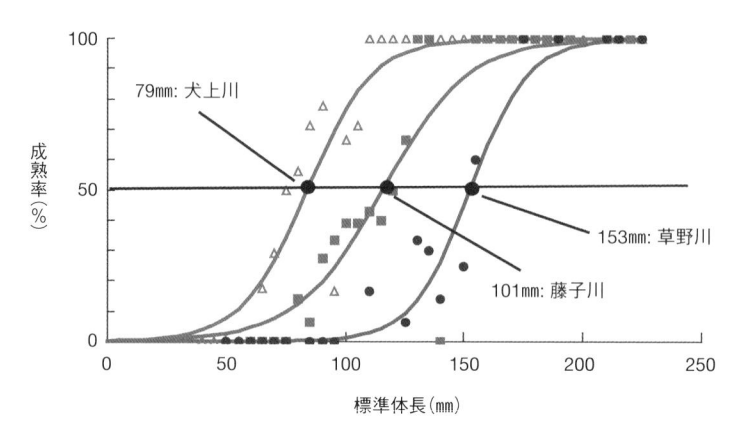

図8.7 琵琶湖水系周辺3河川における標準体長と成熟割合の関係（亀甲，未発表）．

体長で約99.7 mm）以下で成熟している個体は成熟雌全体の1％，成熟雄全体の21％であった（Kikko et al., 2011）．つまり現在の滋賀県の制限サイズでは，産卵する前に遊漁により採捕される可能性が高いと考えられる．さらに成熟サイズに関して雌雄ともに，河川間で大きな違いが見られ，特に雄に関しては河川間で倍近い差が見られた（図8.7）．また，50％成熟サイズは流量や川幅などの河川規模と，有意に正の相関があった（Kikko et al., 2011）．流量が乏しい琵琶湖流入河川の源流域では，イワナが利用できる餌資源や空間資源が限られるため，あまり成長できずに結果的に小さいサイズで成熟する可能性が考えられる．

以上の結果から，自然繁殖により天然個体群を維持していくためには，少なくとも1回は産卵できように制限体長を引き上げ，その生息水域を永年禁漁区に設定する（中村，2001b），禁漁河川と解禁河川を数年おきに入れ替える輪番禁漁制に設定する（久保田ほか，2009），キャッチ・アンド・リリース区間に設定する（坪井ほか，2005）などの対策が必要だろう．また砂防堰堤の設置による河川の分断化は，集団サイズや遺伝的多様性を減少させるだけでなく（Kikko et al., 2009），成熟サイズの小型化をもたらす可能性があるので，天然魚が生息する水域での総産卵量が低下することも考えられる．したがって，現在天然魚が生息している水域を保全するとともに，砂防堰堤の設置などによるさらなる河川の分断化を防ぐ必要がある．

(2) 琵琶湖水系のイワナの卵サイズ変異

　上記の産卵時期の調査では，排卵が確認できた成熟雌については個体ごとに卵10個のみサンプリングし，卵サイズを測定した．その結果，体サイズで補正した卵サイズと調査時に採捕された当歳魚の体サイズには負の相関が認められた（Kikko et al., 2008c）．調査した個体群間の産卵時期は10月下旬から11月上旬とほぼ同じ時期であるので，調査時における当歳魚の体サイズは，稚魚期における成長率の指標とみなすことができる．サケ科魚類では，稚魚期において成長がよかった雌は，親になったとき小さな卵を多く産むことが知られており，これは稚魚期における成長条件に応じた適応的な表現型可塑性と考えられている（Morita et al., 1999; Olsen and Vollestand, 2003）．同様に，サクラマス（*Onchorhynchus masou*）個体群間において成長率と卵サイズの間に負の相関があることが知られており，餌料環境と水温に関係した成長率が個体群間で異なるため，卵サイズと卵数に変異が見られたとされている（Tamate and Maekawa, 2000）．以上のことから，本研究では卵数は調べていないものの，稚魚期の成長条件が悪い環境では，大きい卵を少なく産むことが，逆に稚魚期の成長条件が良い環境では，小さい卵を多く産むことが雌親の適応度を上げることになると推測された．

4．滋賀県における今後のイワナ漁場管理に向けて

　一連の研究結果から，琵琶湖流入河川源流域に生息しているイワナは河川ごとに遺伝的に特徴があるだけでなく，成熟サイズや卵サイズといった生態的特性にも違いがあり，さらに特殊斑紋イワナであるナガレモンイワナも生息していた．つまり，琵琶湖水系のイワナは河川ごとに独自の特徴を持っていると考えられたので，滋賀県における今後のイワナ漁場管理においては，その特徴を失わないようすることが重要と考えられる（亀甲，2011）．一方で，天然魚が生息する水域よりも下流域では，遺伝的には天然魚のように純粋ではないが自然繁殖している野生魚や放流された養殖魚が生息している．したがって，今後の滋賀県におけるイワナの漁場管理においては，漁場を「天然魚を保全する水域」と，「通常利用水域」に分けて管理することがまず必要であろう．「天然魚を保全する水域」では，放流を行わず，数年あるいは永年の禁漁区に設定する．しかし，天然魚を守るために禁漁区ばかり設定すると，釣り場が減って，遊漁者も漁協も困る可能性もある．その場合は，制限体長の引き上げや尾数制限，

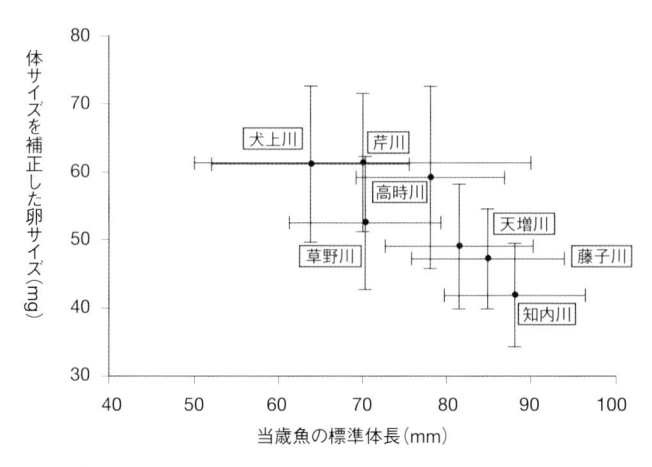

図8.8 河川型イワナ7個体群における当歳魚の標準体長と体サイズを補正した卵サイズの関係（Kikko et al., 2008c より改変）．エラバーは標準偏差を示す．

キャッチ・アンド・リリースなど普通より厳しい漁獲規制で，釣りをすることもできる（中村・飯田，2009）．「通常利用水域」ではこれまで行ってきたように，稚魚放流や発眼卵放流によって魚を増やしていくが，多様化している遊漁者のニーズにも対応する必要がある．このように天然魚を保護する区域や遊漁者のニーズに合った管理区域を設定して，漁業振興と魚類の天然個体群を保全する渓流域での漁場管理は「ゾーニング管理」と呼ばれている（中村，2007；中村ほか 2012）．全国のいくつかの漁協では，すでにさまざまなゾーニング管理が導入され，有効な漁場管理策であることが示されている（中村・飯田，2009）ことから，滋賀県においても，それらの管理策を参考にして，天然魚の保全と遊漁者のニーズに対応した釣り場作りが今後は必要と考えられる．また，筆者が滋賀県の渓流域を5年間踏査して最も印象に残っていることは，渓流漁場として利用されている琵琶湖流入河川は数多く存在するが，他の地域の河川と比較して河川規模は小さな河川が多く，さらに水量や水温などの河川環境は河川間で大きく異なるということだ．したがって，小さな漁場に遊漁者のニーズを満たすさまざまな釣り場を設定するよりは，個々の河川の特性，すなわち渓流域の環境条件，天然魚の有無，交通の利便性などの特徴を活かして，ひとつでも個性ある釣り場作りを目指すのが有効かもしれない．

引用文献

Araki, H., B. Cooper and M. S. Blousin. 2007. Genetic effects of captive breeding cause a rapid, cumulative fitness decline in the wild. Science, 318: 100-103.

遠藤辰典・坪井潤一・岩田智也．2006．河川工作物がイワナとアマゴの個体群存続に及ぼす影響．保全生態学研究，11: 4-12.

細谷和海．2013．サケ科．中坊徹次（編），pp. 362-367, 1833-1835．日本産魚類検索，第三版．東海大学出版会，秦野市．

後藤裕康・前田泰宏・木島明博．1998．アイソザイムからみた大井川源流域におけるイワナ2河川集団の遺伝的差異．水産育種，26: 41-47.

鎌田淡紅郎．1979．滋賀県におけるアマゴ・イワナの自然分布と放流事業．財団法人滋賀県自然保護財団（編），pp. 615-622．滋賀県の自然，滋賀県．

Kawanabe, H. 1989. Japanese char(r(r))s and masu-salmon problems: a review. Physiol. Ecol. Japan. Spec., 1: 13-24.

亀甲武志・佐藤拓哉・鹿野雄一・原田泰志・甲斐嘉晃．2007．琵琶湖流入河川姉川水系支流に生息する特殊斑紋イワナ（ナガレモンイワナ）の出現率と流程分布．魚類学雑誌，54: 79-85.

Kikko, T., Y. Kai, M. Kuwahara and K. Nakayama. 2008a. Genetic diversity and population structure of white-spotted charr (*Salvelinus leucomaenis*) in the Lake Biwa water system inferred from AFLP analysis. Ichthyol. Res., 55: 141-147.

Kikko, T., M. Kuwahara, K. Iguchi, S. Kurumi, S. Yamamoto, Y. Kai, and K. Nakayama. 2008b. Mitochondrial DNA population structure of white-spotted charr (*Salvelinus leucomaenis*) in the Lake Biwa water system. Zool. Sci., 25: 146-153.

Kikko, T., Y. Harada, D. Takeuchi and Y. Kai. 2008c. Interpopulation variation in egg size of fluvial white-spotted charr, *Salvelinus leucomaenis*. Fish. Sci., 74: 935-937.

Kikko, T., Y. Kai and K. Nakayama. 2009. Relationships among tributary length, census population size and genetic variability of white-spotted charr, *Salvelinus leucomaenis*, in the Lake Biwa water system. Ichthyol. Res., 56: 100-104.

Kikko, T., Y. Kataoka, K. Nishimori, Y. Fujioka, Y. Kai, K. Nakayama and T. Kitakado. 2011. Size at maturity of white-spotted charr, *Salvelinus leucomaenis*, around the Lake Biwa water system varies with habitat size. Ichthyol. Res., 58: 370-376.

亀甲武志．2011．イワナ．滋賀県生きもの総合調査委員会（編）．滋賀県で大切にすべき野生生物　滋賀県デッドデータブック2010年版，滋賀．pp. 492.

Kubota, H., T. Doi, S. Yamamoto and S. Watanabe. 2007. Genetic identification of native populations of fluvial white-spotted charr *Salvelinus leucomaenis* in the upper Tone River drainage. Fish. Sci., 73: 270-284.

久保田仁志・酒井忠幸・武田維倫・澤田守伸・中村智幸．2009．渓流漁場におけるゾーニング管理の実践．月刊海洋，41: 562-572.

Morita, K., S. Yamamoto, Y. Takashima, T. Matsuishi, Y. Kanno and K. Nishimura. 1999. Effect of maternal growth history on egg number and size in wild white-spotted char (*Salvelinus leucomaenis*). Can. J. Fish. Aquat. Sci., 56: 1585-1589.

Morita, K. and S. Yamamoto. 2002. Effects of habitat fragmentation by damming on the persistence of stream-dwelling charr populations. Coserv. Biol., 16: 1318-1323.

Nakano, S., F, Kitano, and K. Maekawa. 1996. Potential fragmentation and loss of thermal habitats for charrs in the Japanese archipelago due to climatic warming. Freshw. Biol., 36: 711-722.

成瀬智仁・吉安克彦．1983．頭上班よりみた日本在来イワナ *Salvelinus leucomaenis* について―その動物地理学的考察―．木村英造（編），pp. 109-126．財団法人淡水魚保護協会機関誌淡水魚増刊　イワナ特集．財団法人淡水魚保護協会，大阪．

中村智幸．2001a．聞き取り調査によるイワナ在来個体群の生息分布推定．砂防学雑誌，53: 3-9．

中村智幸・丸山　隆・渡邊精一．2001b．禁漁後の河川型イワナ個体群の増大．日本水産学会誌，67: 105-107．

中村智幸．2007．イワナをもっと増やしたい！―「幻の魚」を守り，育て，利用する新しい方法．フライの雑誌社，東京．199pp．

中村智幸・飯田　遥（編著）．2009．守る・増やす渓流魚―イワナとヤマメの保全・増殖・釣り場作り．農産業漁村文化協会，東京．134 pp.

中村智幸・岸　大介・亀甲武志・久保田仁志・坪井潤一・徳原哲夫．2012．日本の希少魚類の現状と課題　在来渓流魚（イワナ類，サクラマス類）：利用，増殖，保全の現状と課題．魚類学雑誌，59: 163-167．

Olsen, E. M. and L. A. Vollestad. 2003. Microgeographical variation in brown trout reproductive traits: possible effects of biotic interactions. Oikos, 100:483-492.

Sato, T. 2006. Threatened fishes of the world: Kirikuchi charr, *Salvelinus leuomaenis japonicus* (Oshima, 1961) (Salmonidae). Environ. Biol. Fish., 78: 217-218

佐藤拓哉・渡辺勝敏．2004．世界最南限のイワナ個体群"キリクチ"の産卵場所特性，および釣獲圧が個体群に与える影響．魚類学雑誌，51: 51-59．

武田恵三．1975．琵琶湖水系に生息する特殊斑紋のイワナ．魚類学雑誌，21：198-202．

Tamate, T. and K. Maekawa. 2000. Interpopulation variation in reproductive traits of female masu salmon, *Oncorhynchus masou*. Oikos, 90: 209-218.

坪井潤一・森田健太郎・松石　隆．2002．キャッチアンドリリースされたイワナの成長・生残・釣られやすさ．日本水産学会誌，68: 180-185．

Yamamoto, S., K. Morita, S. Kitano, K. Watanabe, I. Koizumi, K. Maekawa, and K. Takamura. 2004. Phylogeography of white-spotted charr (*Salvelinus leucomaenis*) inferred from mitochondrial DNA sequences. Zool, Sci., 21: 229-240.

山本祥一郎・中村智幸・久保田仁志・土居隆秀・北野　聡・長谷川功．2008．ミトコンドリア DNA に基づく関東地方産イワナの遺伝的集団構造．日本水産学会誌，74: 861-863．

山本　聡．1991．イワナその生態と釣り―神秘の魚イワナの謎を探る．釣り人社，東京．203 pp．

コラム3

内水面漁業と国内外来魚

淀　太我

1．はじめに―内水面とは

　本書の各章でしばしば言及されているように，我が国において内水面漁業と国内外来魚はたいへん密接な関係にある．一般に「内水面」とは，いわゆる湖沼や河川などのことを指す言葉である（ただし，漁業法上琵琶湖等11カ所は湖ではあっても海面として取り扱われ，2カ所は内湾ではあるが湖沼に準ずる水面として取り扱われている）．これらの「内水面」では，海面とは漁業の取り扱いが大きく異なる．内水面漁業の大きな特徴として，漁場（水域）の規模が小さく乱獲に陥りがちなことや，専業の漁業者が少ない一方で遊漁者（漁業権者以外の水産動植物採捕者）が多数存在することがあげられ，そのために内水面漁業には水産資源の管理の性格が強い．

2．内水面漁業の種類

　漁業権には，定置漁業権（大型の定置網による漁業），区画漁業権（養殖業），共同漁業権（一定の漁場を共同で利用する漁業）の3種類があり，内水面には第2種区画漁業権（溜池養殖等），第1種共同漁業権（ヒシやシジミ等定着性の水産動植物）および第5種共同漁業権が設定される（図1）．このうち第5種共同漁業権は，内水面で行われる共同漁業のうち，第1種共同漁業以外をす

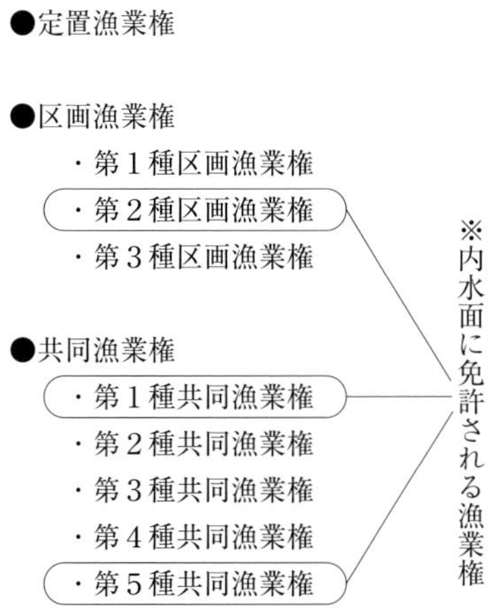

●定置漁業権

●区画漁業権
　・第1種区画漁業権
　・第2種区画漁業権　※内水面に免許される漁業権
　・第3種区画漁業権

●共同漁業権
　・第1種共同漁業権
　・第2種共同漁業権
　・第3種共同漁業権
　・第4種共同漁業権
　・第5種共同漁業権

図1　漁業権の種類

べて統合したものであり，まさに内水面漁業の特殊性に対応するための漁業権である．この第5種共同漁業には，下記のような特徴がある．
・魚種を指定した漁業（アユ漁業，コイ漁業等）である
・漁業権者（漁業協同組合）は対象魚種を増殖する義務を負う
・多数の遊漁者による利用を前提としている（遊漁規則による管理・調整）

3．増殖義務

　前述のように，第5種共同漁業権においては，免許を受けた漁業協同組合は対象魚種の増殖を行う義務を負う．増殖とは，「天然水域において漁業資源が減少してきた場合に，これを回復あるいは積極的に増大維持しようとする努力およびその際の手段や技法」を指す用語である（福田, 2006）．この定義に則るかぎり，漁業協同組合が講じるべき増殖には，禁漁期や禁漁区間を設けたり，漁のできる人数を調整したりといった漁獲圧の適正化や，対象種の住みやすい環境の整備，鳥や獣，魚などによる捕食を減じる対策など，資源の減少を食い止め回復させるためのさまざまな手法が含まれてしかるべきである．しかし，現実には上記のような手法は増殖義務の履行方法として認められていない．都道府県知事あての水産庁長官通知に，「増殖とは人工ふ化放流，稚魚又は親魚の放流，産卵床造成等の積極的人為手段により採捕の目的をもって水産動植物の数及び個体の重量を増加せしめる行為を指し，養殖のような高度の人為的管理手段は必要とはしないが，単なる漁具，漁法，漁期，漁場及び採捕物に係る制限又は禁止等消極的行為に止まるものは，含まれない．」とあり，さらに「また，必要に応じ内水面の豊度に応じた放流のほか，産卵床の造成等繁殖のための施設の設置，堰堤によってそ上が妨げられている滞留稚魚を上流に汲み上げ再放流する等在来資源のそ上の確保等についても，その効果が顕著であると認められる場合は，これらの組み合わせ等についてもあわせて検討されたい．」と記述されているためである．

　すなわち，増殖義務の履行方法としては「種苗放流（人工孵化種苗，他地域産稚魚・親魚）」と「産卵床造成」および「堰堤下の滞留稚魚の汲み上げ再放流」のみに制限されている状況にある．もっとも，同じ通知の中には「環境との調和に配慮した水産動植物の増殖を推進するとの観点から，人工ふ化放流，稚魚又は親魚の放流に際しては，当該河川湖沼における在来種の保全に留意されたい．」との文言も含まれているのだが，この文自体がまったくの論理矛盾に陥っているうえ，この文言が考慮されることはほとんどない．また，産卵床の造成や堰堤下からの汲み上げは，実施可能なケースが対象種や漁場環境，技術的な面から極めて限定的であり，実質上は人工ふ化種苗あるいは他地域で採捕した稚魚や成魚（天然種苗）を放流することが唯一の選択肢となっている．そのため，「義務放流」という誤解や誤用が官民問わず広まっている．

種苗放流は，費やした金額と効果（少なくとも放流直後に対象水域で増えた個体数）が明確である点で，目標増殖量を設定し，増殖義務の履行を監視する行政側にとってたいへん優秀な増殖手法である．また，漁業協同組合にとっても，他の増殖手法と比較して，対象魚の生態や漁場の自然環境・生態系に精通していなくとも増殖義務を履行できるため，たいへん実行しやすい．内水面は兼業的な漁業者が大多数を占めることからも，その利点は計り知れない．

4．内水面漁業と国内外来魚

　上記のような背景から，我が国において第5種共同漁業権の免許された河川等では，種苗放流が長年にわたり毎年行われてきた．このことが，国内外来魚の拡散と大いに関係することは想像に難くない．すなわち，「他地域産の稚魚や親魚の放流」とは遺伝子レベルでの国内外来魚の導入そのものを意味しているし，その種苗のなかに，放流先に自然分布しない種が混入すれば，種レベルでの国内外来魚の導入となる．その代表的な例は，琵琶湖産アユの全国の河川への放流に伴うさまざまな魚種の随伴導入であろう．これまで琵琶湖のアユに随伴して侵入したと推測されている国内外来魚はオイカワ，ハス，カワムツ，ビワヒガイ，ワタカ，スゴモロコ，ギギ，オウミヨシノボリ（トウヨシノボリ）など10種を超える（川那部ほか，2001；佐久間・宮本，2005；松沢・瀬能，2008）．奇しくも琵琶湖は世界有数の古代湖であり，多くの固有種を育んでいるほか，同じ種であっても他の水域とは遺伝的に異なる特徴を持っているものが多い．遺伝子レベル，種レベルで他水域と異なる独自の生態系を有する琵琶湖に，川に遡らず湖内で暮らす小型のアユ（コアユ）が大量に生息していたこと，それが河川への放流種苗として適しており大々的に利用された（ている）ことは，国内外来魚拡散の最大の要因であり，日本の生物多様性保全を考えるうえで最も悔やまれる悲劇のひとつであろう．

　琵琶湖産アユの移殖放流以外にも，ヤマメ（サクラマスの河川残留型）生息河川への別亜種アマゴ（サツキマスの河川残留型）の放流や，溜池で養殖（第2種区画漁業権）されたヘラブナ（ゲンゴロウブナの改良品種）などの移殖放流に伴うモツゴなどの随伴導入も，内水面漁業に由来する国内外来魚問題である．そもそも，ヘラブナ自体もその起源は琵琶湖固有種であり，放流先では国内外来魚である．それ以外にも，全国各地でワカサギやヒメマス（ベニザケの陸封型）などがその水域に自然分布しないにもかかわらず漁業権魚種となって，毎年積極的に増殖されている．

　ここまで述べてきたような，第5種共同漁業権に基づく種苗放流によるもの以外にも，第2種区画漁業権によって行われる溜池や休耕田での養殖も，国内外来魚の発生源となっている．たとえば，近年琵琶湖の固有種で高級食材であるホンモロコが，全国各地の休耕田等で養殖されるケースが増えてきている．

それに伴い，近年ホンモロコが琵琶湖以外で確認されたり，近縁のタモロコとの交雑例が報告されるようになっている（Sakai et al., 2012；Kakioka et al., 2012）．

5．内水面漁業の将来

　第5種共同漁業権を中心として，内水面漁業は多くの地域で多くの国内外来魚を生んできた．種苗放流に極端に依存した漁場管理は，国内外来魚問題だけでなく，魚病の導入や拡散，均一な遺伝的特徴を持つ大量の個体を放すことによる遺伝的多様性の喪失（均一化），当該水域の魚類相そのものを漁業権魚種に強く偏らせて生態系の崩壊を招くなど，多くの問題を抱えている．これらを改善するためには，生物多様性の時代にはすでにそぐわなくなっている漁業法の見直しや，少なくとも増殖手法を種苗放流に偏らせている水産庁長官通知の撤回が必要であるが，これにはまだ数々の障壁があり，長い時間がかかるであろう．まずは，研究者，行政，漁業者，遊漁者が認識を共有することが，内水面漁業による国内外来魚被害を軽減するために不可欠である．

引用文献

福田雅明．2006．5-7-1 資源増殖の目的．水産大百科事典．（独）水産総合研究センター（編），pp. 425-427，朝倉書店．

Kakioka, R., T. Kokita, R. Tahara, S. Mori, and K. Watanabe. 2012. The origins of limnetic forms and cyptic divergence in *Gnahopogon* fishes (Cyprinidae) in Japan. Env. Biol. Fish., DOI 10.1007/s10641-012-0054-x.

川那部浩哉・水野信彦・細谷和海（編）．2001．山渓カラー名鑑 日本の淡水魚，第3版．山と渓谷社，東京．719 pp.

松沢陽士・瀬能　宏．2008．日本の外来魚ガイド．文一総合出版，東京．157 pp.

Sakai, H., N. Nakashima, T Uno, M. Yonehama, S. Kitagawa, and M Kuwahara. 2011. A pelagic cyprinid of Lake Biwa *Gnathopogon caerulescens* and a brooklet-dwelling relative *G. elongatus* formed a hybrid swarm in a dammed reservoir Lake Ono. J. Nat. Fish. Univ., 60(1): 43-50.

佐久間功・宮本拓海．2005．外来水生生物事典．柏書房，東京．206 pp.

第9章

国内外来魚の分布予測モデル

鬼倉徳雄・河口洋一

　近年，国外では外来生物の分布予測モデルを構築し，それをGISを用いて広域に外挿して地図上に示し，保全や管理に活用する試みが行われている（Guisan and Thuiller, 2005; Sato et al., 2010a）．外来魚類の定着域での分布パターンを解析し，そこで構築されたモデルをまだ定着していない場所に当てはめることで，将来，その種が導入あるいは遺棄された場合の定着域を推定するような研究が多く，カナダ南部の湖におけるコクチバスの事例（Vander Zanden et al., 2004）やフランス南西部における複数種の外来種の出現予測などの事例（Céréghino et al., 2005）がその典型例である．国外ではこのような研究事例が増えているものの，日本国内では極めて少ない状況にある．本章では，国内外来魚ハスの九州での分布状況に基づいた出現予測モデルを紹介する．

　ハスは琵琶湖・淀川水系と福井県三方湖を本来の生息地とし，主に琵琶湖産のアユ放流に混ざって全国に広がったとされる（川那部ほか，2005）．一般に，大河川や湖沼に定着するとされ，九州地方においても筑後川水系や遠賀川水系などの1級河川に多く姿を見せる（中島ほか，2008）．しかしながら，筑後川流域などでの詳細な分布状況を見ると，極めて特徴的な傾向がある．それは，農業用水路内に広く分布している点である（図9.1；鬼倉ほか，2008）．Sato et al.（2010b）では，同じ有明海に流入する1級河川の嘉瀬川周辺の農業用水路46地点におけるハスの出現・非出現状況を調査し，その出現モデルを構築した（図9.2a）．数値地図から抽出可能な環境情報，野外で実測した環境情報，混獲された魚種数などの計8項目を説明変数，ハスの出現・非出現の実測データを目的変数とし，赤池情報量規準に基づく変数選択を行った後，一般化線形モデルを構築したところ，標高が低ければ低いほど，そして河川と水路をつなぐ取水口からの距離が近ければ近いほど，ハスの出現確率が上昇する傾向が示されている（図9.2b）．出現確率20％を超えたものをハスの出現を予測できたと仮定してその的中率を算出すると，その値は80％を超えており，比較的高確率で

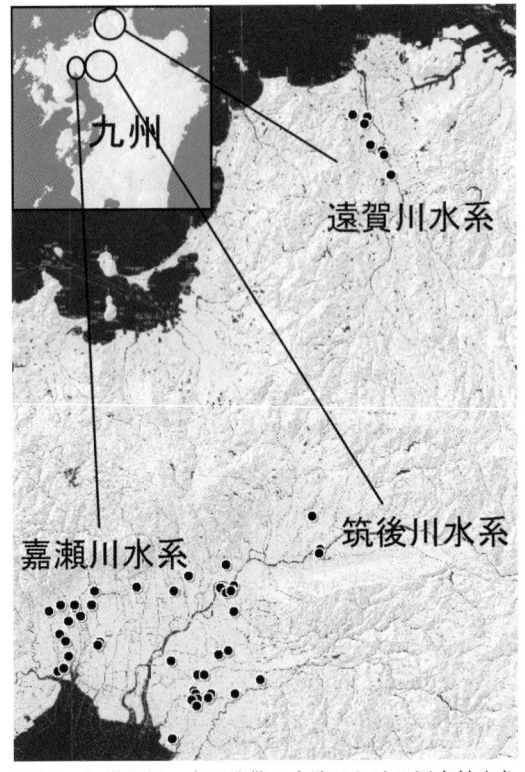

図9.1 九州北部の水田地帯の水路における国内外来魚ハスの分布記録.

その出現・非出現を予測できることが明らかである．さらに，本論文では嘉瀬川の実測データに基づいて構築したモデルを筑後川流域に当てはめて，その信頼度を検証している．筑後川下流域の水田地帯約30地点について，モデル式から算出された予測値と採集調査による実測値を比較したところ，その的中率は約7割となった．この結果は，少なくとも類似した環境構造や水利用を持つ有明海沿岸の低平地では，同様の線形モデルによってハスの定着状況が予測できることを意味している．すなわち，有明海沿岸域の低平地一帯におけるハスの定着の可能性や，将来における分布拡散の予測が可能であることが本論文によって裏付けられたといえる．有明海沿岸域の低平地の広いエリアに，すでにハスの分布が広がり，今後の分布拡散の予防などにこのモデルを活用する機会が少ないことは残念であるが，まだハスが侵入・定着しておらず，類似した環境

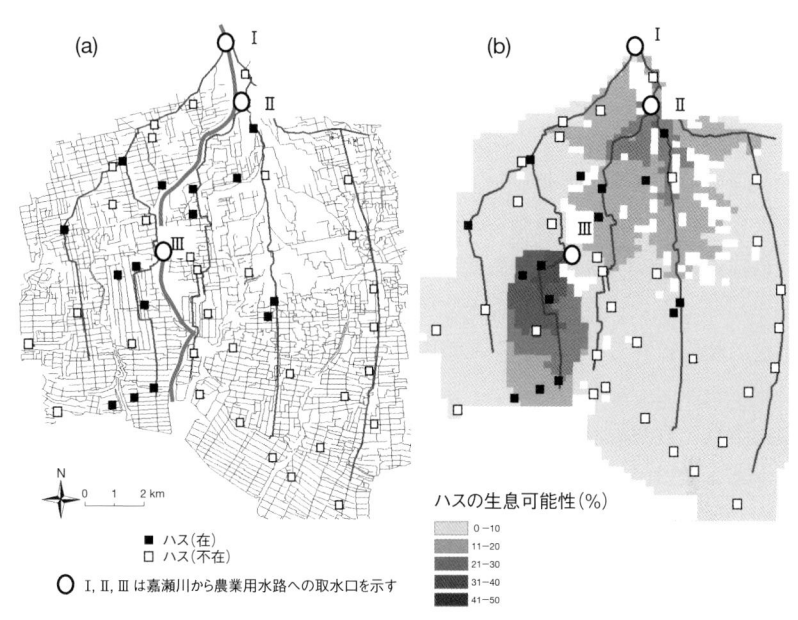

図9.2 嘉瀬川周辺の農業用水路46地点におけるハスの在・不在データ（a）および嘉瀬川周辺の農業用水路におけるハスのポテンシャルマップ（b）（Sato et al., (2010b) を改変して引用）.

構造を持つ河川下流域の低平地でハスの分布予測モデルを適用することは可能だと思われる．外来生物が導入された初期の段階にこのような予測モデルを適用できれば，生物多様性の保全や管理に大いに寄与することができることを考えれば，今後，拡散する可能性がある外来生物各種に関して，事前にこの論文のような予測モデルを構築しておくことが予防的観点から重要であろう．

さて，選択された変数については，ハスのこの地での生活史パターンを類推すると，その妥当性を理解することができる．ハスはおそらく，成育の場として餌資源が豊富で止水的な環境を，産卵の場としてやや流水的な環境を必要とし，本来の生息地では湖が止水的環境，流入河川が流水的環境として機能してきたと察するが，九州の有明海沿岸域に定着したハスの場合，農業用水路が止水域として，河川が流水域として機能しているようである．そのため，水路と河川間を移動している可能性が高く，取水口からの距離がその定着条件になることが予測できる．また，成育場として標高が低い水路を好むのは，より止水的な生息環境を選好するためであろう．このような観点に立ったとき，構築さ

第9章 国内外来魚の分布予測モデル ● 145

れた予測モデルは，その説明変数がその種の好適な生息環境を表しているため，駆除策を考慮するうえでも活用できる可能性が高い．この場合，産卵・成育場間の移動を阻止するような策が実践可能であろう．

　一方，このような予測モデルを活用するうえで注意すべき点も存在する．九州北部の遠賀川水系を例にすると，同水系も嘉瀬川や筑後川と同様に農業用水路でハスがしばしば採集されるが（図9.1），ハスが利用する止水的環境と流水的環境の関係性が有明海沿岸域の低平地とは異なっている．遠賀川水系の場合，農業用水だけでなく，産業・飲料水等の水利用が多いため，慢性的に河川水が流量不足の状態にあると同時に，河川内にはいくつもの取水堰が存在するため，河川は常に止水的である．そして，遠賀川に平行して流水的な3面コンクリート護岸化された農業用水路が走っている．河川が止水的な，水路が流水的なハビタットとして機能している可能性が想像される．すなわち，流速に着目したとき，同じ九州北部の低平地であっても有明海沿岸域と遠賀川水系では河川と水路の関係性が逆転しているため，遠賀川水系でモデルを構築すれば他の環境条件を説明変数として選択してくる可能性を含んでいる．構築された予測モデルが，すべての地域に適応できるわけではないことを十分に理解しておく必要があろう．

　さて，九州における国内外来魚ハスの分布域は低平地の水田地帯だけではない．ダム湖でもしばしば姿を見ることができる．河口堰下まで遡上したアユを捕獲し，ダム上に放流する事業などで拡がったものと考えられるが，ほかにオイカワの放流などに混入した可能性も指摘されている．もともと，ハスの生息地は琵琶湖・淀川水系と福井県三方湖であるため，大型の止水的な環境であるダム湖に定着するのは一見当然にも見える．しかしながら，ダム湖においても一定の環境選好性があり，分布予測モデルが構築できることがわかってきた．

　九州内の約30のダム湖において数値地図から抽出可能な環境情報計10を説明変数，ハスの出現・非出現を目的変数とし，先と同様の解析を行ったところ，ダムに流入する河川の勾配（標高／河川長）を説明変数としたモデルが構築できた（図9.3a；井原ほか，2011）．勾配に対して負に作用しており，流入河川の勾配がゆるやかであればあるほど，ハスの出現確率は上がるという結果となった．先のようなハスの生活史を考慮したとき，止水であるダム湖を成育場，流水である流入河川を産卵場として利用し，その流入河川の勾配にその定着が左右されると考えられる．琵琶湖に流入する河川のうち，無作為に抽出した20

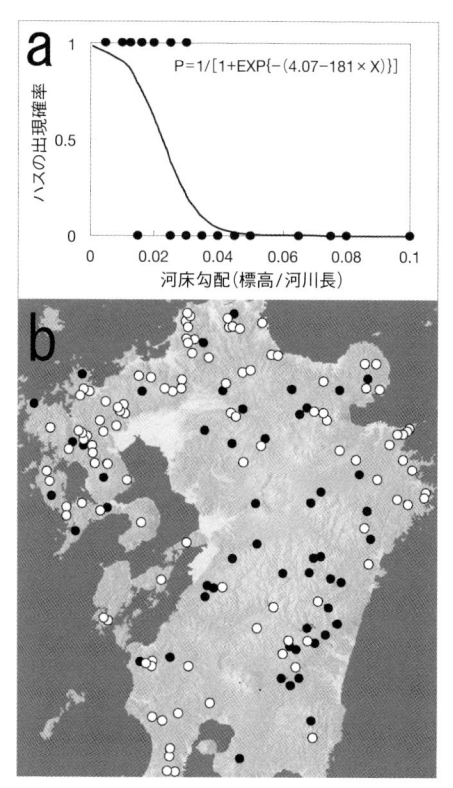

図9.3 九州のダム湖に定着したハスの出現モデル（a）およびそのポテンシャルマップ（b）．モデル式に関しては出現確率をP，河川勾配をXで示した．また，モデル式に基づいて50％以上の出現確率を示すダム湖を黒丸，50％を下回るものを白丸で示した．

$$P = 1/[1+EXP\{-(4.07-181 \times X)\}]$$

河川について，先の九州のダム湖流入河川を計測した方法と同様の方法で勾配を計測した結果，その平均はおよそ1/300であった．先の30のダム湖の流入河川の平均勾配は約1/50であり，琵琶湖流入河川のほうがゆるやかであることが理解できる．ダム湖が作られる場所は山間地であるため，流入河川の多くは急峻で，ステップアンドプールを伴った上流域の形態である．ハスは河川の上流域に適応できるような生態・形態学的な性質は持っておらず，ゆるやかな流入河川の有無がダム湖での定着を制限している可能性が高い．

九州に存在する主要なダム湖160個所について，流入河川の河床勾配を計測

してモデルを当てはめたところ，50％以上の確率でハスが定着できる可能性を伴うダム湖は約3割であった（図9.3b；井原ほか，2011）．今後，Sato et al. (2010b) と同様に，モデルの精度を検証する必要性があるものの，本モデルが示すハスの定着の可能性に基づいて管理を提言することができる．具体的には，ハスの分布拡散の原因は直接的な放流ではなく，アユ放流に伴ったものや，先に述べたオイカワの放流に伴ったものである可能性が高いことから，ハスの定着の可能性が高いダム湖については，少なくともそれらの放流事業の中でハスの混入を防ぐ措置を講じる必要があると言える．

さて，今後，このような外来生物の分布拡散予測モデルを構築し，保全や管理に応用する試みに対し，社会的ニーズが広がっていくものと確信するが，それを飛躍的に進めるためにはいくつかの問題点がある．まず，ひとつは生物分布情報が少ないことにある．生物地理，流程分布，リーチ，ハビタット，マイクロハビタットといったさまざまな要因に生物の分布が左右されることに加えて，外来魚類の分布拡散などを予測するためには，最新の分布情報が必要であり，そういった情報を収集するだけでもたいへんな労力である．日本国内において，充実した分布情報に基づいて外来魚類のリスク評価や管理を示した研究事例は極めて少ない．琵琶湖流域の約3000地点における調査データに基づいてブルーギルの生息リスク評価を行った水野ほか（2007）の報告，九州北部の約700地点のデータに基づいたタイリクバラタナゴの分布予測モデルに関する報告（Onikura et al., 2012）が，日本国内では先駆的な事例といえよう．仮にデータベースを利用するとしても，ある程度まとまった調査データは水辺の国勢調査などに限定される．また，生物分布を左右する環境情報等の収集にも労力を要する．著者らは近年，九州北部地域での網羅的な魚類相調査を実践し，1000地点を超えるデータを保有しているが，現地で実測した環境情報は統一的でないため，解析可能な説明変数の候補は数値地図情報や航空・衛星写真から抽出することができる情報に限られている．

さらに，容易に入手できない環境情報を現地で実測し，それに基づいたモデルが構築できたとしても，他の地域での予測を行ううえで不都合が生じてしまう．熊本県緑川水系で行われたイチモンジタナゴの分布予測の事例では，現地実測した護岸形状，水深，濁度と数値地図情報の標高が説明変数として選択されており（大畑ほか，2012），この場合，構築されたモデルで予測範囲を広げていく際，新たな地域においていくつかの環境条件の現地実測が必要となる．

先に述べた Sato et al.（2010b）の場合，数値地図からの情報と，現地実測で収集した情報を使って解析しているが，結果的に解析結果が標高などの地図から計測可能な情報を選択したため，他の地域における検証が実践できた．数値地図や航空・衛星写真などから得られる情報や各種データベース内に情報が集まっているものでモデルを構築したとき，容易に他の地域の予測に応用できることを念頭においておく必要がある（鬼倉・乾, 2011）.

最後に，モデルを構築できても，保全や管理の現場で利用する場合は，その閾値をどこにおくか，十分に検討する必要があると考える．図9.3bに示された九州のダム湖におけるハスの定着予測は，その出現確率50％を閾値として出現・非出現を図示したが，出現確率50％を下回ったから確実にハスが定着できないダムとは言い切れない．国内外来魚の分布拡散防止を念頭に置けば，たとえ定着の可能性が10％であっても放流を避けるのが得策である．逆に，希少な魚類の分布予測モデルが構築され，より好適な環境への再導入を考えるような場合は，当然のことながらより定着の可能性が高い場所を選択するのが妥当である．優先順位等を検討し，より効率的な保全や管理を行うためのひとつのツールとして，状況に応じて適切に閾値を設置して利用することが望まれる．

引用文献

Céréghino, R., F. Santoul, A. Compin and S. Mastrorillo. 2005. Using selforganizing maps to investigate spatial patterns of non-native species. Biol. Conserv., 125: 459-465.
Guisan, A. and W. Thuiller. 2005. Predicting species distribution: offering more than simple habitat models. Ecol. Lett., 8: 993-1009.
井原高志・乾　隆帝・大畑剛史・鬼倉徳雄．2011．ダム湖における国内外来魚ハスの出現予測—公開情報による出演予測と実調査データでの補正—．応用生態工学会研究発表会講演要旨集, 15: 99-100.
川那部浩哉・水野信彦・細谷和海（編）．2005．山渓カラー名鑑　日本の淡水魚　3版3刷．山と渓谷社，東京．719 pp.
水野敏明・中尾博行・琵琶湖博物館うおの会・中島経夫．2007．琵琶湖流域におけるブルーギル（*Lepomis macrochirus*）の生息リスク評価．保全生態学研究, 12: 1-9.
中島　淳・鬼倉徳雄・兼頭　淳・乾　隆帝・栗田喜久・中谷祐也・向井貴彦・河口洋一．2008．九州北部における外来魚類の分布状況．日本生物地理学会報, 63: 177-188.
大畑剛史・乾　隆帝・中島　淳・大浦晴彦・鬼倉徳雄．2012．熊本県緑川水系におけるイチモンジタナゴ *Acheilognathus cyanostigma* の分布パターン．魚類学雑誌, 59: 1-9.
鬼倉徳雄・乾　隆帝．2011．河川生態系保全のための淡水魚類の分布予測の試み．環

境管理, 40: 20-28.

鬼倉徳雄・中島　淳・江口勝久・三宅琢也・河村功一・栗田喜久・西田高志・乾隆帝・向井貴彦・河口洋一. 2008. 九州北西部，有明海・八代海沿岸域のクリークにおける移入魚類の分布の現状. 水環境学会誌, 31: 395-401.

Onikura, N., J. Nakajima, T. Miyake, K. Kawamura, S. Fukuda and 2012. Predicting the distribution of seven bitterling species inhabiting northern Kyushu Island, Japan. Ichthyol. Res,, 59: 124-133.

Sato, M., Y. Kawaguchi, J. Nakajima, T. Mukai, Y. Shimatani and N. Onikura. 2010a. A review of the research on introduced freshwater fishes: new perspectives, the need for research, and management implications. Landscape Ecol. Eng., 6: 99-108.

Sato, M., Y. Kawaguchi, H. Yamanaka, T. Okumura, J. Nakajima, Y. Mitani, Y. Shimatani, T. Mukai, and N. Onikura. 2010b. Predicting the spatial distribution of the invasive piscivorous chub (*Opsariichthys uncirostris uncirostris*) in the irrigation ditches of Kyushu, Japan: a tool for the risk management of biological invasions. Biological Invasions, 12: 3677-3686.

Vander Zanden, M. J., J. D. Olden, J. H. Thorne and N. E. Mandrak. 2004. Predicting occurrences and impacts of smallmouth bass introductions in north temperate lakes. Ecol. Appl., 14:132-148.

コラム 4

吉野川分水による意図せぬ人為的な魚類の移動

北川忠生

　奈良盆地一帯を広く流れ，大阪湾へと注ぐ大和川水系の一支流，大淀町を流れる今木川において魚類相調査を行ったときの話である．調査区間に存在する落差工（写真1；平常水位時の落差が約1.5 m）をはさんだ上流側と下流側で魚類の採集を行ったところ，上流側ではカワムツ，カワヨシノボリ，オオシマドジョウ，ドンコの4魚種のみが採集されたのに対して，下流側ではこれよりも6種類（アブラハヤ，イトモロコ，ウグイ，オイカワ，ニゴイ，ムギツク）多い，計10魚種が採集された．この落差工をはさんだわずかな距離の間で認められた採集魚種数の違いが生じた要因として考えられるのが，落差工の下流側に流入している吉野川分水による吉野川からの魚類の移動である．

　吉野川分水とは，雨の少ない奈良盆地に水を供給するため，水量の豊富な吉野川から大和川にひかれた用水路である（図1）．吉野川分水は1974年に本格的な通水を開始し，奈良盆地の10320 haの地域に農業用水や上水を供給している（奈良県，1977）．

　今木川のこの調査地点の落差工は，魚類の遡上を妨げるのに十分な高さを持っており，その約30 m下流にこの吉野川分水からの流入口があるが，この落差工の上流側には分水は流入していない．また，この落差工は吉野川分水が完成するはるか前の1929年に造られたものであるため，これより上流側には分水の流入による魚類の侵入は受けていないものと考えられる．しかし，下流側で増加した魚種が，すべて分水を通じて吉野川からもたらされたものであるのかは，これらが大和川にも潜在的に生息していてもおかしくない魚種であるため

写真1　大和川水系の支流，今木川の落差工（奈良県大淀町）．この落差工の下流側に吉野川分水が流入している．

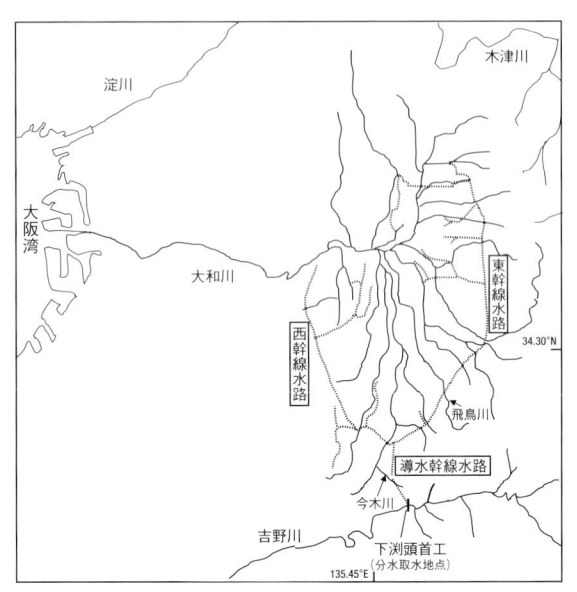

図1 吉野川分水の水路図（点線）

確証は持てなかった．

　そこで著者らは，両水系に広く生息し，吉野川の取水口がある下渕頭首工付近にも多く生息すること，遊泳性で水路を通じての移動が比較的容易であると考えられることからコイ科のカワムツ Candidia temminckii を材料として，DNAの分析を行った（石井ほか，2011）．野生動物のDNAには，同種内でも地域ごとに塩基配列の違いが蓄積している．特に水系間の移動が困難な淡水魚では，隣り合った河川の間でも塩基配列にそれぞれの水系ごとの差異を見出すことができる可能性がある．このような差異を目印にすれば，同じ種内でもその個体の由来の違いについて詳細に知ることができるのである．

　分析の結果は明らかなものであった．今木川の落差工の上下でそれぞれ20個体程度のカワムツを採取して，各個体が持つミトコンドリアDNAの遺伝子型（ハプロタイプ）を調べたところ，落差工より上流側では3種類のハプロタイプしか検出されなかったのに対して，下流側では上流のハプロタイプに加えて3種類の別のハプロタイプを加えた計6種類が検出された．落差工の上下で共通して認められる3種類のハプロタイプは，大和川水系の他の支流でも多く認められるものであったのに対し，下流側で増加した3種類のハプロタイプは，吉野川水系に多く見られるハプロタイプと一致したのである．別の支流の飛鳥川でも同様な調査を行ったところ，下流側に吉野川分水の流入口がある落差工

の上下において同様のハプロタイプの増加現象が認められている.

　水系全体で広くハプロタイプの分布を比較しても,大和川水系で高い頻度で検出されるハプロタイプは吉野川水系側からはまったく検出されない一方で,吉野川水系で出現頻度の高いいくつかのハプロタイプは,大和川でも比較的高い頻度で検出された.このハプロタイプの分布の偏りは,吉野川から大和川への分水の流入の方向性と一致しており,水の流入とともに遺伝子の流入も生じている結果であることを物語っている.すでに40年近くにわたる本格通水によって,大和川のカワムツの集団の遺伝的構造に明らかな変化をもたらしているのである.このままの状態で放置され,吉野川からの魚の供給が続けば,一方的な遺伝子流入が今後も進行し,大和川水系のカワムツの固有性が失われ,カワムツという種全体が持っている遺伝的多様性の減少につながる.

　従来,利水整備事業を行ううえで,このような当然起こりうる生物の移動についてはまったく考慮されておらず,用水路が生物多様性におよぼす負の効果に関する実証的な情報が不足していた.すでに十分な機能を果たし,多くの人々の暮らしに利益をもたらしている吉野川分水の通水を止めることは不可能であるが,生物を移動させない構造にするなどの方策は必要である.今後の利水整備事業を計画する場合,水路などによる生物の移動も考慮すべき項目として加えていく必要があろう.

引用文献

石井文子・安齋有紀子・伊藤玲香・小山直人・北川忠生.2011.吉野川分水による吉野川水系から大和川水系へのカワムツの移入.魚類学雑誌,58: 65-74.

奈良県.1977.吉野川分水史.吉野川分水史編集委員会(編).奈良県.546 pp.

第10章

日本の水産業における海産魚介類の移殖放流

横川浩治

　近年の日本の水産業では，栽培漁業がさかんである．栽培漁業とは漁業に農業的な考えを導入したもので，海を田や畑に見立て，そこに魚介類のタネを蒔いて自然の力で生育を図るというものである．そのタネのことを種苗と呼び，これは人工生産による場合が多いが，生産コストが高かったり人工生産が難しい種では，他地域産の天然種苗が用いられることもある．

　西日本のある地域では，栽培漁業として資源増大のために国内他地域産魚介類（国内外来種）がしばしば移殖放流されてきた．その主な種は，魚類ではキュウセン，キジハタ，アイナメ，カサゴなど，無脊椎動物ではアカガイ，アサリ，ハマグリ，マダコなどである．しかし，これらの種のいくつかでは日本各地に生息する地域集団の間でかなりの遺伝的差異があるものも報告されており，国内外来種の移殖放流が在来の遺伝資源におよぼす影響が懸念される．

　このような国内外来種に加えて，外国産魚介類の天然種苗も導入されて日本の天然海域に放流されている．日本は島国なので，外国から移入された淡水産魚介類はすなわち国外外来種だが，海産魚介類は必ずしもそのように見なせない．なぜなら，閉鎖的海域は別にして，世界の海洋はすべて連続しているからである．特に，日本と隣接する朝鮮半島や中国大陸の海産魚介類の日本への移殖放流は，地理的条件から見て海産魚介類における国内外来種と同一視することができる．日本の近隣諸国から移入された魚介類のうちのいくつかについて，その形態的および遺伝的特徴を調べ，在来の同種と比較検討した．

1. 韓国産メバル

　韓国産メバル（形態的特徴から *Sebastes cheni* の学名に該当）は，朝鮮半島南岸の多島海海域で採捕された全長10 cm程度の天然魚が種苗として移入され，香川県沿岸海域に放流された．香川県における累積放流尾数は，放流が開始さ

れた1986年から1996年までの11年間で計200万尾近くに達したが，種苗の供給元の韓国での資源枯渇のため1997年以降は放流用としては移入されなくなった（横川，1999）．

形態形質として魚体の多くの部位を計測した結果，両者間では，体高，尾柄高，頭長，臀鰭長，胸鰭長，吻長，下顎長，背鰭軟条数，側線有孔鱗数の平均値に有意差が認められた（Yokogawa et al., 1989）．遺伝形質としてアイソザイム（酵素多型）を調べ，10酵素を検出し，計15遺伝子座を推定したが，日本産と韓国産の間で遺伝子頻度に著しい相違が認められた遺伝子座は特になく，また両者間の遺伝的距離（Nei, 1972）は0.0016となり，両者の関係は地方品種程度（根井，1990）とみなされた．しかし，*ADH**や*GPI-2**遺伝子座などで遺伝子頻度に多少の相違が認められたことから，形態形質における有意差は両者の遺伝的相違に起因する可能性が考えられた（Yokogawa et al., 1989）．

2．韓国産キジハタ

キジハタは種苗の大量生産技術が確立していないため，放流種苗の不足を補うために朝鮮半島南岸域で採捕された天然種苗4400尾が1993年に香川県沿岸全域に放流された（Yokogawa, 1997b）．種苗は平均全長約25 cm，体重では500 g近い個体もあり，種苗というよりもむしろ成魚に近いサイズであった．そのため，放流後の生残率は極めて高かったと推定される．キジハタについて形態を調べた結果，日本産と韓国産の間では多くの形質において統計的有意差が認められた．そのうち特徴的ないくつかの形質の頻度分布を図10.1に示すが，いずれの形質でも両者の頻度分布は明瞭に分離しており，日本産と韓国産でかなりの形態的差があることがわかる．

遺伝的解析結果について，特徴的なアイソザイム系遺伝子座における遺伝子組成を図10.2に示す．日本産と韓国産の遺伝子頻度は全般にかなり相違し，特に*AAT-2**と*EST**遺伝子座において相違が顕著であった（図10.2）．両者の遺伝子頻度から計算された遺伝的距離（Nei, 1972）は0.0052となり，両者の関係は地域集団の水準以上（根井，1990）である可能性が考えられた．これらの形態的および遺伝的解析結果から，韓国産キジハタは日本産キジハタとは全く別の系群であることが明らかとなり，その放流が在来の生態系におよぼす遺伝的，生態的影響が強く懸念される．

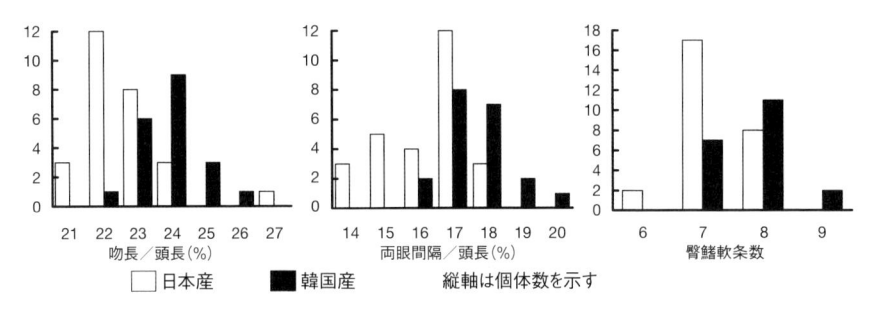

図10.1　日本産キジハタと韓国産キジハタの特徴的な形態形質における頻度分布（Yokogawa, 1997b を改変）．

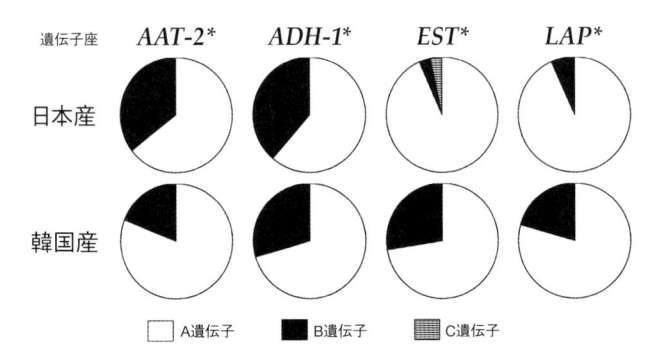

図10.2　日本産キジハタと韓国産キジハタの特徴的な遺伝子座における遺伝子組成（Yokogawa, 1997b のデータから作成）．

3．韓国産マダコ

　韓国産マダコは，東シナ海の済州島近海で漁獲されたものが放流用種苗として香川県に大量に移入された（中国新聞「新せとうち学」取材班，1998a）．香川県における累積放流尾数は，1985年から1997年までの12年間で計323000個体に達した（横川，1999）．放流種苗のサイズは体重600 g から 1 kg で，そのまま商品になり得るサイズであり，栽培漁業というより漁業者のために商品をばらまいたと表現するのが正確かもしれない．

　また，放流時に抱卵状態であった場合も少なくないようで，放流後に産卵して再生産に関与しているものと推定される．香川県の漁業者の話によれば，マダコの稚ダコを見かけるのは例年産卵期である夏季だけに限られていたが，韓

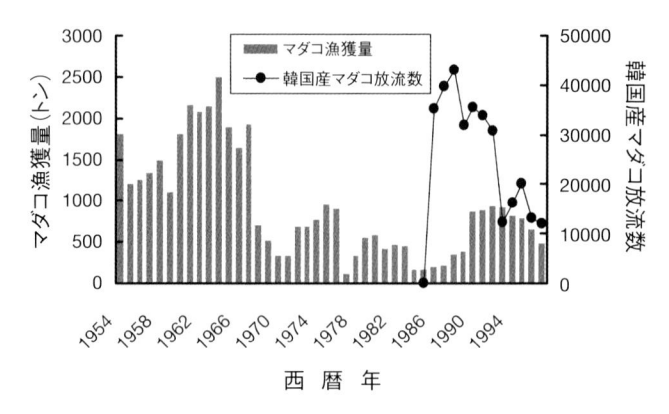

図10.3 香川県におけるマダコ漁獲量と韓国産マダコ放流数の推移（横川，1999より）．

国産マダコの放流が始まって以来，冬でも稚ダコを見かけるようになったという（中国新聞「新せとうち学」取材班，1998a）．

この韓国産マダコについては，形態的あるいは遺伝的に調べる機会はなかったが，香川県におけるマダコの放流量と漁獲量の関係について調べた（図10.3）．香川県におけるマダコの漁獲量は，1960年代半ばまでは2000トンを超える量であったが，その後1980年代半ばにかけて100トン台の水準まで減少した．しかし，韓国産マダコの放流が本格的に開始された1986年以降は放流量と呼応して漁獲が増加し，放流量が減少してくると漁獲量も減少傾向を示した（図10.3）．

つまり，韓国産マダコの放流によって栽培漁業の効果が如実に現れており，これは漁業サイドからすると確かに好ましいことではあろう．しかし，このような効果を手放しで喜んでいいものかどうか，強く疑問を感じるところである．前述の韓国産のメバルやキジハタの事例から類推しても，韓国産マダコは日本産のものと遺伝的に異なることが予想され，在来マダコとの交雑による遺伝的撹乱が懸念される．

4．中国産イサキ

中国産イサキは，日本産のものより成長がよいことから中国産天然種苗が日本に移入されて西日本の各地で養殖されている．日本産と中国産イサキについて魚体の多くの部位を計測した結果，ほとんどの計量，計数形質において両者間で有意差が認められ，特に体高，体幅，尾柄高，両眼間隔，側線上方鱗数，

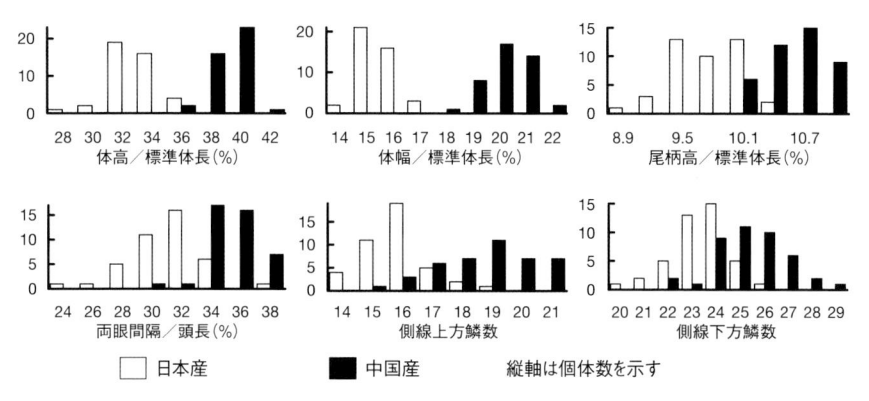

図10.4 日本産イサキと中国産イサキの特徴的な形態形質における頻度分布（Yokogawa, 2000より）.

側線下方鱗数，肥満度などにおいてその差が顕著であった（図10.4）．遺伝形質としてアイソザイムを調べ，16酵素2非酵素蛋白を検出し計36遺伝子座を推定したが，すべての遺伝子座において両者の遺伝子頻度に有意差は認められなかった．両者間の遺伝的距離（Nei, 1972）は0.0008となり，その関係は地方品種間の水準以内（根井，1990）であることが示された．

吉松・光永（2000）は，日本産と中国産イサキを人工孵化して同じ条件で飼育実験をしたところ，その結果，ほとんどの形態形質で両者間に明瞭な差が認められた．このことから，両者の形態的差異は環境条件によるものではないことが示唆され，おそらく核DNA中の形態形質を司る部位を今回の遺伝的解析で検出できていないものと推測された．

また前述の飼育実験（吉松・光永，2000）では，日本産と中国産で初期成長に有意な差が認められ，明らかに中国産の成長度が卓越していた．村田ほか（1999）は人工孵化した日本産と中国産イサキをさらに長期間にわたって飼育し，551日間の飼育で日本産は平均全長14.5 cm，平均体重40.7 g，中国産は平均全長22.2 cm，平均体重169.4 gという結果を得て，中国産イサキの成長度が著しく卓越することを報告している．これらの事実は，日本産と中国産イサキの成長度が遺伝的に規定されていることを示唆する．

さらに，飼育されている中国産イサキは，産卵期である初夏に水槽内で頻繁に産卵行動をすることが報告されている（村田ほか，2001）．このことから，日本で生簀養殖されている中国産イサキが産出した卵が天然海域に流出して孵

化，成長する可能性が考えられ，在来の生態系におよぼす影響が懸念される．

5．中国産アコヤガイ

　アコヤガイは養殖真珠の母貝として重要だが，近年，日本各地の真珠養殖場で原因不明のアコヤガイの大量斃死が相次いだため（水産庁養殖研究所，1997），種苗の供給を補うことと活力のある種苗の導入を目的として，中国産のアコヤガイが移入された（愛媛新聞社，1998a）．

　中国産アコヤガイの概形的な特徴として，殻がかなり縦長で殻内面の真珠層が非常によく発達する（図10.5）．日本産と中国産アコヤガイについて殻を詳しく計測した結果，殻高／殻長比，殻幅／殻長比，殻重量指数などの頻度分布は両者でレンジの重なりがほとんどなく，両者間には著しい形態的差異があることが明らかとなった（横川・水野，2000）．アイソザイム分析による遺伝的特徴について，日本産と中国産では遺伝子頻度にかなりの差が認められ，両者間の遺伝的距離（Nei, 1972）は0.0103となり，亜種間の水準（根井，1990）に近かった（横川・水野，2000）．

　アコヤガイは世界的に分布する種だが，分類形質に乏しいためにいまだにその学名の整理が難しいのが実情のようである（奥谷・和田，2010）．アコヤガイの分類について，日本近海産のものをアコヤガイ，それより南方海域産のものをベニコチョウガイとして分け，両者の関係を亜種（松隈，1986など）あるいは別種（速水，2000など）とすることもある．日本産アコヤガイと中国産アコヤガイの間の形態的および遺伝的差異はこれらの見解を支持し，形態的差異で判断するなら両者を別種に扱っても不自然ではないかもしれない．

　この中国産アコヤガイを日本の天然海域で養殖した場合，最も懸念されるのが在来アコヤガイとの交雑である．アコヤガイは雌雄異体で，水中に放卵，放精することによって受精するが，養殖されている中国産アコヤガイから放出された卵や精子が在来アコヤガイの卵や精子と遭遇して受精することは想像に難くない．実際，愛媛県水産試験場によって両者の雑種がすでに作出されており（滝本ほか，1998），両者が交雑することは立証されている．

　さらに新聞報道によると，移入された中国産アコヤガイに，日本には分布しない微小巻貝が寄生していたことも報告されている（愛媛新聞社，1998b）．この新聞記事では，この寄生貝とアコヤガイの斃死との関連は薄いとだけ報じているが，単にそれだけの問題にとどまらないということがマスメディアにも

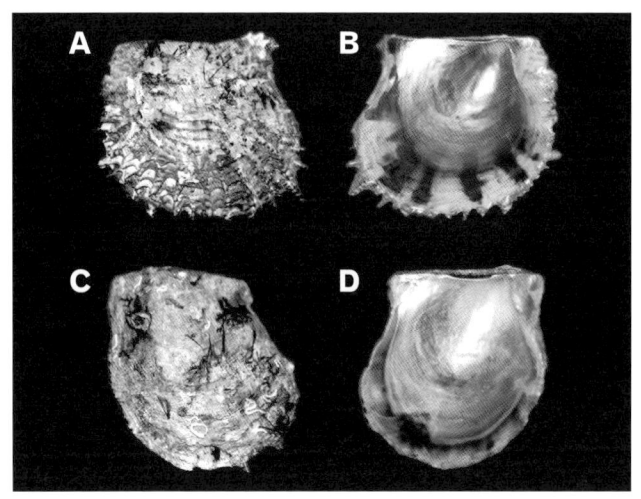

図10.5 日本産アコヤガイ（愛媛県宇和島産）と中国産アコヤガイ（海南島産）の殻の概形．A：日本産（左殻外面），B：日本産（左殻内面），C：中国産（左殻外面），D：中国産（左殻内面）．

認識されていないようである．すでに水産上の問題となっている国外からの病原体の持ち込みも含めて，外来種の移入はこのような問題も付随することを理解すべきである．

6．中国産アカガイ

アカガイは高級食材として重要な水産資源だが，安価で入手の容易な中国産の種苗が導入されたことがある．中国産アカガイは，1993年と1994年に大連から計約60万個体が香川県内のある漁業協同組合によって移入され，地蒔き養殖ということで当該漁協地先の天然海域に放流された（Yokogawa, 1997a）．概形的な特徴として，中国産のものは日本産のものに比べて殻高と殻幅が相対的に大きく，殻に丸みが強い傾向がある．アカガイの属するフネガイ科では殻の放射肋数が重要な分類基準として用いられていて，アカガイについて解説した図鑑類ではすべて肋数は42本前後とされている（松隈，1986など）．日本産と中国産アカガイについて放射肋数を調べたところ，日本産ではモード（最頻値）が41〜42本で（図10.6）アカガイの既往知見によく一致した．一方中国産では，モードは45〜46本で多いものでは50本に達し（図10.6），フネガイ科の分類基準に照らせば，中国産のものはアカガイ *Scapharca broughtonii* ではないとい

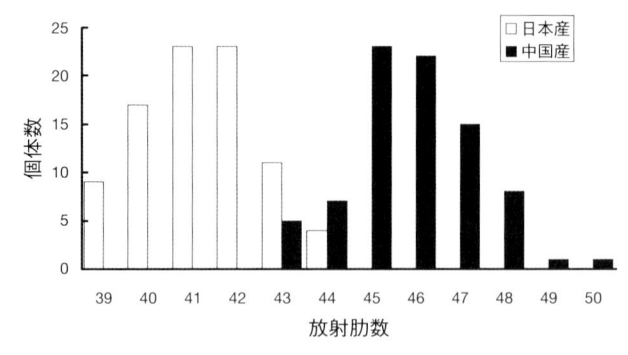

図10.6 日本産アカガイと中国産アカガイの放射肋数の頻度分布.

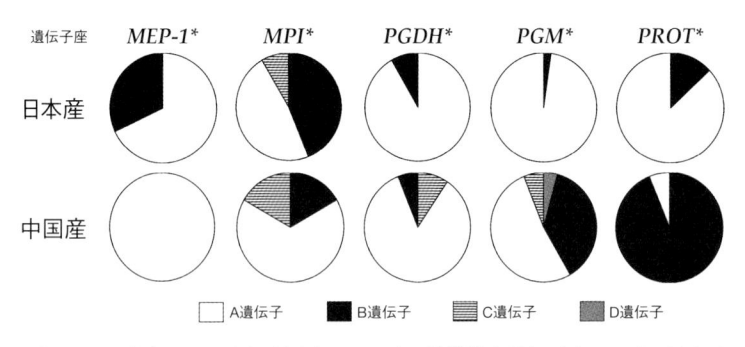

図10.7 日本産アカガイと中国産アカガイの特徴的な遺伝子座における遺伝子組成（Yokogawa, 1997a のデータから作成）.

うことになる.

　日本産と中国産アカガイについて，特徴的な遺伝子座における遺伝子組成を図10.7に示す．日本産と中国産では遺伝子組成にかなりの差が認められ，特に PROT* 遺伝子座では対立遺伝子が完全置換に近い状態であった（図10.7）．両者の遺伝子頻度から計算された遺伝的距離（Nei, 1972）は0.108となり，ほぼ種間の水準（根井，1990）に達していた．このことから，中国産アカガイは日本産のものとは少なくとも別亜種か，あるいは別種であるものと考えられた．中国産アカガイの分化の程度が日本産のものと交雑を起こさないほど大きければある意味で幸いだが，そうでなければ，交雑による中国産アカガイの遺伝子流入が懸念される.

7. 国内産および外国産アサリ

　アサリは，漁業のための水産資源として需要であるのみならず，一般人が潮干狩りを楽しむためにも重要な生物資源であり，地方自治体などが潮干狩り環境を整備して地域振興につなげている例もある．この章の冒頭でも触れたように，アサリ資源の補填あるいは増大のために以前から国内移殖がなされてきた．しかし，日本各地のアサリ集団の遺伝的変異性をアイソザイム分析によって調べたところ，地域集団間の遺伝的差異が大きく，地域ごとに独特な集団であることが報告されており（木島ほか，1987），他地域産アサリの移殖による遺伝的撹乱が懸念される．

　近年では，国内移殖よりもコストが安い外国産アサリの移殖が特にさかんである（中国新聞「新せとうち学」取材班，1998b；濱口，2009）．外国産アサリは，中国，北朝鮮，韓国などから日本へ移入され，有明海や瀬戸内海に放流あるいは地蒔き蓄養されている（中国新聞「新せとうち学」取材班，1998b）．特に中国産アサリは非常に大型で，広島県内のあるスーパーマーケット系列では，販売されているアサリの約9割が中国産とのことである（中国新聞「新せとうち学」取材班，1998b）．日本に移入されて天然海浜にいったん蓄養された外国産アサリは，その地域の名前を冠されて○○県産という表示で出荷，販売されるが，農水産物の産地偽装問題が各地で取り沙汰される昨今，これが問題とならないことがまったく不思議である．

　最近のDNA分析により，アサリには中国から日本にかけて遺伝的に異なるいくつかの集団が存在する可能性が明らかになりつつあり（濱口，2009），日本の天然海域に放された外国産アサリが在来のアサリ集団におよぼす遺伝的影響が強く懸念される．また近年では，外国から輸入されたアサリに混入して浸入したサキグロタマツメタという大陸原産の巻貝の繁殖が各地で問題となっている（大越，2009）．前述の中国産アコヤガイに寄生した微小巻貝の事例と同様に外来生物の非意図的な移入だが，国内，国外を問わず他地域産の生物を移殖する際には，それに付随する他の生物の非意図的な移入のリスクを必然的に伴うことにも留意すべきである．

8. 養殖マダイの再生産の影響

　日本の海面養殖業においてマダイは代表的な魚種だが，養殖マダイが生簀内

で産卵してマダイ天然資源の増大に関与している仮説が考えられており（和歌山県ほか，1989；冨山，1994），もし事実であれば，国内外来種の問題と同一視できよう．

　瀬戸内海東部海域では，近年のマダイ天然親魚の資源量は以前と比較して著しく減少しているにもかかわらず，新規加入魚の資源水準は依然として低下しておらず，毎年数百万尾の当歳魚が発生している（上田・島本，1988）．一方伊勢湾においては，近年マダイの資源量は急激な増加を示し，愛知県における1991年，92年の漁獲量はその10年前の約10倍の水準となっている（冨山，1994）．

　このような現象の原因として，養殖マダイからの再生産が天然資源の増大に関与している仮説が考えられている．特に伊勢湾では，当歳魚の資源尾数と三重県でのマダイ養殖尾数との間に高い正の相関が認められ，三重県の養殖場で産出されたマダイの卵稚仔が潮流により伊勢湾内へ輸送されて生育している仮説が考えられている（冨山，1994）．

　瀬戸内海東部海域での現象について検証するために，アイソザイム系遺伝子を指標に用いて当該海域のマダイ個体群の遺伝的特徴を調べた．多型的遺伝子座について Hardy-Weinberg の遺伝平衡への適合性を調べたところ，瀬戸内海東部海域産のマダイ個体群の多くで複数の遺伝子座において遺伝子型頻度の観察値と期待値との間に有意差が認められた（横川，1996）．これは，瀬戸内海東部海域産個体群の多くが遺伝的に均質ではないことを示し，その原因として，遺伝平衡を乱すほどの規模の別系統群が混合した可能性などが考えられた．

　一方，対照として沿岸域にマダイ養殖場がなく養殖マダイの遺伝的な影響がほとんどないと考えられる瀬戸内海中部海域産の個体群もいくつか調べたが，有意差が認められた遺伝子座はまったくなく，この海域では瀬戸内海東部海域とは対照的に遺伝的不均衡は生じていないものと考えられた（横川，1996）．

　瀬戸内海東部海域では，小豆島の東方海域にマダイの産卵場があり，春季には外海から大型マダイが産卵のために来遊する．来遊したマダイは定置網などで漁獲されて主に小豆島の福田地区に水揚げされ，また秋季にも春生まれの当歳魚が福田地先で漁獲される．アイソザイム系遺伝座のひとつである *ADH** の遺伝子組成について，福田地先で1993年の春季に漁獲された産卵群（図10.8-1）とその年の秋季に漁獲された当歳群（図10.8-2）の遺伝子組成は非常によく似ており，両者の親子関係が強く示唆される．

　ところで，小豆島から少し離れた四国側に引田という地区があり，その地先

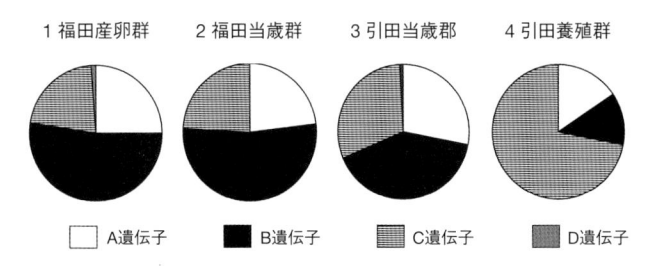

図10.8 1993年における瀬戸内海東部海域のマダイ個体群の ADH^* 遺伝子座における遺伝子組成.

ではマダイが多く養殖されている．1993年秋季に引田地先で漁獲された当歳マダイ群の ADH^* の遺伝子組成ではC遺伝子の頻度がかなり高く（図10.8-3），同じ時期に福田地先で漁獲された当歳群の遺伝子組成（図10.8-2）とは明らかに異なった．引田と福田は直線距離にしてわずか30 kmほどしか離れていないにもかかわらず，遺伝子組成が異なるのは不自然である．

一方，引田地先で養殖されていたマダイの遺伝子組成ではC遺伝子の頻度が突出しており（図10.8-4），それらから発生した当歳魚が天然当歳群に混合したと考えれば，引田の当歳群でC遺伝子の頻度が高い理由は容易に説明できる．引田の養殖場には主に九州から養殖用マダイ種苗が導入されるが，それらの多くは人工生産によるもので，生産時に用いた親魚数が少ないことによる遺伝的浮動のために極端に偏った遺伝子組成（図10.8-4）になったと推定される．

前述の中国産イサキが飼育環境中で自然産卵する事例も同様だが，生簀養殖で成魚まで育成する場合，自然産卵行動はどの魚種でも起こりうると思われる．そして産出された卵は生簀から流出して天然海域で孵化，生育する可能性が考えられる．その場合，養殖魚がその地域に生息する集団と同じものであれば特に問題はないと思われるが，他地域産のものであれば外来種の移殖放流と同じ効果をもたらすことになる．またマダイの例のように，人工生産に起因する遺伝的浮動のために偏った遺伝子組成の養殖集団から発生した仔稚魚も天然集団の遺伝子組成に影響をおよぼす．養殖業は種苗放流による栽培漁業と異なり生態系への影響は少ないと考えられがちだが，このような問題を生じる可能性があることを認識すべきである．

以上の例で明らかになったように，異なる地域に生息する魚介類は，種レベルでは同一であっても，形態的，遺伝的特性が相互に異なる．これは，地理的条件等により遺伝的交流が遮断され相当な時間が経過して分化した結果であり，生物における歴史遺産とも言えるものである．外来種の移植放流はその歴史遺産をたちどころに破壊する行為であり，例えるなら，鍾乳洞で長い年月にわたって形成された鍾乳石を破壊するのに等しいだろう．

　移殖放流によって生じる遺伝的撹乱について，外来集団と在来集団が交雑を起こした場合，現実的な悪影響が発生しなければ問題はないのではないかという見解があるかもしれない．しかし，もし交雑によって何らかの影響が発生すれば，それを交雑が起こる前の状態に復することは絶対に不可能であるということを認識すべきである．

　ただ，産業のひとつの手段としての魚介類の移殖放流を根底から否定することは難しいかもしれない．しかし，本章で指摘したような移植によるさまざまな悪影響があることをよく理解し，太古から連綿と続くこの地球の自然を，できる限りそのままの状態で未来へ残すよう努めるのが我々の責務ではないだろうか．

引用文献

中国新聞「新せとうち学」取材班. 1998a. 韓国ダコ（放流で漁獲量回復，地ダコと交雑も）．海からの伝言－新せとうち学－. p.18. 中国新聞社，広島．
中国新聞「新せとうち学」取材班. 1998b. 外来産アサリ（割安さで"市民権"獲得，砂浜に蓄養，出荷を調整）．海からの伝言－新せとうち学－. p.19. 中国新聞社，広島．
愛媛新聞社. 1998a. 大量へい死救えるか，脚光浴びる中国産アコヤ貝．愛媛新聞1998年8月24日朝刊：3面．
愛媛新聞社. 1998b. 中国産アコヤ貝に寄生貝．愛媛新聞，1998年9月17日朝刊：3面．
木島明博・谷口順彦・森　直樹・萩原寿太郎. 1987. アサリの遺伝的変異と繁殖構造. Rep. Usa Mar. Biol. Inst., Kochi Univ., 9：173-181.
濱口昌巳. 2009. アサリはどこから来ているのか？. 海の外来生物，日本プランクトン学会・日本ベントス学会（編），pp. 228-230. 東海大学出版会，秦野．
速水　格. 2000. ウグイスガイ科，奥谷喬司（編）. pp. 878-883. 日本近海産貝類図鑑．東海大学出版会，東京．
松隈明彦. 1986. フネガイ科，奥谷喬司（編・監修）. p.278-281. 決定版生物大図鑑，貝類．世界文化社，東京．
村田　修・山本眞司・高井清美・家戸敬太郎・和泉健一・宮下　盛・熊井英水. 1999. 人工孵化による中国産および日本産イサキの成長．平成11年度日本水産学会春季

大会講演要旨集，132．
村田　修・西山昌隆・山本眞司・家戸敬太郎・宮下　盛・熊井英水．2001．人工孵化した中国産および日本産イサキ2歳魚の成長，成熟および産卵．平成13年度日本水産学会春季大会講演要旨集，112．
Nei, M. 1972. Genetic distance between populations. Amer. Natur., 106: 283-292.
根井正利．1990．分子進化遺伝学（五條堀孝・斎藤成也 訳）．培風館，東京，vii+433 pp．
奥谷喬司・和田克彦．2010．アコヤガイの学名―現状と論評．ちりぼたん，40: 90-94．
大越健嗣．2009．アサリ採り3000年の歴史を絶やしてはならない．海の外来生物，日本プランクトン学会・日本ベントス学会（編），p. 231-232．東海大学出版会，秦野．
水産庁養殖研究所．1997．平成8年度アコヤガイの貝柱の赤色化と大量へい死に関する緊急調査研究実施報告書．水産庁養殖研究所，三重．119 pp．
滝本真一・西川　智・中川健一．1998．アコヤガイ新品種作出基礎技術開発研究．愛媛水試事報，平成8年度: 147-150．
冨山　実．1994．伊勢湾口域のマダイ資源増大に養殖マダイが関与している可能性．平成6年度日本水産学会春季大会講演要旨集，199．
上田幸男・島本信夫．1988．資源生態と漁業実態．回遊性魚類共同放流実験調査事業総括報告書，第Ⅱ期，瀬戸内海東部マダイ班，pp. 52-58．
和歌山県・大阪府・兵庫県・岡山県・香川県・徳島県．1989．昭和63年度広域資源培養管理推進事業報告書，60 pp．
横川浩治．1996．マダイ養殖魚の再生産の影響．月刊海洋，28: 595-600．
Yokogawa, K. 1997a. Morphological and genetic differences between Japanese and Chinese red ark shell *Scapharca broughtonii*. Fish. Sci., 63: 332-337.
Yokogawa, K. 1997b. Morphological and genetic differences between Japanese and Korean red spotted grouper *Epinephelus akaara*. Suisanzoshoku, 45: 489-495.
横川浩治．1999．日本における外国産魚介類の移入とそれらの生物学的特徴．水産育種，(28): 1-25．
Yokogawa, K. 2000. Morphological and genetic differences between Japanese and Chinese threeline grunt *Parapristipoma trilineatum*. Fish. Genet. Breed. Sci., (29): 49-60.
Yokogawa, K., N. Taniguchi and T. Mukai. 1989. Morphological and genetic differences between Japanese and Korean black rockfish *Sebastes inermis*. Bull. Mar. Sci. Fish., Kochi Univ., (11): 89-94.
横川浩治・水野晃秀．1999．日本産アコヤガイと中国産アコヤガイの形態的および遺伝的差異（要旨）．Venus, 58: 37-38．
吉松隆夫・光永直樹．2000．飼育条件下における中国産イサキ仔稚魚の成長と形態的特徴．九大農学芸誌，54: 121-131．

第11章

鑑賞魚店における日本産淡水魚類の販売状況と課題

金尾滋史

1. はじめに：国内外来種の要因としての観賞魚

　国内外来種が多くの場所で拡散，定着している現状は，これまで論じられてきたとおり，内水面漁業などにより直接放流されるもの，そしてそれらに付随して放流対象種以外の種が非意図的に移入するもの，また，意図的に自然保護や環境美化という形（実際には，「保護」にはつながっていないケースもある）で放流されるものが主であると考えられる．しかし，現在，国内外来種として各地に広がっている魚種を見てみると，どうも原因がそれだけではない種も見受けられる．それはこれまで紹介されてきた原因に加えて，近年では観賞魚として多くの日本産淡水魚が全国各地へ流通し，それが由来となって定着していると考えられるケースが見られるからである．本章では，国内外来種拡散の新たな要因となりうる観賞魚としての日本産淡水魚の現状について紹介する．

2. 日本産淡水魚飼育ブームの広がり

　日本産淡水魚の飼育といえば，身近な川で採集してきたものを自宅や学校の水槽で飼育するものが主であっただろう．これは多くの人が経験していることでもあり，筆者もその一人である．小学生の頃，家の近くの水路でメダカやフナ類，そして時にはキラリと輝くタナゴ類をつかまえては，家に持ち帰り飼育していた．そのような経験があったからこそ，魚種ごとの形態や体色の違い，水槽内での行動の違いなどに気付き，魚類という生きものに興味を持ちはじめた．そして，その経験は今日の魚類研究者としての重要な基盤となっている．

　また，熱帯性淡水魚を中心として普及していた観賞魚ブームの中に日本産淡水魚も飼育対象として加わるようになった（松沢・瀬能，2008）．その結果，現在では多くの日本産淡水魚が専門的なペットショップだけではなく，ホーム

センターなどで流通・販売されるようになった．これは身近に生息していない魚類，採集困難な魚種までもが入手できるというメリットがあり，日本産淡水魚は愛好家だけではなく，一般家庭でも広く親しまれるようになった．

さらに，近年では，インターネットショップやインターネットオークションを介した淡水魚の流通も盛んになってきているため，日本産淡水魚飼育のブームはますます広がっていると考えられる．美しい婚姻色を呈するタナゴ類，模様に個性のあるドジョウ類，底を動く姿が愛らしいハゼ類など，水槽で日本産淡水魚が泳ぐ姿は，熱帯魚にも負けず劣らず魅力があり，一度は飼育してみたくなるものである．

3．どんな種類が販売されているのだろうか？

それでは，どのような種が販売されているのだろうか？　著者がざっと近畿圏のペットショップやインターネットなどを覗いてみただけでもこれまでに90種以上（汽水域の魚類も含む）が販売されていた．規模の大きな販売店舗などを覗いてみれば，もはやその都道府県内では河川でもなく，湖でもなく，ここが一番日本産淡水魚の種数も多様性も高いのではないかと思ってしまうほどである．

著者は2005年から2010年にかけて滋賀県内のペットショップやホームセンターでどのような日本産淡水魚が販売されているのか，その実態を調査してみた．その結果，36店舗中29店舗で日本産淡水魚が販売されており，その合計は54種にのぼった（表11.1）．販売されていた魚種のうち，滋賀県内に在来種として生息している種は32種，滋賀県内にもともと生息していない種は22種であり，これに加えて国外外来種として日本に定着している種が5種確認された．

4．多くの店舗で販売されていたメダカ類，タナゴ類

それぞれの店舗ではどのような種が販売されていたのだろうか．最も多くの店舗で販売されていたのはメダカ類で，それに次いでタナゴ類が多くの店舗で販売されていた（図11.1）．メダカ類は養殖品種のヒメダカや，品種改良され，色や形に特徴のある数品種などが販売されていた．また，いわゆる普通の野生のメダカ類も「クロメダカ」「野生メダカ」という名前で販売されていることが多く，そのなかには他府県産を示す表示が見られた．メダカ類はその入手や飼育のしやすさなどから，購入されるケースも多いと考えられる．残念ながら

表11.1 滋賀県内のペットショップ，ホームセンターで販売されていた日本産淡水魚類（2005年～2010年）．

	標準和名	学名	滋賀県での自然分布	備考
ウナギ科	ニホンウナギ	*Anguilla japonica*	（○）	現在は水産放流により分布
サケ科	ニッコウイワナ	*Salvelinus leucomaenis pluvius*	（○）	水産放流により分布
コイ科	オイカワ	*Opsariichthys platypus*	○	
	カワムツ	*Candidia temminckii*	○	
	ヌマムツ	*Candidia sieboldii*	○	
	アブラハヤ	*Phoxinus lagowskii steindachneri*	○	
	ヤチウグイ	*Phoxinus perenurus sachalinensis*	×	
	タモロコ	*Gnathopogon elongatus elongatus*	○	
	カワバタモロコ	*Hemigrammocypris rasborella*	○	
	ギンブナ	*Carassius* sp.	○	
	ニゴロブナ	*Carassius buergeri grandoculis*	○	
	ナガブナ	*Carassius buergeri* subsp. 1	×	
	オオキンブナ	*Carassius buergeri buergeri*	×	
	キンブナ	*Carassius buergeri* subsp. 2	×	
	テツギョ	*Carassius* spp.	×	
	ウグイ	*Tribolodon hakonensis*	○	
	エゾウグイ	*Tribolodon sachalinensis*	×	
	ヤリタナゴ	*Tanakia lanceolata*	○	
	アブラボテ	*Tanakia limbata*	○	
	カネヒラ	*Acheilognathus rhombeus*	○	
	シロヒレタビラ	*Acheilognathus tabira tabira*	○	
	アカヒレタビラ	*Acheliognathus tabira erythropterus*	×	
	セボシタビラ	*Acheliognathus tabira nakamurae*	×	
	タビラ類の1種	*Acheilognathus* sp.	×	未成魚であったため不明
	ゼニタナゴ	*Acheilognathus typus*	×	
	ニッポンバラタナゴ	*Rhodeus ocellatus kurumeus*	●	滋賀県内では絶滅
	カゼトゲタナゴ	*Rhodeus smithii smithii*	×	
	ワタカ	*Ischikauia steenackeri*	○	
	イトモロコ	*Squalidus gracilis gracilis*	○	
	モツゴ	*Pseudorasbora parva*	○	
	シナイモツゴ	*Pseudorasbora pumila pumila*	×	
	カマツカ	*Pseudogobio esocinus esocinus*	○	
	ツチフキ	*Abbottina rivularis*	×	滋賀県では国内外来種
	ムギツク	*Pungtungia herzi*	○	

表11.1つづき

	標準和名	学名	滋賀県での自然分布	備考
ドジョウ科	ドジョウ	Misgurnus anguillicaudatus	○	
	シマドジョウ	Cobitis biwae	○	
	スジシマドジョウ類の1種	Cobitis sp.	×	種・型の詳細は不明
	ヤマトシマドジョウ類の1種	Cobitis matsubarae ?	×	種・型の詳細は不明
	アジメドジョウ	Niwaella delicata	○	
	ホトケドジョウ	Lefua echigonia	○	
ナマズ科	ナマズ	Silurus asotus	○	
ギギ科	ギギ	Tachysurus nudiceps	○	
	ギバチ	Tachysurus tokiensis	×	
アカザ科	アカザ	Liobagrus reini	○	
メダカ科	メダカ類	Oryzias spp.	○	
トゲウオ科	イバラトミヨ	Pungitius sp.	×	
スズキ科	オヤニラミ	Coreoperca kawamebari	×	滋賀県では国内外来種
アカメ科	アカメ	Lates japonicus	×	
カワアナゴ科	カワアナゴ	Eleotris oxycephala	×	
ハゼ科	ゴクラクハゼ	Rhinogobius giurinus	×	
	オウミヨシノボリ	Rhinogobius sp. OM	○	
	シマヨシノボリ	Rhinogobius nagoyae	×	
	カワヨシノボリ	Rhinogobius flumineus	○	
	ウキゴリ	Gymnogobius urotaenia	○	
	シマウキゴリ	Gymnogobius opperiens	×	
	チチブ	Tridentiger obscurus	×	

●上記の魚種は，販売されていた名前のものであり，特に分類学的根拠に基づいて同定されていないものも含まれると考えられる．
●テツギョおよびタビラ類の1種は種数には含めていない．

　これらの販売されていた個体について分子生物学的解析を行っていないため，どの地域に生息している集団，型が販売されていたのかはわからない．
　また，タナゴ類のなかでは滋賀県の「ふるさと滋賀の野生動植物との共生に関する条例」により県指定外来種に位置づけられているタイリクバラタナゴ *Rhodeus ocellatus ocellatus* が多くの店舗で販売されていた（ただし，2007年5月の県条例本施行以後は極端に販売店舗数が減っている）．このほかのタナゴ類としては，ヤリタナゴ *Tanakia lanceolata*，アブラボテ *T. limbata*，シロヒレタビラ *Acheilognathus tabira tabira* といった滋賀県内にも生息している種をはじめ，ニッポンバラタナゴ *R. o. kurumeus* やカゼトゲタナゴ *R. smithii smithii*

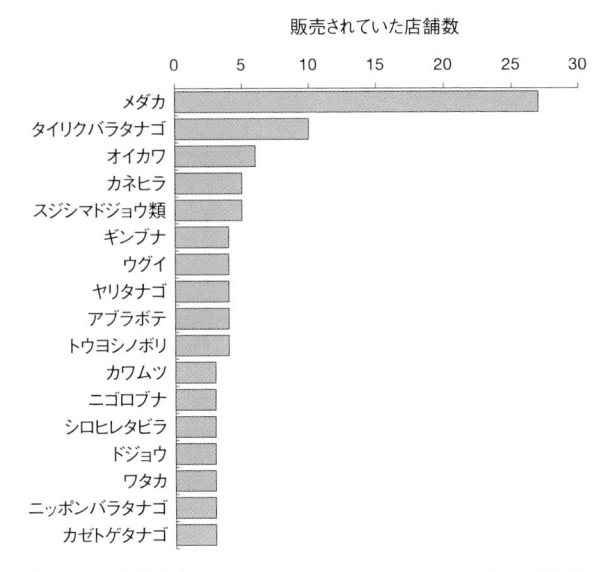

販売されていた店舗数						
0	5	10	15	20	25	30

- メダカ
- タイリクバラタナゴ
- オイカワ
- カネヒラ
- スジシマドジョウ類
- ギンブナ
- ウグイ
- ヤリタナゴ
- アブラボテ
- トウヨシノボリ
- カワムツ
- ニゴロブナ
- シロヒレタビラ
- ドジョウ
- ワタカ
- ニッポンバラタナゴ
- カゼトゲタナゴ

図11.1　滋賀県内のペットショップ・ホームセンターで販売されていた日本産淡水魚とその店舗数.

など県内には生息していない種も販売されていた．さらに，メダカ類やタナゴ類以外に，オイカワ *Opsariichthys platypus* やギンブナ *Carassius* sp. といった比較的県内では普通種に近い種が販売されていたのも特徴である．このほか，まれなケースとしては，「トウヨシノボリ」として現在のオウミヨシノボリ *Rhinogobius* sp. OM に該当すると考えられる種が販売されていたこともある．その店の外にある水路に行けば，オウミヨシノボリは普通に見ることができるのだが……．

5. 別種が混ざっていることもある──

　さらに，販売されている水槽内をよく見ると，よく似た種のためか，意図せず別種が混入しているケースが見られた．たとえば，タイリクバラタナゴの販売水槽にタビラ類が混入していたケース（図11.2），ニッポンバラタナゴの販売水槽にカゼトゲタナゴが混入していたケース，さらにはスジシマドジョウと表記された水槽の中に，日本国内には生息していないドジョウ（*Noemacheilus* 属の1種？）などが見られたケースもあった（図11.3）．販売店によっては，別の種を意図的に入れていることもあるそうだが，ホームセンターなどでは別

図11.2　タイリクバラタナゴの販売されていた水槽に混入していたタビラ類.

図11.3　スジシマドジョウの販売されていた水槽に混入していたドジョウ類.

種が混ざっていても店員も気がついていないケースも見られた．おおよその場合，仕分けされてから入荷されるのであろうが，このようによく似た別種が混在するケースはこれまでにもいくらかあったと考えられる．

　また，観賞用として販売されているわけではないが，肉食性の鑑賞魚の餌として身近な淡水魚がまとめて販売されていたことがある．これまでにモツゴ *Pseudorasbora parva*，オイカワ，ヌマムツ *Candidia sieboldii*，ドジョウ *Misgurnus anguillicaudatus* などがそれぞれ種ごと，もしくはいくらかの種が混在した形で「雑魚」という形で販売されていた．また，滋賀県内の店舗ではないが，そのような「雑魚」と書かれた袋の中には，ヨシノボリ類やタイリクバラタナゴ，なかにはワタカ *Ischikauia steenackeri* などが混ざっていることもあった．このように飼育目的のために種を特定した販売方法ではなく，別の用途で日本産淡水魚が販売されているケースも見られた．

6. 観賞魚として流通する日本産淡水魚の国内外来種としての影響と課題

　ここまで，滋賀県内を例に日本産淡水魚の販売の現状を紹介してきた．このような実態から，国内外来種としての考えられる影響を整理してみたい．

(1) 地域（水系）に生息していない魚種が放流され，定着する

　その地域（水系）にもともと生息していない魚種については，これらの種が逸脱したり，投棄された場合に，餌や生息環境をめぐる競争や捕食などの影響を在来種が受けることが想定される．これらのうち，亜種関係となる在来種がいなければ，目視による発見も比較的容易である．滋賀県内では2009年には，琵琶湖でカワアナゴ *Eleotris oxycephala* が（図11.4），2011年にはマハゼ *Acanthogobius flavimanus* が発見された（図11.5）．これらの種は，もともと滋賀県には生息していない淡水魚であり，近縁種も生息していなかったため，すぐに移入種であると判断することができた．カワアナゴは水産放流するような魚種ではなく，むしろ近年は観賞魚店などで見かける魚類であるため，琵琶湖で発見された個体は観賞魚由来であると考えられる．

　また，オヤニラミ *Coreoperca kawamebari* はもともと滋賀県内に分布していなかった種であるが，県東部を流れる野洲川水系と琵琶湖からの流出河川である瀬田川に流入する大石川に定着しており，場所によってはかなりの数が生息している（佐藤ほか，2000；田中ほか，2010）（図11.6）．本種は漁業権対象魚種ではなく，さらに魚類の放流の際に混入するような魚種でもない．むしろ，その性質や容姿から，古くから鑑賞魚としての人気があり，よく流通していた魚であるため，それらが何らかの理由で放流されたのではないかと考えられる．オヤニラミは肉食性であり，場合によっては，オオクチバス *Micropterus salmoides* と同じような形でその地域の魚類相のみならず，多くの生物に影響を示すこともあるだろう．そのため，滋賀県では，オヤニラミを「ふるさと滋賀の野生動植物との共生に関する条例」に基づき，県指定外来生物に位置づけた（詳細は第12章を参照）．本種は東海地方や関東地方の一部でも定着が確認されており，本来の分布域を越えて，観賞魚由来と考えられる個体が各地で定着している（松沢・瀬能，2008）．

　このように，いくらかの種については視覚的に侵入をとらえることは可能であり，それらの影響を検討することができると考えられる．

図11.4　2009年に琵琶湖で捕獲されたカワアナゴ（写真提供：滋賀県水産試験場）.

図11.5　2011年に琵琶湖内湖（西の湖）で捕獲されたマハゼ（写真提供：滋賀県水産試験場）.

図11.6　滋賀県内で定着しているオヤニラミ.

(2) 地域（水系）に生息している魚種と同じ種が放流され，定着する

　一方で，その地域（水系）に生息している魚種と同種でありながら，他の都道府県産（他水系産）の個体が販売されていることもある．それらの個体が，投棄・放流された場合，その地域の在来個体群に対して遺伝的な混乱や競合，捕食などの影響を与えるおそれが考えられる．このようなケースは遺伝的な解析を通じなければ判別をすることができない．また，同一種でなくとも，同種の別亜種や遺伝的に近縁な別種の場合は，在来種との交雑が生じる場合もある．観賞魚由来かどうかは不明であるが，滋賀県の一部の水域ではハリヨ *Gasterosteus aculeatus* subsp. 2 の生息地に近縁種であるイトヨ *G. a. aculeatus* が侵入して交雑し，純系のハリヨが絶滅の危機に瀕している．滋賀県内ではこの事例以外での交雑や近縁種の定着はまだ起こっていないが，在来種シロヒレタビラとその亜種関係にあるタビラ類，在来種ウキゴリと近縁なスミウキゴリ，シマウキゴリなど，在来種に非常に近縁な種が販売されている．このような種が仮に野外に定着してしまうと大きな影響を与えるおそれがある．

7．観賞魚としての希少種が置かれる現状

　最後に，日本産淡水魚として取引される希少淡水魚のことにも少し触れておきたい．いくらかの場所では，環境省のレッドリストや各都道府県のレッドデータブック掲載種をはじめとして，多くの魚種が高値で取引されている．個体群の存続に必要な個体数が維持されている生息地ならば，採集行為による影響は少ないと考えられるが，その他の要因で個体数が減少している中で，採集行為による影響が加われば，壊滅的な打撃を受けることも想定される．法律や各条令によって，採集が禁止されている種の採集や販売はもちろんであるが，法や条例に指定されていない種についても，今後きちんとモラルを守った採集・販売をすることが必要だろう．

　冒頭にも述べたが，淡水魚を飼育してみることは，非常に楽しいし，良いことであると著者自身は考えている．しかし，観賞魚が由来となる国内外来種は防がねばならない．意図的な放流はもちろん，販売者，飼育者がそれぞれのモラルを守り，節度ある飼育について普及していくことが重要だろう．

引用文献

松沢陽士・瀬能　宏．2008．日本の外来魚ガイド．文一総合出版，東京．157 pp.

佐藤智之・藤本勝行・藤岡康弘．2000．滋賀県野州川水系において捕獲されたオヤニラミ．魚類自然史研究会会報ボテジャコ，4: 12-18.
田中大介・鈴木誉士・中川雅博．2010．滋賀県大石川における国内外来魚オヤニラミの定着．南紀生物，52(1): 58-60.

第12章

外来魚問題への法令による対応：特に国内外来魚問題に対して

中井克樹

1．はじめに―生物多様性をめぐる現状と課題

　2010年10月,「第10回生物多様性条約締約国会議（CBD-COP10）」が愛知県・名古屋市で開催され，新たに今後10年間で到達すべき「愛知目標」が定められた．この国際会議の開催を契機に「生物多様性」に関する社会的認知は，翌2011年の東日本大震災と原子力発電所の事故という緊急かつ重大な課題に直面しながらも，徐々に拡がりを見せている．われわれに課せられた重要な課題は，地域・水域に在来の野生生物が織りなす生物多様性を，将来に向けていかに守り継いでいくかということである．生物多様性を保護・保全するためには，存続基盤の危うい種そのものを積極的に守ることに加えて，それらに負の影響を与える生物，特にそれが魚類の場合には，人為的に導入された非在来の個体による影響を抑制することが重要な柱となる．

　前者のアプローチに関連して，1988年に「種の保存法（絶滅のおそれのある野生動植物の種の保存に関する法律）」が制定された．その後，国内の野生動植物種のうち，絶滅が危惧される種のリストである「レッドリスト」が作成され，それに基づき，この法律で規定する国内希少野生動植物種と生息・生育地保護区の指定が行われている．国（環境省）のこの動きに呼応して，地方版のレッドデータブックがすべての都道府県において編纂され，さらに30を超える都道府県では希少種保護のための条例が策定され，保護対象種の選定や，それらの生息・生育地保護区の設置などの取り組みも進められている．

　本稿では，もうひとつのアプローチである非在来個体が引き起こす問題に対する国および地方自治体による法制度的な対応を概観し，特に，国では対応しきれない国内外来魚問題に対して，地方自治体での取り組みの現状を評価し，今後の課題について考察を行った．

2．外来生物法の成立経緯とその特徴

　いわゆる「外来生物問題」が生じる背景には，自然の枠組みを越えて生物を移動させる人間の営為が存在している．物資や人間の地域間移動に伴って侵入した非在来の生物が問題化することは早くから認識され，そのような事態に対処するために，有害な外来生物の侵入の未然防止を目的として，動植物の検疫体制が採られてきた．しかし，植物防疫法による植物検疫の対象は，作物等有用植物に対する直接的被害をもたらすおそれのある生物に限定され，家畜伝染病予防法に基づく動物検疫も家畜等に対する有害な病害を防ぐためのものであった．魚類を含む水産生物も，水産資源保護法により，ごく一部の魚種を対象とした病気に対しては検疫措置が採られ，必要に応じてKHV（コイヘルペスウィルス）対策のような国内移動の制限を含めた対応も行われているが，それ以外の圧倒的多数の魚種については検疫の対象となっていない．国際的な交易が活発になるにつれ，こうした検疫制度で対応していない外来生物が国内へ侵入する頻度が高まり，数多くの外来生物が定着することで，さまざまな被害が顕在化するようになってきた．

　このように多種多様な外来生物の侵入・定着による在来の生物群集等への被害を軽減・予防するために，わが国では，2005年に「外来生物法（特定外来生物による生態系等にかかる被害の防止に関する法律）」が施行されることになった．この法律の制定を促す原動力になった事象のひとつが，1980年代ごろから顕在化したオオクチバス *Micropterus salmoides* 等による「外来魚問題」，「ブラックバス問題」であったことに疑いの余地はない．特にオオクチバスは，それが野外水域に生息することを前提としたバス釣りの人気が極めて高かったことから，この外来魚の侵略性の高さが具体的に明らかになりつつあっても，それを特定外来生物に指定することについては，大きな反対が予想された．そこで，オオクチバスの特定外来生物指定については，特別に検討小グループが設置されることとなった．この小グループでの検討によって，最終的にオオクチバスの特定外来生物指定にこぎつけたが，それに至るまでの紆余曲折は，この「外来魚問題」の社会的背景を浮き彫りにしたものでもあった（中井，2011）．

　この法律では，規制対象として「特定外来生物」を規定し，これに指定された外来生物の生きた個体について，輸入，運搬・保管，飼育・栽培，そして野外への放逐という，当該生物の生息域拡大に関連するわれわれ人間の側の行為

が，厳しい罰則付きで一律に禁止されることになった．外来魚問題への対応という観点では，外来生物法が施行されるまでにも全都道府県の漁業調整規則で「移植の禁止」が定められていた．しかしながら，移植の行為は仮に現行犯を起訴しても公判維持が難しいとされ，「移植の禁止」を規定するだけでは密放流の有効な抑止はできていなかった．この状況を改善するため，外来生物法では，生きた個体の運搬・保管，すなわち所持そのものを禁止することとした．これによって，密放流を抑止する効果は大幅に高まったと考えられる．既存の法律で所持までもが禁止されている物品は銃刀や麻薬・覚せい剤であり，それらに対する所持規制の厳格な枠組みが外来生物法を起草するうえで参考にされたという．

また，特定外来生物に指定されない外来生物のなかにも，生態系等への影響を考慮すると，その取り扱いに注意を喚起すべきである外来生物が多数いる現状に対応するため，この法律の施行に際して環境省は「要注意外来生物」を選定し，ウェブサイト上で「要注意外来生物リスト」として公開している．要注意外来生物は法令で規定されたものではないため，特定外来生物のように行為の制限を伴うカテゴリーではない．それでも，この要注意外来生物の枠組みには，希少種対策におけるレッドリストのように一定の効用があると考えられる（後述）．

外来生物法の施行は，わが国の外来生物問題への対策を進めるうえでの大きな一歩であった．しかし，外来生物法は日本国の法律として，国境を越えての生物の侵入を制限する枠組みである．そのため，「生物には国境はなく，外来生物問題は国内に自然分布する生物の移動によっても生じる」という保全生態学的な見地からの常識に照らすと，日本国内に自然分布する在来種の国内移動の問題，すなわち国内外来種問題には関知できておらず，それへの対応が地方自治体の取り組みに委ねられている現状が見えてくる．

3．外来生物対策を盛り込んだ地方条例

(1) 各県の条例の概要

筆者の知る限り，外来生物対策として具体的な仕組みを持つ条例を策定しているのは，2012年8月現在，佐賀県，石川県，滋賀県，愛媛県，愛知県の5県である．各県の条例の具体的な対応内容については表12.1に記す．5県のうち，佐賀県と石川県では，外来生物法の施行に先立って条例が制定された．

表12.1 外来生物対策を含む地方条例とその規制内容.

	県	佐賀県	石川県	滋賀県	愛知県	愛媛県
条例	名称	佐賀県環境の保全と創造に関する条例	ふるさと石川の環境を守り育てる条例	ふるさと滋賀の野生動植物との共生に関する条例	自然環境の保全及び緑化の推進に関する条例	愛媛県野生動植物の多様性の保全に関する条例
	公布年	2002年	2004年	2006年	2008年※1	2008年
規制対象	名　称	移入規制種（第65条）	特定外来種（第157条）	指定外来種（第27条）	移入種（条例公表種）（第55条）	侵略的外来生物（第30条）
	選定・告示年	2005年	未選定	2007年	2010～2012年	2009年
規制対象に選定された生物	選定種類数	動物14種類，植物18種，うち魚類7種類	―	動物13種類，植物2種，うち魚類8種類	動物16種類，植物13種類，うち魚類3種	動物48種類，植物40種類，うち魚類11種
	国外外来魚	**オオクチバス**，ガー科全種，**カダヤシ**，コクチバス，<u>タイリクバラタナゴ</u>，パイク科全種，**ブルーギル**		ピラニア類，オオタナゴ，<u>タイリクバラタナゴ</u>，カワマス，ブラウントラウト，ヨーロッパオオナマズ，ガー科全種	<u>カラドジョウ</u>，<u>ナイルティラピア</u>	ソウギョ，<u>タイリクバラタナゴ</u>，<u>カラドジョウ</u>，<u>タイリクスズキ</u>，<u>カムルチー</u>，<u>コウタイ</u>，<u>タイワンドジョウ</u>
	国内外来魚	なし	―	オヤニラミ	オヤニラミ	ハス，ムギツク，オヤニラミ，ビワヨシノボリ
規制事項	移入行為	禁止（第66条）※2	みだりに放つこと等の禁止（第156条）	禁止（第31条）	みだりに放つこと等の禁止（第55条）	みだりに放つこと等の禁止（第30条）
	飼　育	適切な施設・方法での管理（第66条）	規定なし	届出が必要（第28条）・適切な施設・方法での管理（第29条）とその指導（第30条）	規定なし	規定なし
	販　売	購入者への説明義務（第67条）	規定なし	購入者への説明義務（第32条）	規定なし	規定なし
罰　則		なし	なし	あり（移入行為）	なし	なし

※1　条例そのものは1973年に公布されたが，外来生物対策部分は2008年に追加された．
※2　捕獲した個体をその場で逃がすこと（キャッチ・アンド・リリース）を含むが，2006年，北山湖でのみ例外規定として認める．
魚名がゴシック体のものは外来生物法の特定外来生物，下線を施したものは環境省が選定した要注意外来生物．

　2002年，最初に制定された佐賀県の「佐賀県環境の保全と創造に関する条例」では，「移入規制種」を定め，それらを「放ち，又は植栽し，もしくはま

くこと」（以下，「放つこと等」または「移入行為等」という）を禁止した．また，移入規制種に対しては，飼育についても適正な施設と方法で行うよう定めるとともに，販売者にも購入者に対する説明義務を課している（佐賀県ウェブサイト「佐賀県例規全集」）．移入規制種は，2005年に32種類の動植物が指定された（佐賀県，2005）．

このうち移入行為等に関しては，2006年，オオクチバスに対して，バス釣りの盛んな北山湖に地域を限定して，「移入行為等（捕獲し，又は採取したものをその場で放つ行為を除く）を禁止する」と除外規定を盛り込んだ告示を行った（佐賀県，2008）．これは，北山湖に限っては，捕まえたオオクチバスをその場で放つ行為，つまりキャッチ・アンド・リリースを認める，という意味であり，この除外規定から，佐賀県条例においては，移入行為等はキャッチ・アンド・リリースの行為を含めて禁止されていることがわかる．

石川県では2004年に公布した「ふるさと石川の環境を守り育てる条例」で「特定外来種」を定め，みだりに放つこと等を禁じることができる仕組みになっている（石川県ウェブサイト「石川県法規集」）．しかし，現在のところ，特定外来種の指定は行われていない．

2005年に外来生物法が施行された後に最初に制定された条例が，滋賀県の「ふるさと滋賀の野生動植物との共生に関する条例」である（滋賀県ウェブサイト「滋賀県例規集」）．滋賀県条例は2006年に公布され，2007年に全面施行される際に，規制対象となる「指定外来種」として15種類の動植物が選定され，そのなかには，国内外来種としてオヤニラミ *Coreoperca kawamebari* が含まれている（滋賀県，2007）．指定外来種に対する規制としては，移入行為等を罰則付きで禁止しているほか，飼育者に対しては適正な施設・方法による飼育の届出を求め，販売者に対しては購入者への説明義務を負わせる内容となっている．

続いて，愛知県では2008年に既存の「自然環境の保全及び緑化の推進に関する条例」（1973年制定）に外来生物対策にかかる項目が追加された．規制対象には「移入種」という呼称が与えられ，みだりに放つこと等が禁止された．移入種に選定された種は「条例公表種」と呼ばれ，2008年から2010年にかけて3回にわたって計29種類が選定され，そのなかには，滋賀県と同様，国内外来種としてオヤニラミが含まれている（愛知県環境部自然環境課ウェブサイト）．

同じく2008年，愛媛県では「愛媛県野生動植物の多様性の保全に関する条

例」が新たに策定された．この条例では，「侵略的外来生物」を定め，みだりに放つこと等が禁止された（愛媛県ウェブサイト「愛媛県法規集データベース」）．2009年に選定された侵略的外来生物は計88種類におよび，魚類の国内外来種として，オヤニラミに加え，ハス *Opsariichthys uncirostris*，ムギツク *Pungtungia herzi*，ビワヨシノボリ *Rhinogobius* sp. BW の計4種が含まれている（愛媛県，2010）．

　ところで，愛知県と愛媛県の条例について少し気になることがある．それは，規制対象の名称として，それぞれ「移入種」，「侵略的外来生物」と一般によく用いられる呼称が，そのままで用いられていることである．一般県民に対する普及・啓発を進めるうえでも，条例で対象とする生物に対しては，それに対する呼称だけで条例で定められている特定の生物であることがわかるような名称を工夫する必要がある．このことは，レッドリストのカテゴリーでも同様で，「絶滅危惧種」や「希少種」など，一般的に用いられる名称をそのままカテゴリーの名称に使うことも適切ではないと考える．

(2) 規制対象生物と規制項目

　国による外来生物対策では，2004年6月2日に公示された外来生物法の第二条「定義」において，「海外から我が国に導入されることによりその本来の生息地又は生育地の外に存することとなる生物」を外来生物とし，国外外来生物のみを対象とすることとしている．また，2004年10月5日に閣議決定された「特定外来生物被害防止基本指針」のなかで，「第2　特定外来生物の選定に関する基本的な事項」の「1　選定の前提」の「ア」において，「概ね明治元年以降に我が国に導入されたと考えるのが妥当な生物を特定外来生物の選定の対象とする」としている．

　一方，上で紹介した5つの県の外来生物対策条例では，対象を国外原産のものに限る規定がなく，国内他地域が原産のものを含めることができると考えられ，実際に，滋賀県，愛知県，愛媛県では選定されている種のなかに国内外来種が含まれている．また，これらの条例には侵入時期に関しても規定されていないために，明治以前に導入されたと考えられている哺乳類・ハクビシン *Paguma larvata* が，佐賀県，滋賀県，愛知県で選定されている．さらに，外来生物法では他の法令（植物防疫法）との二重規制を避ける意味で指定候補から外された淡水貝類・スクミリンゴガイ *Pomacea canaliculata* も（実際には規制

内容が異なるために二重規制になるという考え方が適切ではないのだが）滋賀県と愛知県では規制の対象となっている．

　もう一点重要なのは，外来生物対策は早期対応が重要であるとされながら，国（環境省）における対応が迅速さを欠いているため，それを補った緊急対応が可能である点である．国による特定外来生物の指定は，法律施行時の第1次指定種で37種類（2005年6月1日施行），第2次指定で42種類（2006年2月1日）が選定されて以降，昆虫類のセイヨウオオマルハナバチ *Bombus terrestris* と哺乳類のシママングース *Mungos mungo* を除き，未判定外来生物の輸入申請に対する審査によって追加されたものに限られており，要注意外来生物リストも法律施行時に選定されて以来，変更がなされていないなど，法律はできたものの，その後の迅速な対応ができていないのが現状である．それに対し，特定外来生物にも要注意外来生物にも選ばれていない小型の淡水貝類・コモチカワツボ *Potamopyrgus antipodarum* は，近年の分布の拡大傾向が顕著で対策が必要と考えられる滋賀県で，また，特定外来生物に指定されたイネ科植物のスパルティナ・アングリカ *Spartina anglica* と同属の近縁種・ヒガタアシ *Spartina alteniflora* が，その侵入・定着が確認された愛知県で，それぞれ規制対象種に指定され，注意喚起や対策支援に資する役割を果たしている．このように，外来生物対策を盛り込んだ地方条例は，国による外来生物対策が不十分な側面を地域事情に応じて補う重要な機能を備えているといえよう（堤ほか，2008）．

　規制項目として5つの県の条例に共通するのは，移入行為等（放つこと等）に対するものである．このうち石川県，愛知県，愛媛県では，条文では「放つこと」等の前に「みだりに（正当な理由なく）」の語が添えられ，移入行為等を容認しうる例外的な状況を想定しているのに対し，佐賀県と滋賀県では，そのような形容はなく，移入行為等は無条件に禁止されている．さらに，外来生物法の特定外来生物では認められている「一旦捕獲した個体をその場で放つこと」についても，外来生物法より先に制定された佐賀県条例では禁止されているため，この条例はオオクチバス等のキャッチ・アンド・リリースの禁止規定も内包していることになる．なお，滋賀県では，オオクチバス等のキャッチ・アンド・リリースに関しては，2003年に「琵琶湖レジャー利用の適正化に関する条例」によって琵琶湖において禁止し，2006年の改定時に禁止する地域を滋賀県全域に拡大した．また，この2県以外にもいくつかの県において，内水面漁場管理委員会の指示により，外来魚（オオクチバス，コクチバス *Micropterus* dolomieu，ブルーギル Lepomis macrochirus，チャネルキャットフィッシュ Ictalurus punctatus のうち，県により対象種は異なる．）のキャッチ・アンド・リリースが禁止されている．

　規制対象種の飼育と販売については，具体的に規定のあるのは佐賀県と滋賀県だけで，いずれも飼育者には適切な施設・方法での飼育，販売者には購入者への説明を課している．さらに滋賀県では，飼育者に対して飼育の届出を求め，必要に応じて知事が指導することができるとしており，実施的には指定外来種の飼育については許可に近い内容となっている．

　禁止項目の違反者に対する罰則に関しては，滋賀県条例において移入行為等に対して罰則規定があるのみで，それ以外については規定がなく「お願い」や「努力目標」にとどまっているのが現状である．

(3) 地方条例による対策の効果

　国の外来生物対策において，環境省がウェブサイト上でリストを公開している「要注意外来生物」は，上述のとおり外来生物法による規定はないために規制が課されることはなく，環境省が適切な取り扱いについて理解と協力を求めているにすぎない．しかし，「環境省が選んだ要注意外来生物」ということだけでも，その取り扱いを自粛させる一定の効果があると考えられる．同様に，地方条例によって具体的に対象生物を定めて関連行為を規制することは，そのことに関する普及・啓発活動を十分に行うことが不可欠であることはもちろんだが，罰則規定の有無にかかわらず，規制に違反する行為を抑止する効果に期待ができる．

　滋賀県の場合，条例の施行により販売者に対して購入者への説明義務を課したこともあってか，県内最大手のホームセンターで，タイリクバラタナゴ Rhodeus ocellatus ocellatus やガー科（Lepisosteidae）魚類，ピラニア類（Serrasalmus 属，Pygocentrus 属，Catoprion 属）を含む指定外来種の取り扱いを止める措置がとられた．このことにより，県内での指定外来種の流通量は大幅に減少したことは間違いない．特に，ホームセンターのペット販売コーナーでは，本格的な飼育者よりはむしろたまたま訪れた初心者が気軽に購入する傾向が強いと思われ，このような初心者は，飼育個体の正常な繁殖や成長を「増え過ぎ」や「成長し過ぎ」，「長生きし過ぎ」などと捉えて飼育を持て余す状況に陥りやすいと推測される．したがって，ホームセンターでの取り扱い停止措

置は，外来生物対策の基本のひとつである"蛇口を絞る"という大きな効果があると考えられる．

4．外来生物対策条例以外の条例・規則

(1) 希少種保護条例の利用

　外来生物への取り組みとともに野生生物対策の中心となる希少種の保護については，種の保存法で国内希少野生動植物種に魚類では4種が指定されているのに加え，種の保存法の枠組みを採用した希少種保護条例が31都道府県で制定され，魚類は20府県で計27種（うち3種は種の保存法と重複指定）が指定されている（表12.2）．これらのうち18都府県においては条例のなかで外来生物に対する調査・対策に言及されているものの，具体的な外来生物対策を盛り込んでいるのは上述した5県にとどまっている．外来生物対策は，希少種の保護と比べ，どうしてもネガティヴなイメージが付きまとうことや，対象生物の指定から規制内容の実効性を担保するためには多大な労力を要すると推測されることから，地方自治体レベルでの取り組みが進みにくい事情もあるものと推測される．

　都道府県の希少種保護条例は，国の種の保存法において個体の取り扱いと並んで重要な柱である生息地等の保護に関する条項を備えている．すなわち，種の保存法では生息地等の保護のために設定される「生息地等保護区」では，規制対象生物の個体の生息・生育に支障をおよぼすおそれのある動植物を放つこと等が禁じられており，都道府県の条例においても同様の保護区の規定が取り入れられている．つまり，生息地等保護区という限定された地域ではあるが，国内外来種の移入行為を防ぐ規制内容を盛り込むことが可能である．しかし，種の保存法と都道府県の希少種保護条例を合わせても，魚類では現在，28種が保護対象生物に指定されているにとどまり，生息地保護区については，国の羽田沼ミヤコタナゴ生息地保護区（栃木県大田原市）と，ハリヨを対象とした岐阜県で5箇所，滋賀県で1箇所の生息地保護区が指定されているにすぎない．

　さらに，希少種保護条例では28都道府県において，保護対象生物種ごとにその保護・管理計画を立案し，存続を脅かす外来種の持ち込みを制限する規定を盛り込むことができる仕組みが採られている．しかし，保護対象生物種の指定は行っていても，当該種の保護・管理計画まで策定しているのは一部の府県に限られ，国内外来種に関する具体的な規定についても不十分である．

表12.2 種の保存法および都道府県希少種条例で保全対象種として指定された魚種とその指定状況.

科　名	種　名	国レッドリストカテゴリー	種の保存法および条例による希少種指定，レッドリストカテゴリー，生息地保護区指定
ヤツメウナギ科	スナヤツメ *Lethenteron reissneri*	絶滅危惧II類	徳島県　(I*1)
ドジョウ科	ヒナイシドジョウ *Cobitis shikokuensis*	絶滅危惧IB類	高知県　(IB*2)
	シマドジョウ2倍体性種 *Cobitis* sp.	—	高知県　(II)
	ホトケドジョウ *Lefua echigonia*	絶滅危惧IB類	石川県　(IB)
	アユモドキ *Leptobotia curta*	絶滅危惧IA類	国　(IA)・京都府　(I)
コイ科	イチモンジタナゴ *Acheilognathus cyanostigma*	絶滅危惧IA類	滋賀県　(I)
	イタセンパラ *Acheilognathus longipinnis*	絶滅危惧IA類	国　(IA)・京都府　(I)
	ミナミアカヒレタビラ *Acheilognathus tabira jordani*	絶滅危惧IB類	鳥取県*3 (I)・島根県　(I)
	ゼニタナゴ *Acheilognathus typus*	絶滅危惧IA類	福島県　(I)
	カワバタモロコ *Hemigrammocypris rasborella*	絶滅危惧IB類	三重県　(IB)・岡山県　(I)・香川県　(I)
	シナイモツゴ *Pseudorasbora pumila pumila*	絶滅危惧IA類	長野県　(IB)
	ウシモツゴ *Pseudorasbora pumila* subsp.	絶滅危惧IA類	愛知県　(IA)・岐阜県　(I)・三重県　(IA)
	スイゲンゼニタナゴ *Rhodeus atremius suigensis*	絶滅危惧IA類	国　(IA)・広島県　(I)
	ニッポンバラタナゴ *Rhodeus ocellatus kurumeus*	絶滅危惧IA類	奈良県　(I)・香川県　(I)・長崎県　(IA)
	ミヤコタナゴ *Tanakia tanago*	絶滅危惧IA類	国　(IA/保護区1箇所)
アユ科	リュウキュウアユ *Plecoglossus altivelis ryukyuensis*	絶滅危惧IA類	鹿児島県　(I)
トゲウオ科	ハリヨ *Gasterosteus aculeatus leiurus*	絶滅危惧IA類	岐阜県　(I/保護区5箇所)・滋賀県　(I/保護区1箇所)
	トミヨ *Pungitius sinensis sinensis*	準絶滅危惧	石川県　(I)
	ムサシトミヨ *Pungitius* sp. 1	絶滅危惧IA類	埼玉県　(IA)
カジカ科	カジカ大卵型 *Cottus pollux*	準絶滅危惧	香川県　(I)
アカメ科	アカメ *Lates japonicus*	準絶滅危惧	宮崎県　(II)
スズキ科	オヤニラミ *Coreoperca kawamebari*	絶滅危惧II類	香川県　(I)・徳島県　(I)

(表12.2つづき)

科　名	種　名	国レッドリスト カテゴリー	種の保存法および条例による希少種指定，レッドリストカテゴリー，生息地保護区指定
ハゼ科	チクゼンハゼ *Gymnogobius uchidai*	絶滅危惧Ⅱ類	長崎県（Ⅱ）
	タナゴモドキ *Hypseleotris cyprinoides*	絶滅危惧ⅠB類	鹿児島県（Ⅰ）
	イドミミズハゼ *Luciogobius pallidus*	準絶滅危惧	高知県（ⅠB）・長崎県（NT）
	タメトモハゼ *Ophieleotris* sp. 1	絶滅危惧ⅠB類	鹿児島県（Ⅰ）
	トビハゼ *Periophthalmus modestus*	準絶滅危惧	高知県（Ⅱ）・長崎県（Ⅱ）
	キバラヨシノボリ *Rhinogobius* sp. YB	絶滅危惧ⅠB類	鹿児島県（Ⅰ）

＊1　徳島県はスナヤツメ南方種に該当．＊2　高知県レッドリストでは「*Cobitis* sp. イシドジョウ近似種」．＊3　鳥取県レッドリストおよび同県特定希少野生動植物の種の指定では「*Acheilognathus tabira* subsp. R アカヒレタビラ」．

　もともと，種の保存法も希少種保護条例も，保護対象生物種の野生個体の捕獲・採集を禁止することが最も基本的な役割と考えられる．すなわち，保護対象生物種の選定においては，野生個体の捕獲・採集圧が高く，それによって存続が脅かされているかどうかが，重要な判断基準となる．淡水魚類の場合，捕獲圧によって存続が脅かされる希少種が多いことから，法律・条例による保護対象生物種の指定の推進をはかるとともに，生息地保護区や保護管理計画という国内外来種対策を盛り込める枠組みについても，積極的に検討すべきだろう．

(2) 漁業調整規則等

　外来生物法でオオクチバス等が特定外来生物として規制対象となるまでは，1992年の水産庁長官通達に従って，各都道府県の内水面漁業調整規則において，これらの魚種の「移植の禁止」が定められていた（外来生物法の施行後はオオクチバス等の移植禁止の規定が漁業調整規則から削除されている道府県もある）．こうした「移植の制限」は，これら特定の外来魚以外に対しても実施することが可能であり，たとえば滋賀県漁業調整規則では「県内への水産動物の移植の禁止」として，具体的に条文内に記された16種類の水産動物（魚類・貝類・甲殻類）以外の移植には，知事の許可が必要とされている．このようにリストア

ップしたもの以外は認めないとする「ホワイトリスト（クリーンリスト）」式の規制は，認めないものをリストアップする「ブラックリスト（ダーティーリスト）」式の規制よりも予防的ではあるが，琵琶湖を擁する滋賀県のように守るべき重要な水産動物が明確な地域でないと，実施は難しいかもしれない．

　魚類における国内外来種問題は，内水面漁業における増殖義務を果たすための移植・放流によってもたらされてきた側面も大きく（本書コラム3），漁業調整規則等の枠組みを積極的に利用することができれば，その有効性は高いだろう．しかし，現場の事情として，移植・放流に対する制約を課す規制を採用することには，心理的な抵抗が大きいことも予想される．地域の水産動物が持つ地域固有性を尊重する気運が高まり，国内外来種の侵入がそれを損なう要因であることの理解が進み，状況が少しずつでも変わっていくことに期待したい．

　このように，既存の条例や規則の内容をよく検討し，それらを積極的に活用することも，国内外来種問題に関する認識を広げ，その予防に向けた体制作りに不可欠であろう．

5．地域集団間交配への対応

(1) 一般の人々の認識の現状と行政対応の難しさ

　国内外来魚の問題は，ある魚種が自然分布域外に導入されて生じる，いわゆる本来の意味での外来生物問題に加えて，同一魚種の地域集団に異なる地域集団の個体が持ち込まれ，遺伝的撹乱が起こる場合も含めて議論されることが多い．実際に国内外来魚問題が発生する現場では，在来種の地域集団の健全な存続が関心事であることから，外来集団に由来する個体に脅かされている点では，それが同種であれ別種であれ，両者は同質の問題であるといえよう．

　しかし，地域住民や漁業関係者，あるいは行政担当者にとって，両者は決定的に異なった意味を持っている．ある魚種が自然分布域外に導入される問題は，本来その場所には存在しない種が存在するようになるという意味で，原産地が異なるだけで国外外来魚問題と同様の外来生物問題として一般の人々に理解してもらうことは，さほど難しいことではない．一方，すでに生息している種と同じ種でありながら，別の地域から持ち込まれた個体が地域個体と交配（われわれ研究者は，ネガティヴな意味を含む「交雑」という語を通常用いるが，より中立的に表現するために，ここでは「交配」という語を用いた）する現象は，同じ種どうしなのになぜいけないのか，特に交配することがなぜ問題であるの

かについて，一般の人々の理解を得ることはかなり難しい課題となる．というのも，魚を野外水域へ導入する放流行為は，おそらくは伝統的な宗教行為の「放生」につながる「善行」として受け止められる傾向が強いうえに（中井，2000），遺伝的に差のある個体間の交配も，作物や家畜，ペットの品種改良等に不可欠な手段として効用面が強調された認識が広まっており，また当該個体やその子孫が生存をしつづける点でも，直接的な負の側面は実感されにくいと思われるからである．

さらに，異なる地域集団の同種個体は，在来個体とは見た目で区別することが困難であることが多いというわれわれの認知能力の制約もまた，それらを別のものとして認識することを妨げる要因である．担当行政部局が具体的に対策を採ろうとする場合，そのための根拠を文章で客観的に明示された法律・条例・規則等に求めるのが通例である．すなわち，非在来集団に由来する同種個体を在来個体と文章によって明示的に区別することが困難である場合には，行政的対応を積極的に促すには大きな困難を伴うと予想される．

このように，研究者にとって地域在来集団の個体が他地域集団の個体と交配する問題は，本来的意味で国内外来魚問題と同質であるが，現場の関係者を含めた一般の人々にとっては，まったく別の現象として受け止められているおそれのあることを，研究者の立場からも十分に認識する必要がある．普及・啓発を少しでも先に進めるためには，地域集団間の交配による問題については，「国内外来魚問題」に含めるのではなく，「種内交雑問題」など適切な呼称を与え，別の類型の問題として提示するべきではないかと考える．

(2) 地元の人々の理解・共感を得るために

国内外由来の外来種であれ非在来集団由来の個体であれ，その侵入にはわれわれ人間の営為が関与している．ある魚を意図的な放流によって導入しようとする場合，魚類の地域集団の保全に適う枠組みとしては，日本魚類学会自然保護委員会が定めた「生物多様性の保全をめざした魚類の放流ガイドライン」（日本魚類学会，2005；本書巻末の付録）が基本となるだろう．このガイドラインでは，放流する際に満たすべき基準・条件が述べられている．しかし，それが示す内容は必ずしも平易に理解できるものではない．地域・現場の人々の理解を促すには，同一種内において遺伝的に異なった保全上の単位となりうる地域集団が存在することを，地域の状況を踏まえてていねいに説明すること，お

よびそれらが守るべき重要な「自然の遺産」としての価値を備えていることについて、理解を深めてもらう必要がある．そのためにも、理念で論理的に貫かれ、ややもすれば抽象的に「～してはいけない」という側面が強調されたガイドラインを提示するだけでなく、その枠組みに沿った保全導入の事例を示すことで、「こうすればできる」という、積極的な模範事例の提示による道先案内も必要ではないだろうか．

　保全対象となる地域集団は、魚種ごとにいわゆる「進化的重要単位」（Evolutionary Significant Unit = ESU）を明らかにし、それを保全すべき単位の地理的枠組みであると考えて対応することが望ましい．各魚種についての地域的な遺伝情報は、たとえば「淡水魚遺伝的多様性データベース GEDIMAP」に蓄積されつつあり（Watanabe et al., 2010）、こうした知見をもとに地理的範囲と遺伝的類似性を基準とした進化的重要単位が、具体的な保全単位としてその定義が進むことに期待したい．こうした保全単位には、適切な命名が必要なことは言うまでもない．保全すべき対象を規則化された命名によって明示的に特定することが、行政的な対応を促し、一般の人々の認識・理解を深めていくために、研究者側が貢献できる不可欠な役割だからである．

　また、これまでは希少淡水魚種については、（社）日本動物園水族館協会において、加盟水族館施設の連携で国内産では19種を対象に系統保存が進められてきているが（（社）日本動物園水族館協会ウェブサイト「種別調整対象種」）、あくまでも種を単位とした取り組みで手一杯の状況にある．各魚種について地域別に保全単位が明示的に定義されることにより、それを対象とした系統保存を研究者側からの助言・指導によって地域主導で行っていくという、地域集団の保全において非常時に備えた安全保障の仕組みを確立し、裾野を拡げていくことが次の展開として必要である．まず、その第一歩として、希少野生動植物種として種の保存法や都道府県条例で指定されている魚種から、保全単位を明示していく取り組みが進められないだろうか．

　その一方で、地域集団がその地元において尊重され大切に扱われるためには、それが保全単位としてなぜ重要であるのかをわかりやすく説明することによって、人間社会の中で数々ある価値観のなかで地域集団の持つ独自性の維持がとりわけ重要であると、地元の人々に重み付けしてもらえるようになることが、大きな課題であろう（亀田・中井, 2012）．ところが、現実は、研究者が「交雑によって地域集団の遺伝的特性が損なわれるという『たいへんなこと』が起

こる」としばしば訴えるのに対し，地元の人々にとってなぜそれが「たいへんなこと」であるかが適切に理解されているような地域状況は，まだ極めて限定的だろうと推測される．

　地域集団の保全で重要なのは，生物多様性保全の文脈の中で，特に「遺伝子の多様性」の階層において，その遺伝的特性が遠大な時間を経て獲得された「自然の遺産」として大切にすべきだと理解してもらうことではないかと考えている（中井，2011）．同種内における地域レベルでの「遺伝子の多様性」は，長い年月をかけて地域集団が，その土地の気候風土や生物的環境に適応的に変化することによって性質や習性を獲得してきた結果であるがゆえに，地域集団が持つ遺伝的特性は時の試練を経た「自然の遺産」としての価値を持っているからである．幸い，私たちは歴史的な事物を尊重する気持ちを抱く性向がある．身近な地域集団の長い歴史を詳しく知ってもらうことが，一般の人々に理解を促す鍵ではないだろうか．しかし，その一方で，身近な地域在来の生き物は，われわれと現在を生きる「共時的」な存在でもあり，その背後に遺産ともいえる歴史性を秘めていることが，専門知識を持たない人々にはなかなか気づかれにくいのが現状でもある．それでも，地域の淡水魚を大切に思う人々は，学問分野の最先端を切り開く研究者からアマチュアにいたるまで，対象とする魚に思いを抱くように至った背景が実にさまざまであるにもかかわらず，地域間の移動が容認できるか否かという判断の「さじ加減」については，おおよそのレベルで一致していることに，筆者は期待を抱いている．どうやら，現地で実際に対象生物に触れる体験を持った人は，その対象生物にとってどの程度の取り扱いであれば，自然の枠組み内のこととして容認され，あるいは枠組みを越えたこととして許容できないのかを判断することが，特別な経験や教育を経ることなく，自然にできるようになっていると思えるのだ．この方面での人々の体験が拡がり，また論理だけでなく，時に情緒に訴える形でていねいに説明を重ねることによって，他地域集団由来の個体が地域在来の個体と交配することが，その地域の環境に適応した在来個体の持つ性質・習性を失わせ，地域集団が遺伝的基盤を損ない，存続が脅かされるおそれのあることについて，認識と理解が拡がることに期待したい．

6．おわりに―コイとメダカの問題を越えて

　コイとメダカは，われわれ日本人の伝統・文化に深く根ざした，最も身近な

淡水魚の双璧である．コイは，古琵琶湖層群など古い時代の化石が産出する一方で，古来より中国大陸からも導入され，水田耕作文化の一環として灌漑用溜池への放流と，そこでの蓄養が営々と行われるとともに，イベントとしての放流活動も各地で行われている．一方，メダカも童謡に歌われ，小学校理科の教材として扱われ，飼育・観察が容易なことから教育現場を含め盛んに飼育され，図らずも増えてしまったメダカが周辺の水域へ安易に放流されるであろうことは容易に推測できる．ところが，近年，最も身近で頻繁に放流されてきた歴史を持つコイ，メダカ双方の分類的取り扱いが大きく変わることになった．

　コイについては，各地で養殖されている体高の高いヤマトゴイが，中国からヨーロッパにかけて分布するコイと同様のハプロタイプを持っているのに対し，従来「野生型」と呼ばれていた体型の細長いコイは，それらとはまったく異なる日本在来・固有のハプロタイプを持つことが判明した（馬渕ほか，2010）．在来ハプロタイプの生息水域でも，養殖型ハプロタイプの個体が生息している状況は，養殖個体の侵入が広範に行われていることを示し，在来型ハプロタイプを保全するためには，両ハプロタイプの分類学上の位置づけを確定するとともに，当面は「養殖型」と「在来型」という形で，両者を区別した呼称を広く普及させることが重要であろう．コイは，あまりにも身近な魚種として，その放流を抑制するのは，現状ではまだまだたいへんな状況にあるが，上述した愛知県での外来種対策条例の規制対象種を検討する際，当時滋賀県庁に勤務していた筆者のもとにも予備的な問い合わせがあり，検討委員からも相談があったことから，コイについても現状のままでよいのではなく，行政の側からも対応をすべき事柄であると認識されはじめていることは，喜ばしいことである．

　メダカは，Sakaizumi (1984) 以来，遺伝的に大きく南日本集団と北日本集団に分かれることが知られていたが，環境省が2007年に公表した第3次レッドリストでは，両者は異なる亜種（それぞれ，*Oryzias latipes latipes* と *O. latipes* subsp.）として扱われるようになった（瀬能，2010）．そして，Asai et al. (2011) は，両者の相違が亜種ではなく種のレベルであるとし，*O. latipes* には南日本集団が該当し，北日本集団を *O. sakaizumii* として新種記載し，瀬能（2013）は前者にミナミメダカ，後者にキタノメダカの和名を与えた．南日本集団 *O. latipes* に対して，和名を従来のメダカのままで放置せず，ミナミメダカという新称を与えたことは，保全上きわめて重要な対応である．なぜなら，生物学的には独立した2種であってもそれらは外見上酷似しており，一般社会の認識としては

まだまだ「メダカはメダカ」であって，それが２種に分けられ両者が適切に判別して取り扱われる状況にはなく，ミナミメダカ，キタノメダカという呼称が用いられた場合に，種のレベルで認識されて取り扱われていることが明らかとなるからである．総称としての「メダカ」の呼称はフナ属に対する「フナ」という呼称と同様，身近なメダカ属の魚に対する総称として，これからも末永く残ることだろう．そして，保全の現場では，両者が明確に区別されて扱われることで一般市民の認識・理解が広まり，安易な放流を抑止する気運が高まることに期待したい．

　コイとメダカという，われわれ日本人にとって最も身近な淡水魚にも，保全上配慮すべき遺伝的な多様性の存在することが学術的に明らかとなり，一般報道される情報として広く行き渡るようになった今，国内外来魚問題および地域集団間交配の問題に関して，地域集団の保全を後押しする方向で理解と認識の裾野が拡がることに期待して，本稿を終えることにしたい．

引用した文献およびウェブサイト

愛知県．愛知県法規集，自然環境の保全及び緑化の推進に関する条例．愛知県ウェブサイト：http://www3.e-reikinet.jp/cgi-bin/aichi-ken/D1W_resdata.exe?PROCID=-2130544257&CALLTYPE=1&RESNO=2&UKEY=1368683558618

愛知県．条例に基づく移入種の公表について．愛知県環境部自然環境課ウェブサイト：http://www.pref.aichi.jp/kankyo/sizen-ka/shizen/gairai/jorei.html

Asai, T., H. Senou and K. Hosoya. 2011. *Oryzias sakaizumii*, a new ricefish from northern Japan (Teleostei: Adrianichthyidae). Ichtyol. Explor. Freshwaters, 22: 289-299.

愛媛県．愛媛県法規集，愛媛県野生動植物の多様性の保全に関する条例．愛媛県ウェブサイト：http://www3.e-reikinet.jp/ehime-ken/d1w_reiki/420901010015000000MH/420901010015000000MH/420901010015000000MH.html

愛媛県．2010．愛媛県外来生物対策マニュアル．松山．57 pp.

石川県．石川県法規集，ふるさと石川県の環境を守り育てる条例．石川県ウェブサイト：http://www1.g-reiki.net/ishikawa/reiki_honbun/ai10110681.html

亀田佳代子・中井克樹．2012．博物館と生態学（19）野生動物の保護管理における博物館の役割．日本生態学会誌，62: 307-312.

環境省．要注意外来生物リスト．環境省ウェブサイト：http://www.env.go.jp/nature/intro/1outline/caution/index.html

馬渕浩司・瀬能　宏・武島弘彦・中井克樹・西田　睦．2010．琵琶湖におけるコイの日本在来mtDNAハプロタイプの分布．魚類学雑誌，57: 171-180.

中井克樹．2000．日本における外来魚問題の背景と現状―管理のための方向性を考える―．保全生態学研究，5: 171-180.

中井克樹．2011．生物多様性の考え方．におのうみ（日本野鳥の会滋賀会報），(26):

14-15.
日本動物園水族館協会.種別調整対象種.日本動物園水族館協会ウェブサイト:http://www.jaza.jp/about_sosiki01_2.html
日本魚類学会.2005.生物多様性の保全をめざした魚類の放流ガイドライン(放流ガイドライン,2005).魚類学雑誌,52: 81-82.
佐賀県.2005.佐賀県告示第五百三十六号.佐賀県公報,(12675): 1-3.
佐賀県.2006.佐賀県告示第二百二十一号.佐賀県公報,(12736): 2.
佐賀県.佐賀県例規全集,佐賀県環境の保全と創造に関する条例.佐賀県ウェブサイト: http://www.pref.saga.lg.jp/sy-contents/kenseijoho/jorei/reiki_int/reiki_honbun/q201RG00001140.html
Sakaizumi, M. 1984. Rigid isolation between the northern population and the southern population of the medaka, *Oryzias latipes*. Zool. Sci., 1: 795-800.
瀬能　宏.2010.メダカ北日本集団.環境省自然環境局野生生物課(編),pp. 41-42.改訂レッドリスト付属説明資料　汽水・淡水魚類.環境省自然環境局野生生物課,東京.
瀬能　宏.2013.メダカ科.中坊徹次(編),pp. 649, 1923.日本産魚類検索　全種の同定　第三版.東海大学出版会,秦野市.
滋賀県.2007.滋賀県告示第86号.滋賀県公報,号外(1): 47-48.
滋賀県.滋賀県例規集,ふるさと滋賀の野生動植物との共生に関する条例.滋賀県ウェブサイト:http://www.pref.shiga.lg.jp/jourei/reisys/418901010004000000MH/418901010004000000MH/418901010004000000MH.html
田子泰彦.2002.サクラマス生息域である神通川へのサツキマスの出現.水産増殖,50: 137-142.
堤　茂和・土井　典・中井克樹.2008.滋賀県の外来生物に対する取組の経緯と新しい条例の施行.都市緑化技術,68: 18-21.
Watanabe, K., Y. Kano, H. Takahashi, T. Mukai, R. Kakioka and K. Tominaga. 2010. GEDIMAP: a database of genetic diversity for Japanese freshwater fishes. Ichthyol. Res., 57: 107-109.

コラム 5

善意の放流が悪行に!?
―神奈川県大井町における外来メダカ駆除事例

瀬能　宏

　神奈川県におけるミナミメダカ（東日本型）は，かつては横浜など東京湾沿岸から三浦半島，相模湾沿岸にかけての平野部に広く分布していたと思われる．しかしながら，1960年代以降は生息環境の消失や水質の悪化などによって減少が続き，在来個体群のまとまった生息地は県西部に位置する酒匂川左岸側の用水路の一部だけになってしまった．そのため，神奈川県ではミナミメダカを絶滅危惧IA類に指定した（メダカとして；勝呂・瀬能，2006）．

　ミナミメダカの生息地を擁する小田原市は，童謡「めだかの学校」の歌詞のモチーフとなった地であり，1999年度からは系統保存と普及啓発を目的として，市内の家庭や事業所を対象とした「メダカのお父さんお母さん制度」（いわゆる里親制度）をスタートさせた．また，翌2000年度からは里親の対象を市の小中学校にまで拡大，さらに2001年3月にはミナミメダカを市の魚として指定もした．そして，2002年3月には，生息地にかかる都市計画道路の工事開始が決定されたことを契機に「メダカの保全に係る基本方針」を策定，2004年12月には具体的な保全を進めるにあたって「小田原市桑原・鬼柳地区のメダカ等の動植物の保全に関する協議会」を発足させた．これには小田原市5機関，神奈川県3機関，地元3自治会，市民7団体に専門家も加わり，まさに行政と市民，研究者が一丸となってミナミメダカの保全に動き出したのである．

　このような経緯で，2005年5月に完成したのが「新ビオトープ池」である．この池は新たに造成したというよりは，生息地の用水路を一部改修して導水し，いわば既存の用水路の延長上に作られたため，メダカの代償的な生息地として機能するようになった．ところが，池の完成直後に大きな問題が持ち上がった．同じ用水路の約4km上流に接続する池（通称ひょうたん池）で飼育品種のシロメダカ（同年8月）とヒメダカ（同年11月）が，少数ではあるが採集されたのである．この池は小田原市の北側に隣接する大井町にあって，2002年から2003年にかけて私有地に造成されたものである．酒匂川水系では，以前から在来個体群の生息地を取り囲むように外来ミナミメダカの繁殖地が確認されており，遺伝子汚染の危機が高まっていたため（瀬能，2000），何の対策も取らずに新しく池を造成すれば，外来メダカを放流されることは必然であった．

　同一用水路の上流に外来メダカが繁殖すれば，遺伝子汚染は免れない．問題の解決には完全駆除が必要であるため，小田原市の担当職員とともに大井町役場を訪問して在来ミナミメダカの現状や駆除の必要性を訴えた結果，翌2006年の農閑期に池を干し上げて完全駆除することができた．ところが2008年から2009年にかけて，ヒメダカの混じる外来ミナミメダカの大量繁殖が確認された

写真1 ひょうたん池における外来メダカの駆除（一寸木　肇氏撮影）

のである．2006年の駆除以降に放流されたものが繁殖したものであることは明白であった．そこで再び大井町の全面的な協力のもと，2009年10月に池干しによる完全駆除が実施された．

　これまでの経緯から，ひょうたん池に水を張れば外来メダカを再度放流される可能性が高い．解決策として，下流部で採捕した，在来ミナミメダカを保全のために放流したことを周知することを提案し，2010年3月に実施された．逆転の発想であるが，過去2回の駆除は地主の理解や大井町の協力が得られて初めて実現できたことであり，在来ミナミメダカの保全には小田原市だけでなく，関連地域の協力が必要不可欠である．この観点から小田原市は在来ミナミメダカの愛称を「小田原メダカ」から「酒匂川水系のメダカ」に改め，ミナミメダカの里親制度の対象地域を，隣接する南足柄市，開成町，大井町に拡大した．2009年6月のことであった．

　2011年3月，上記新ビオトープ池とその周辺の用水路は，「酒匂川水系のメダカの生息地」として市の保護区に指定され，現在に至っている．しかし問題は山積している．過去2回の外来メダカの発生が在来個体群に影響を与えたかどうかは未検証であり，遺伝子汚染が生じた場合の在来個体群の保全的価値の評価方法についても未検討である．外来メダカの放流を誰が行ったのかは特定されていないし，生物多様性保全の基本概念が通じたかどうかも不明である．遺伝子汚染を防ぐためには，善意の放流が結果的に悪行になっては元も子もないことをさまざまなアプローチで普及啓発していくことが必要であろう．

引用文献

瀬能　宏．2000．今，小田原のメダカが危ない―善意？の放流と遺伝子汚染．自然科学のとびら，6(2): 14.

勝呂尚之・瀬能　宏．2006．汽水・淡水魚類．高桑正敏・勝山輝男・木場英久（編），pp. 275-298．神奈川県レッドデータ生物調査報告書2006．神奈川県立生命の星・地球博物館，小田原．

保全放流と国内外来魚問題：
より良い保全活動のために

第 IV 部

第13章

奈良県における
ニッポンバラタナゴの保全的導入

北川忠生・倉園知広・池田昌史

　著者の一人である北川は，第7章においてメダカの保護を目的としたメダカの放流を厳につつしむべきだとの意見を述べた．実際，もしあなたがある生物を保護あるいは復活させるために，他の地域から持ってきた生き物を移植しようとすると，生物保全にかかわる専門家に必ずといっていいほど「待った」をかけられるだろう．そうはいっても生き物がいなくては始まらないと，この忠告を無視したり，または意見すら聞かずに実行に移す方々もいる．しかし，我々は根拠もなくすべてに反対しているわけではない．専門家でなくても，生き物が現在までに経てきた進化の歴史や仕組みとその意義を理解していれば，放流によって起こる，目に見えない影響を想像することはできるだろう．長期的な視点に立ったとき，生き物を移植する行為は，取り返しがつかない事態を引き起こすたいへん危険な行為であり，たとえ生物を保護する目的であっても，あくまでも最終手段としてとらえられるべきである．まずは他の手立てがないかを十分に検討する必要がある．

　我々自身も，希少魚類の保全にかかわる専門家であり，実際にこれまでも生物の放流に対して慎重な意見を述べてきた．しかしその一方で，我々自身もニッポンバラタナゴという絶滅の危機に瀕した日本固有の淡水魚を守るための移植に取り組みはじめている．我々は決して異なる基準で2つの立場をとっているわけではない．では，「してはならない移植」と「必要な移植」，どのような基準で判断すればよいのだろうか．我々が取り組んでいる希少魚類の移植（保全的導入）について，その経緯と目的を紹介していきたい．なお，私たちの行っている移植放流は，日本魚類学会のまとめた「生物多様性の保全をめざした魚類の放流ガイドライン」（日本魚類学会，2005）に沿ったものである．本報告の内容も，できる限りこれに示された検討項目と対応させる形でまとめた．なお，ガイドラインの各項目の内容の詳細については，本書の巻末に収録され

ているので参照していただきたい．

1．奈良公園でのニッポンバラタナゴ発見

　まずは，我々が決して安易に移殖を行っているのではないことを理解していただくため，これまでの経緯と現状から述べる必要がある．

　ニッポンバラタナゴ *Rhodeus ocellatus kurumeus*（写真13.1）は，小型のコイ科魚類の日本固有亜種で，かつては琵琶湖以西の地域に広く生息していたとされている．しかし，近年では生息環境の悪化，中国から持ち込まれた近縁亜種のタイリクバラタナゴ *R. o. ocellatus* との交雑，亜種の置換等によって激減し，その生息地域はごく一部に残されているにすぎない．環境省版レッドリスト（RL）においても，最も危険度の高い絶滅危惧IA類に指定されており，奈良県ではすでに絶滅したと考えられていた．ところが，私たちが2005年に行った魚類相調査において，奈良県内のある1つの池からニッポンバラタナゴの個体群が得られたのである．詳細なDNA分析によっても，これが純粋なニッポンバラタナゴであること，他の地域の個体群とは異なる独自の遺伝子構成を持つ，在来のものであることが確認された（三宅ほか，2007）．希少な生物の新たな生息場所が発見されたことも驚きであったが，その池の場所にもたいへん驚かされた．世界遺産を含み，観光地として世界中から多くの観光客が訪れる，奈良公園の中にあったからである．

　今にして思うと，奈良公園という場所の特性こそがニッポンバラタナゴの生息の維持を可能にしてきたと考えられる．現在のニッポンバラタナゴの最大の減少要因のひとつは，人の手によって直接的，間接的に持ち込まれる外来種である．捕食者となるブラックバスやブルーギルだけでなく，タイリクバラタナゴの侵入による交雑の影響が大きい．その点，奈良公園は，行政，管理者，観光客など，常に多くの監視の目が働いているため，これらの外来生物が侵入しにくい状況にあったに違いない．ニッポンバラタナゴのもうひとつの減少要因として，池の管理放棄による生息環境の悪化も考えられるが，公園内のこの池では，景観を損ねないために，かつては5年から10年に一度は池の水を抜いて池底の堆積物（ヘドロ）を除去する作業が行われてきたという．継続的に池の手入れが行われた結果，ある程度良好な水質，底質が維持されてきたのだろう．

写真13.1　奈良県から得られたニッポンバラタナゴ（近畿大学　森宗智彦氏撮影）．

2．ニッポンバラタナゴの移殖の是非

　奈良公園のニッポンバラタナゴの生息池は，本亜種の現在の自然分布の東限にあたる．また文化的に見ても，日本で最も人の活動が長く続いてきた奈良の地で，伝統的な文化や景観の保存・管理活動が生物の多様性をも守ってきたのである．奈良だけでなく日本という国にとっても象徴的な場所に生き残っていたこの地域固有の個体群を絶滅させるわけにはいかない．このニッポンバラタナゴの生息池は，通常は立ち入りや生き物の採取が規制されている場所にある．しかし，我々は行政や管理者の理解と協力をいただいて特別な許可を受け，発見から2年が経った2007年から本格的な調査・保護活動を開始した．調査を始めてみると，この個体群が極めて危険な状況にあることが明らかとなった．本来は水深1m程度の池であるが，池底には50cm以上の大量のヘドロが堆積し，夏場には水が干上がる場所も出てきた．水温の上昇や酸欠により，ニッポンバラタナゴの産卵床となる淡水性二枚貝のドブガイ類の1種であるタガイが大量に死滅していた．タナゴの親魚もほとんど姿を確認できないほど減少しており，初夏にかけての産卵期ピークには，貝の中に産み付けられた卵は確認されたものの，稚魚がまったく確認されなかった．このような状況の中，2007年の冬に池の一部を区切って水を抜き，生物の採り上げ，ヘドロの除去作業を行い，生

息環境の改善を試みた．その結果，水抜きをした区画の環境が大幅に改善され，翌2008年の夏には，ニッポンバラタナゴの爆発的な増加が認められた．同年の冬季に実施した再度の作業によっても，翌2009年にも，ある程度の個体数維持が確認された．しかし，これらの作業は，土地管理者と学生ボランティアによる手作業に近い状態で，池の一部に手を加えるのが精一杯であり，根本的な解決にはほど遠いものであった．特に，タナゴの産卵床となるタガイはここ数年まったく繁殖できておらず，減り続ける一方にあった．タガイの数が減れば，1つの貝にタナゴが産み付ける卵が集中し，タナゴの孵化率が低下するだけでなく，貝自体への負担が大きくなり，貝の死亡率が高まっていく．さらにタガイが減れば，さらに産卵が集中するという悪循環に陥っていく．また，たとえタガイの繁殖が直ちに成功したとしても，タナゴが卵を産めるサイズにまで育つまでには，最低でも3年は要すると考えられる．すでに，この池の環境改善作業だけでは，この個体群の存続が維持できない危機的状況にあることは明らかであった．さらに調査の過程で，メダカの流通品種であるヒメダカや金魚までもが，この池で発見されはじめたのである．このままでは，いつタイリクバラタナゴなどの有害な外来生物が侵入してもおかしくない状況である．この個体群を絶滅から救うためには，この池の環境保全だけでなく，一部を別の場所に移して個体群を維持する危険分散を早急に行う必要があった（奈良県，2011；野口・北川，2012）．

　我々は，2007年より生息地での保全活動と並行して，採取した個体の一部を近畿大学に持ち帰り，学内の研究施設内に素堀りの系統保存池（3 m×1.5 m×3個）を造成して繁殖を試みはじめていた（写真13.2）．ニッポンバラタナゴの繁殖自体はさほど困難なものではない．とはいえ，絶滅の危機に瀕した個体群が対象となると，細心の注意を要するものであった．結果的に，この人工池でのニッポンバラタナゴの繁殖に成功し，同時に生息池から持ち帰ったタガイ，その幼生の好適な寄主となるシマヒレヨシノボリについても繁殖に成功した．しかし，この限られた敷地内の小規模な系統保存池での個体数は2年後には明らかに飽和状態となり，維持できる個体数に限界が生じてしまった．小集団による系統維持では，遺伝的多様性までも維持することは困難である．また，世代を重ねるにつれて，管理された人工的な系統保存池への適応形質が遺伝的に固定される可能性もある．この個体群を永続させるためには，できるだけ大きな集団サイズで，本来の生息地に近い多様な生態環境を持つ溜池での維持が

写真13.2 近畿大学研究施設内のニッポンバラタナゴ系統保存池．手前から右奥に，3つの素堀の長方形の池が並んでいる．

望ましいことは言うまでもない．生息地が危機的状況にある今，施設内の系統保存池だけではなく，新たな恒久的生息地の創出を行うことが，奈良のニッポンバラタナゴの個体群を絶滅から守る唯一の方法となっていたのである．

3．放流場所の選定

　ニッポンバラタナゴの新たな生息地の条件として，ニッポンバラタナゴに適した生息環境であることは言うまでもない．さらに移殖先の生態系やそれを構成する生物個体群に与える遺伝学的，生態学的な変化も考慮しなくてはならない．まず考えなくてはならないことは，移殖した個体が，すでに存在している個体群の遺伝的組成に影響を与えないことである．奈良公園の生息池は奈良盆地に広がる大和川水系に属している．我々は同地域において，5年以上の期間にわたり網羅的な魚類相の調査を行ってきたが，在来淡水魚の生息状況は著しく悪化しており，ニッポンバラタナゴが他の場所に生息している可能性は極めて低い状況であった．たとえ，ほかに生存している個体群があったとしても，タイリクバラタナゴやブラックバスが広く生息する同水系では，これらの侵入を受けないような隔離された場所にあるはずである．したがって，大和川水系の適切な地点にニッポンバラタナゴを移殖することによって，未発見の在来集

団へ遺伝的な影響を与えることはないと判断できた．次に考慮しなくてはいけないのは，ニッポンバラタナゴの移殖が生態系に与える影響である．すでに奈良盆地の多くの場所で，ニッポンバラタナゴとほぼ同じ生態を持つタイリクバラタナゴの生息が確認されているが，これらが原因と考えられる生態学上の問題は生じていない．また，奈良盆地のタイリクバラタナゴ個体群を対象としたDNA分析を行った結果，いたるところで奈良公園のニッポンバラタナゴと共通する遺伝子型が痕跡的に確認されたのである．このことは，ニッポンバラタナゴがかつては奈良盆地に広く分布していたことを示唆するものである（三宅ほか，2007）．したがって，奈良盆地においてニッポンバラタナゴを移殖することは，本来の生息状態や生態系に戻すことにほかならず，生態的に大きな問題を引き起こすことはないと判断できる．特に，すでにタイリクバラタナゴが生息している池で，これらを確実に根絶した後にニッポンバラタナゴを移殖すれば，ニッポンバラタナゴが定着する可能性も高く，生態系の変化はほとんど生じないであろう．しかし，恒常的な生息地の維持管理が行われ，タイリクバラタナゴなどの外来生物が侵入しない安全な場所を奈良盆地で見つけることは，もはや困難な状況にあった．

そこで我々が目をつけたのは，近畿大学キャンパス敷地内の裏山にある，放棄された農業用溜池である（写真13.3）．近畿大学奈良キャンパスは山の中腹の，かつては里山として活用されていた地域の跡地に建てられている．ニッポンバラタナゴの発見と時期を同じくして，学内でこの里山跡地を再整備し，教育，研究活動の場にする「里山修復プロジェクト」が進行していたのである．この整備の一環として，2005年にこの農業用溜池の水を抜いて生息生物を調査したところ，メダカやフナ類などの在来淡水魚のほかに，タイリクバラタナゴの生息が確認された（小山ほか，2007）．またこの溜池は，里山という周囲の環境，池の規模の点で，永久的なニッポンバラタナゴの生息域として十分な条件をかねそろえている．しかし，この池には長年の放置によって1メートル以上のヘドロが堆積しており，魚類の生息環境としては決して良好なものではなかった．このまま放置されれば，近いうちに魚類などの水生生物が生息できない環境になっていたと考えられる．我々は，この調査以降，毎年冬季に水抜きをしてヘドロの除去を手作業で進め，里山の溜池として本来の姿に戻す作業も継続して行ってきた．この池は，湧水起源で他地域からの流入はないため，上流からの外来魚類の流入はない．一方，流出は下流にある棚田への供給源となっており，

写真13.3 ニッポンバラタナゴを放流した池．この池では，定期的な水質調査が行われている．

　棚田からの流出水は水路を通って，大学敷地内の調整池で一度溜められた後に初めて学外に流出し，大和川水系に合流する構造で．魚類の流出は困難であり，また逆に，大和川水系からの生物の遡上も構造上不可能である．万が一，この池からニッポンバラタナゴの流出があっても，前述のとおりそれによる遺伝的，生態的な悪影響は大和川水系に生じないと考えられる．

　我々は，この池を「希少魚ビオトープ」と名付け，池からタイリクバラタナゴを駆除し，新たなニッポンバラタナゴの生息地としようと考えたのである．タイリクバラタナゴは，最初の調査時の水抜きによって容易に除去され，その後の4年間の水抜き調査でも一切出現することはなく，根絶を確認した．

　ある程度の環境整備を行い，すべての準備が整った2010年2月9日に，ニッポンバラタナゴの新生息池として多くの方に共通の認識を持ってもらうため，学生，行政関係者，マスコミ関係者に立ち会ってもらい，この池にニッポンバラタナゴの放流を行った（写真13.4）．

4．放流の手順

　実は，実際に希少魚ビオトープにニッポンバラタナゴの放流を行った時期の1年前の，2009年の年明けの時期には，すでに移殖を行うための最低限の準備

写真13.4 ニッポンバラタナゴの放流．プラスチックコップに入れられたニッポンバラタナゴ20尾がみんなの手で放流された．

が整っていた．しかしこの年，先にも述べたように2007年の冬以降に行った奈良公園内の生息池での環境改善作業の効果から，ニッポンバラタナゴ個体数の大幅な回復が認められ，タガイの死亡率が低下するなど，環境改善の大幅な改善が認められていた（奈良県，2011）．生物を移植するということは，その生物があるべき形を人の手で変えてしまう可能性がある．たいへん大きな責任を伴う行為であり，慎重に行わなければならない．しかし，我々が行おうとしているニッポンバラタナゴの移植は，大学の管理地の外への流出の可能性も，流出によるリスクも低く，魚類の移植としては極めて安全性の高いものである．生息地の環境に改善が認められたとはいえ，希少魚ビオトープへの放流についての必要性と緊急性に大きな変化はなく，早急に実施するべきと考えていた．しかし，移植という行動に対する無分別な内部の反対の声もあり，断念せざるを得なくなった．生物が生息できるための環境は整えたが，それを受け入れる側の社会的な環境が整えられていなかったのである．結局，その年は実施を見

送ることにした．

　しかし，この年（2010年）の奈良公園の生息池の状況は，ニッポンバラタナゴの個体数のある程度の維持は認められたものの，楽観視できるものではなかった．特にタガイが繁殖できていないこと，金魚やヒメダカなどの外来魚の侵入が確認されはじめたこと，施設内の系統保存池の物理的容量が限界を迎えたことから，移殖の必要性がますます高まっていた．その頃には，内部での，放流によるニッポンバラタナゴの新生息池創出という事業への理解も進み，合意も得ることができたのである．あらためて，移殖の準備を整えて年明け2010年の2月の移殖にいたったのである．

　放流を行った2月は，前年の12月から1月にかけて池の水を抜き，ヘドロ除去作業を行って水を戻した時期にあたる．この時期は最も気温が低く，生物の活動も低下しており，生物への影響が少ないこと，そして，すべての移殖生物（ニッポンバラタナゴ，ドブガイ類，シマヒレヨシノボリ）が繁殖期に入る前の時期にあたり，効率的に定着させることができると考えたためである．この最初の放流では，試行として放流個体も10ペア20個体にとどめ，定着状況，繁殖状況の確認を行って見守ることとした．

5．放流生物の選定

　奈良公園のニッポンバラタナゴ生息池の生息個体数が限られているため，成魚をまとまった数採取して移殖することは，生息池の個体群自体の絶滅リスクを高めることになる．したがって，新生息地への定着自体にリスクを伴う最初の移殖には，系統保存池で我々が増殖させた個体を用いた．また，ニッポンバラタナゴが定着するためには，その産卵床となるドブガイ類も同時に定着する必要がある．そのため我々は，ドブガイ類と，ドブガイ類の幼生の最適な寄主となるシマヒレヨシノボリの放流も合わせて行った．シマヒレヨシノボリについては，ニッポンバラタナゴの生息池の個体をニッポンバラタナゴと同様に増殖して用いた．シマヒレヨシノボリは，大和川水系に広範囲に生息する魚類であるが，奈良盆地の数カ所を対象としたミトコンドリアDNA分析を行い，同一水系内に遺伝的差異が見出されないことを事前に確認している．タガイは，生息池の生息個体数が極めて少なく，また系統保存池で増殖した個体もまだ生まれて1〜2年とタナゴが産卵に使用するには適さなかった．そこで，この希少魚ビオトープからの最初の流出先となる，大和川水系の支流（富雄川）から

得られた同じドブガイ属で近縁種のヌマガイを用いた．このように，移植する生物の選定には細心の注意が払われたのである．

6．放流後の活動

　ニッポンバラタナゴを移植した，この希少魚ビオトープを含む近畿大学裏山の里山環境は，全体が大学の教育・研究の場として利用され，生物多様性の保全に強い関心を持つ学生団体などの活動の場にもなっているため，日常的に監視，手入れ作業が行われている．そのため，外来種が投入される可能性は極めて低いと考えられる．また，従来この池では，毎年，里山の本来の伝統的な管理方法である冬季の水抜きと，底にたまったヘドロの除去作業が，環境保全を専攻する学生たちの体験実習の一環として実施されている．除去したヘドロを，落ち葉や稲藁と混ぜて醗酵させ，翌年以降の里山の田畑の堆肥として活用しようと試みている．このような伝統的な里山の管理方法が，人間への利益だけではなくニッポンバラタナゴやドブガイ類などの溜池の生物多様性の維持にいい効果をもたらしていることを身をもって学ぶことで，生きた環境教育に役立てていくことができると考えている．このように，移植したニッポンバラタナゴの保全活動を，大学における環境教育プログラムのひとつとして位置づけることで，恒常的な生息環境の維持管理と環境教育の両立を実践しているところである．

7．移植後の経過

　2013年3月現在，この池では，天気のいい日にはたくさんのニッポンバラタナゴの幼魚が複数の群れをなして泳いでいる姿を見ることができる．すべてが順調にいったわけではない．最初の放流では，ヌマガイの設置場所にヘドロが流入し，繁殖期の途中でヌマガイが死滅してしまった．その結果，タナゴの産卵は認められたものの，稚魚の発生は認められず，その年の冬の水抜き調査では，放流個体のわずかな生残を確認するのみであった．翌2011年の1月には，さらなるヘドロの取り上げを行うとともに，貝の設置方法を改良し，貝をヌマガイから遺伝的な分析により差異が認められないことを確認した上で他地域から得られたタガイに変更し，タナゴやタガイの放流個体の増加などの措置を施した．その結果，2011年夏には，大量のニッポンバラタナゴの稚魚の発生が認められ，冬季に行った水抜き調査では，捕獲できただけでも200個体あまりを

確認することができた．2012年は，明らかに大幅な増殖に成功した．しかしながら，現時点で，これで新たな生息地が完成したとはいえない．シマヒレヨシノボリは増えているが，産卵床となるタガイの稚貝の発生が認められていない．池内には大量のアメリカザリガニ，ウシガエルの幼生が確認されており，これらの駆除も継続的に行っていく必要がある．とはいえ毎年の継続的な環境改善作業によって，ヘドロの量が減少し，岸辺にはタガイの好む砂礫が露出しはじめている．そう遠くはない時期に，タガイも繁殖が可能になると期待している．

8．生物を守るための移殖

現在我々が取り組んでいるニッポンバラタナゴの移殖は，絶滅の危機に瀕した個体群の保護活動の一部として実施しているものである．移殖は保護のための手段のひとつにすぎず，移殖すること自体が目的ではない．絶滅しそうな生物を個体群レベルで守ることは，遺伝的な多様性を保全することでもありその種の長期的な生存性を高めることにつながる．そして1つの種を守ることは，それを構成員として含む地域の生態系や環境を守ることになる．その積み重ねの延長上に，地球環境，そして人類の生存の安定がもたらされるのである．もしあなたが何かの生物を移殖しようとした場合，それは何のために行うかを一度考え直してほしい．単なる個人的な，あるいは特定の組織や地域だけが一時的な利益を上げる，あるいは自己満足を得るための行為ではないだろうか．その行為の延長線上にあるものが，確実に種の保護につながっているのかを，今一度検証する必要がある．生物の保護は，今や緊急性を要することが多いが，必要以上に成果を急ぐあまりにその方法に誤りはないだろうか，今一度考えていただきたい．移殖は，生物が持つ地域の固有性を失わせることで種の絶滅を早め，また，その結果地域の生態系や環境を破壊することがある．本質的な目的を誤るとまったく逆の効果をもたらすのである．してはいけない移殖と必要な移殖の本質的な違いはそこにある．

9．今後の展開

今回我々が行った移殖は，いわばまったく開かれた場所ではなく，ある程度我々の管理が行き届く場所で行われた．当初は，現代の奈良盆地においてニッポンバラタナゴの生息地は，このような場所しか思いつかなかったのである．しかし，我々の理想は，保護のために管理された場所だけでニッポンバラタナ

ゴが生息しつづけることではない．奈良盆地からタイリクバラタナゴを追い出し，再び，ニッポンバラタナゴが安心して生息できる環境を取り戻すことである．しかし，ニッポンバラタナゴの存在すら一般に認知されていない現状において，新たな生息地を広げることは不可能である．このためには，活動や情報発信の範囲を広げ，徐々に社会的な基盤を作っていく必要がある．このように，生物の移殖・放流はリスクの低い場所から慎重に，社会的な基盤作りとともに段階的に進めていかなくてはいけないものなのである．

　現在，我々は生息地の保全や系統保存などと並行して，奈良市内の小学校にビオトープで繁殖したタナゴを里親として育ててもらう，「里親プロジェクト」を実施している．出前授業，観察会などを行い，ニッポンバラタナゴの存在とその保護の必要性を子供たちに教える活動も実施している．この活動では，地域の拠点となる学校にその系統保存の一端を担ってもらうことで，少しでもその保護に関心を持ってもらう目的も持っており，地域に貴重な生物が生き残っていたことを知ってもらうとともに，それを守るにはどうすればいいかを考えるきっかけになればと考えている．奈良市教育委員会等の協力もあり，2013年3月現在，この取り組みは奈良県内の8つの小中高校に広がっている．

　また，我々が管理する土地以外で地域の方々が環境保全活動を実施している場所で，ニッポンバラタナゴの生息域を創出し，保護していくという新たな取り組みも始めている．その第一歩として，2012年6月には，奈良県内の自然保護団体が管理している里山の池への放流が行われた．この団体は，里山一帯を管理しながらさまざまな取り組みを展開されており，農作物の生産に取り組みながら美しい里山の景観を維持している．理想的なニッポンバラタナゴの生息地のひとつになるだろうと期待している．

　さらに，我々の試みは次の段階に入っている．奈良の伝統野菜の伝承と普及を目指して活動している「NPO法人 清澄の村」との共同事業として，このNPOが活動している奈良市精華地区の里山にニッポンバラタナゴの生息池を復元しようというものである．このNPOは，栽培，生産（第一次産業）のみでなく、食品加工（第二次産業）、流通・販売（第三次産業）に農業者が主体的かつ総合的にかかわる第六次産業を展開している団体で，その農産物を調理して提供するレストラン「粟　清澄の里」はたいへんな人気店となっている．希少生物が共存できる健全な生態系の中で育てられた農産物には，安全で地球に優しいという付加価値がつき，生産者にも経済的利益をもたらしてくれるの

ではないかと期待している．ニッポンバラタナゴが生息することの必然性をつくりだすことで，単なる保護の対象ではなく，ヒトの暮らしの中で共存する本来の姿を取り戻すことができるのではないだろうか．

これらのいずれの放流も，地域一帯の生物の調査，遺伝的な調査を実施し，環境や影響を評価しながら最善の措置をとること，これにかかわる地域や組織の方々との合意形成をしっかりとはかること，そして放流後の保護活動をどのように持続していくかの道筋をつけた上で慎重に時間をかけて実施していかなければならないものである．決して自分たちの思いだけであってはならない．

ニッポンバラタナゴは，雨が少なく溜池の多いこの地域で，溜池を棲み家として長い間ヒトと共存してきた生き物である．この地域における持続可能な環境や生活の指標として，ニッポンバラタナゴは象徴的な存在となろう．行政，教育現場，地域を巻き込んだ奈良県のニッポンバラタナゴを守る取り組みは始まったばかりである．

本稿の内容は，近畿大学の学生を中心として取り組まれているものであり，近畿大学，奈良県自然環境課，奈良市教育委員会，各団体をはじめとする多くの関係者とともに進めている内容を，著者が代表してまとめたものである．なお，奈良県のニッポンバラタナゴは2010年4月1日より奈良県希少野生動植物の保護に関する条例の特定生物として保護対象に位置づけられ，無断での採集，飼育等が禁じられていることも付記させていただく．

引用文献

環境省．2013．レッドリスト，汽水・淡水魚．環境省ホームページ：http://www.biodic.go.jp/rdb/rdb_f.html（参照2013-3-8）．
小山直人・澤井悦郎・上村英幸・久米幸毅・森宗智彦・細谷和海・北川忠生．2007．近畿大学奈良キャンパスF池における魚類の生息状況．近畿大学農学部紀要，40: 85-91．
三宅琢也・河村功一・細谷和海・岡崎登志夫・北川忠生．2007．奈良県内で確認されたニッポンバラタナゴ．魚類学雑誌，52: 139-148．
奈良県．2011．特定希少野生動植物ニッポンバラタナゴ保護管理事業計画．http://www.pref.nara.jp/secure/54368/nipponbaratanagokeikaku.pdf（参照2010-8-15）．
日本魚類学会．2005．生物多様性の保全をめざした魚類の放流ガイドライン（放流ガイドライン，2005）．魚類学雑誌，52: 81-82．
野口亮太・北川忠生．2012．奈良県産ニッポンバラタナゴ集団の保護の現状．地域自然史と保全．34: 157-164

第14章

岐阜県におけるウシモツゴ再導入の成功と失敗

向井貴彦

1. ウシモツゴの危機的現状

　伊勢湾を取り囲む東海地方の愛知県・岐阜県・三重県には固有の生物相が成り立っており，他の地域にはない動植物を見ることができる．植物については東海丘陵要素と呼ばれる固有の湿地性植物が分布しており，淡水魚についてもネコギギ *Tachysurus ichikawai*，ウシモツゴ *Pseudorasbora pumila* subsp.，トウカイヨシノボリ *Rhinogobius* sp. TO といった伊勢湾周辺の固有種・亜種が知られている．これら伊勢湾周辺固有の淡水魚はいずれも生息地が減少しつつあるため，環境省版や県版レッドリストに掲載されているが，そのなかでもウシモツゴは特に危機的な状況にある．

　ウシモツゴは本来，岐阜県から愛知県にかけての濃尾平野に広く分布するとされてきたが（中村，1969），現在では三重県にも生息することが知られており（河村・細谷，1997），伊勢湾周辺の丘陵地の溜池10カ所程度に野生個体群が残っている．1970年代後半にはすでに濃尾平野のほとんどの場所で姿を消しており（細谷，1979），その後1980年代から90年代に散発的に生息地が発見されたものの（鈴木，1987；内山，1987；大仲，1992；河村・細谷，1997；前畑，1997），2000年代以降になると新たな生息地の発見はほとんどなくなっている．

　分布域全体でわずか10カ所の溜池にしか生息しない現状が危機的であることに異論はないだろう．この状態で1カ所の生息地が失われれば，全体の生息地の10％が減少することになる．しかも，ウシモツゴは地域ごとに遺伝的に分化しているため（大仲ほか，1999；Watanabe and Mori, 2008），1カ所の生息地の保全上の重みは10％よりもはるかに大きい．

　しかし，ウシモツゴの生息する溜池が残されている丘陵地は，中京都市圏の郊外であり，ベッドタウンや工業団地，ゴルフ場，あるいは高速道路建設など

に関連した開発が続いている．そのため，現在でも環境変化や外来魚の放流による生息地の消失の危機にさらされている．少なくとも，これまでに多くの溜池のウシモツゴが，埋め立てによる生息地の消失，周辺の環境変化，外来魚の放流といった原因によって消えていったことは確かである（表14.1）．1980年代から90年代に発見された生息地のなかで，養老町の水路は圃場整備事業で改変されて絶滅，美濃市と岡崎市の溜池はオオクチバス *Micropterus salmoides* の放流で絶滅，犬山市の溜池はブルーギル *Lepomis macrochirus macrochirus* の放流で絶滅，小牧市と春日井市の水路は競合種のモツゴ *Pseudorasbora parva* とフナ類 *Carassius* spp. の増加で絶滅，西尾市の溜池は工業団地の造成で絶滅，といった具合である（前畑，1997；大仲・森，2005；多田，1998；大原，2009；大仲，私信）．こうした状況で，残りの生息地も環境変化や競合種もしくは外来種の侵入の脅威にさらされているならば，もはや野生絶滅へのカウントダウンに入っているといえる．

2．系統保存の問題

　野生生息地の数が少なく，いずれも予断を許さない状況におかれている場合，最悪の事態を想定した系統保存をはかる必要がある．岐阜県養老町と愛知県西尾市の個体群については，野生生息地で絶滅した現在でもそれぞれ琵琶湖博物館と碧南水族館で系統保存が続けられている．愛知県犬山市の個体群についても東海大学などで系統保存されている（表14.1）．

　しかし，飼育下での系統保存もリスクが高い．愛知県春日井市のウシモツゴは，発見後緊急避難的に複数の場所で飼育されていたが，いずれも絶えてしまった（大仲・森，2007）．専門的な公的施設でも，職員の異動などによって飼育技術の継承が適切に行われず，飼育していた系統が絶えた事例もある．別の施設では，複数系統を同じ施設で維持していたが，mtDNAの解析の結果，それらの系統が適切に維持されていなかった可能性が示されたこともある．

　野生生物の複数の系統を同じ施設で維持する場合，細心の注意を払ってもコンタミの危険はつきまとう．そのため，一施設一系統のみ担当するのが大原則であるが，現実には飼育繁殖の技術と設備を備えた公的施設の数は限られており，わずか10系統のウシモツゴですら適切に分担して系統保存するのは難しい．仮に，10カ所の施設で分担できたとしても，次は各施設での飼育個体数や繁殖親魚数を，遺伝的多様性が低下しないレベルに維持しつづける必要がある．そ

表14.1 これまでに発見されたウシモツゴの個体群と現状（2012年現在）．

		1970s	1980s	1990s	2000s	絶滅要因	系統保存
濃尾系統	養老町		○	×	×	改修工事	琵琶湖博物館
	大垣市	○	×	×	×	?	×
	岐阜市				△1		×
	美濃市A			○	×→△2	オオクチバス	×
	美濃市B				○		ウシモツゴを守る会など
	関市				○		ウシモツゴを守る会など
	岐阜県東部				○		?
	犬山市			○	×	ブルーギル	東海大など
	小牧市			○	×	モツゴ・フナ?	×
	春日井市			○	×	モツゴ・フナ?	× ストックしたが絶えた
東尾張系統	長久手市				○		×
	日進市				○		地元市民グループ
伊勢・三河系統	豊田市A		○	○	○		豊田市庁舎，ビオトープなど
	豊田市B		○	○	○		×
	西尾市		○	○	×	工業団地造成	碧南水族館，工業団地内のビオトープ
	岡崎市	○	×→△3	△	△	オオクチバス	×
	三重県A			○	○		水族館
	三重県B			○	○		水族館

△1，私邸の庭池（mtDNAは岐阜市内由来の可能性を示唆）．△2，関市産を放流．△3，西尾市産を放流．

うした設備と労力は多大なものであり，現実問題として各地域個体群の系統保存をはかるためには，野外における生息地の復元と再導入という手法を検討せざるを得ない．

3．生息地の復元と再導入の問題

　野外における生息地の復元と再導入を行う場合，無秩序に行っては新たな国内外来魚問題となってしまう．対象生物を分布域外に放流するのは，放流先の地域に成立していた固有の生態系の破壊行為である．たとえ絶滅寸前の種であっても，その種がいなかった環境に導入するのは，外来魚の放流であることに変わりはない．ウシモツゴの分布域内であっても，遺伝的に分化した地域個体群を放流した場合は，やはり本来の地域性が失われてしまう．種として同じで

あっても遺伝的に異なるということは，顔や体型，行動に地域ごとの個性があるということである．そうした個性を失わせるのは，地域の自然保護としては望ましくない．

慎重を期して，残された生息地の近傍の溜池で限定的に放流するとしても，注意が必要である．なぜなら，丘陵地に残された溜池は，希少水生昆虫や希少水草の重要な生息地となっている場合があり，そうした環境にそれまでいなかったウシモツゴを導入するのは，地域在来の自然環境を保全するという点では，必ずしも適切とは言えない．ウシモツゴだけを重視して放流を行っていては，ブラックバスの放流を繰り返してきた釣り人や，環境美化の名目でニシキゴイを大小の河川に放流して水草や水生昆虫を壊滅させてきた人々と同じになってしまう．

それならば，どうすれば良いのか？　重要な点は，これまで生き延びてきた生息地の保全こそが最優先であり，本質的に放流行為では元の自然に戻せない，ということを忘れないようにすることである．水産等の技術畑では増殖と放流こそが正義と考えている場合があるが，それは環境保全ではない．市民グループによる保護活動が盛り上がって，系統保存がうまくいくと，どんどん活動を拡大したくなるかもしれないが，むやみに放流したり，飼育魚をあちこちに配布するのも，やはり本来の環境保全とは違う自己満足である．

また，再導入に用いられる個体は，通常は飼育下で繁殖させたものである．そのため，遺伝的組成が野生個体群とは異なる可能性がある．もともとその地域に生息していた個体群に由来するとしても，野生個体群の一部の個体から繁殖させたものであるため，対立遺伝子に偏りが生じていると考えられる．さらに，耐病性や餌選好性，人馴れに関する遺伝子については，飼育下で強力な淘汰がかかると予想されるので，そうした適応に関する対立遺伝子の頻度も野生とは違っているだろう．そう考えれば，むやみやたらと野外に放流するべきものではない，というのはおのずと理解できるはずである．

4．再導入の実践

岐阜県では，そうした系統保存と再導入の問題点を考慮しながら，ウシモツゴの保護と生息地の復元についての取り組みが行われてきた．主な対象は岐阜県中濃地方の美濃市と関市の溜池である．活動を始めた2005年の時点では，それぞれの市に1カ所ずつウシモツゴの生息する溜池が残っていた．両市とも多

くの溜池にオオクチバスやブルーギルが放流されており，美濃市に残っていたウシモツゴの生息地のひとつは2000年代初めにオオクチバスが放流されて絶滅していた．そのため，残る2カ所の保護は極めて重要であり，万一のための系統保存と野外における生息地の復元が必要だと考えられた．

　生息地の復元にあたっては，外来魚の放流によってウシモツゴなどの在来魚が絶滅した場所を選定した．この地域での予備調査では，オオクチバスとブルーギルの侵入した溜池に在来の小型魚や希少昆虫はまったく生息しておらず，バス・ギルと同時にコイやヘラブナも放流されているため，希少な水草もコイに捕食されて生息していなかった．そのため，外来魚の駆除後にウシモツゴの放流を行っても在来生物相にマイナスの影響をおよぼすとは考えにくく，在来生態系の復元と系統保存のモデルケースとなると考えられた．

　この活動は，美濃市と関市を中心に活動していた市民グループ「岐阜・美濃生態系研究会」がウシモツゴの危機的状況を強く訴え，岐阜県河川環境研究所が行政側の調整役となることで，行政機関として美濃市，関市，岐阜県博物館，河川環境研究所，民間機関として世界淡水魚園水族館アクア・トトぎふ，市民グループとして岐阜・美濃生態系研究会が加わり，2005年から「ウシモツゴを守る会」として官民協働で活動が行われることとなった（直井，2008；大原，2009；Mukai et al., 2011）．

　ウシモツゴを守る会の最初の取り組みは外来魚の駆除であった．残存している野生生息地の近傍で，聞き取りによってかつてウシモツゴが生息していたとされ，なおかつ，オオクチバス，ブルーギル，コイ，ヘラブナといった外来魚によって在来魚が絶えてしまった小規模な溜池を対象とした．

　対象とした池は，2004年に池干しによる外来魚駆除を行っているが，2005年にウシモツゴを守る会が発足した後に池の状況を確認したところ，数カ月間池を干し上げて外来魚を完全に駆除したにもかかわらず（流入河川もなく，下流部から魚の侵入はできない構造になっているため，干し上げれば魚は完全に駆除できる），オオクチバスとブルーギルが目視確認された．そこで，再度池干しを行い，徹底的に外来魚対策を行った．まず，（1）オオクチバスが前回の駆除後に密放流されたことを新聞等で報道してもらい，（2）ルアー釣りができないように池内にロープを張り巡らせ，（3）ウシモツゴの保護活動を行っていることを公表し，（4）オオクチバス・ブルーギルの放流が違法であることを立て看板でアピールした（図14.1）．もちろん，放流後のウシモツゴの密

図14.1 ウシモツゴの復元生息地に設置されている立て看板．保護活動を広く周知することで地元での啓発と外来魚の放流抑制に効果があった．

漁を避けるために，採集は条例で禁止されていることも看板で示している．その結果，その池における再々度のオオクチバス・ブルーギルの密放流はなく，2012年時点で順調にウシモツゴは定着している．

この場合，地元への周知や，マスコミ等を通じた外来魚駆除とウシモツゴの保護活動の広報が有効に働き，バス駆除後のアメリカザリガニ *Procambarus clarkii* の増加を抑制するために子供たちとともに行う「ザリガニ釣り大会」も恒例となっている．一部の人からは，この活動後にウシモツゴがショップで多く出回るようになったと批判的に言われることもあったが（公に保護活動をすると保護池から密漁された個体が流通する，ということ），少なくとも安定した個体数で7年以上は定着していることから，この個体群の存続に対する密漁の影響は小さく，地域社会でのウシモツゴの認知と保全活動の啓発という点を考えると，大きな成功をおさめた事例といえるだろう．

5．どこまで再導入を広げれば良いのか

ウシモツゴの移植放流が系統保存に有効だとしても，復元生息地が1地点で

きただけでは，絶滅リスクは高いままである．しかし，無秩序にウシモツゴを放流するのは，前述のとおり問題がある．また，系統保存のために地元小中学校でのウシモツゴの飼育も行われているが，話題性が高くなると他地域の学校からウシモツゴの飼育をしたいという申し出も来るようになる．

　無秩序な放流のリスクを考えると，実は小中学校への配布は危険な行為である．単に飼育技術が未熟で飼育魚を死なせてしまうだけならまだしも，熱意のあった教員が他校に異動した場合にコントロールが効かなくなる．また，こっそり持ち帰ったりする子がいないとも限らない．そのため，市外の学校からの申し出は基本的に断っている．

　また，美濃市と関市は隣接する市であるが，それぞれの野生生息地に残っていたウシモツゴのミトコンドリアDNAハプロタイプは異なっていた．両生息地は長良川を挟んだ右岸と左岸の丘陵地にあり，水系としては同じ長良川水系であるが，止水や緩流を好むウシモツゴにとって規模が大きく流速の速い長良川本流が隔離要因となってきた可能性がある．そのため，これらの生息地は，同一水系でなおかつ生息地間の距離も数キロ程度しか離れていないが，ウシモツゴを守る会では両系統を別物として扱うようにしている．そして，それぞれの生息地を中心にした狭い「放流可能範囲」を設定し，その範囲内でのみ生息地の復元を行うこととした．放流可能範囲は，丘陵地に囲まれた狭い集水域に限定し，長良川やその支流の比較的規模の大きな河川を越えないようにした（図14.2）．放流可能範囲に未発見の在来ウシモツゴ生息地がないことは確実であり，範囲を狭くすることで放流後もコントロールしやすいように配慮したものである．

6．保護活動の難しさ

　「放流可能範囲の中で」，「適切に系統保存された個体を」，「外来魚駆除後の池の在来生態系復元のために」放流する，ということを2007年にウシモツゴを守る会で提案した．漠然と活動していては必ず破綻するので，当時河川環境研究所にいた担当者（淡水魚の保全に十分な知識と経験を持った専門家だった）と筆者で相談して，具体的な「中・長期目標」を提案したのである．その中で，上記の基本的な考え方のもとに，5年間を目処とした復元生息地の数値目標も提案した．

　しかし，その後，保全の専門家であった担当者は県庁の水産課に異動してし

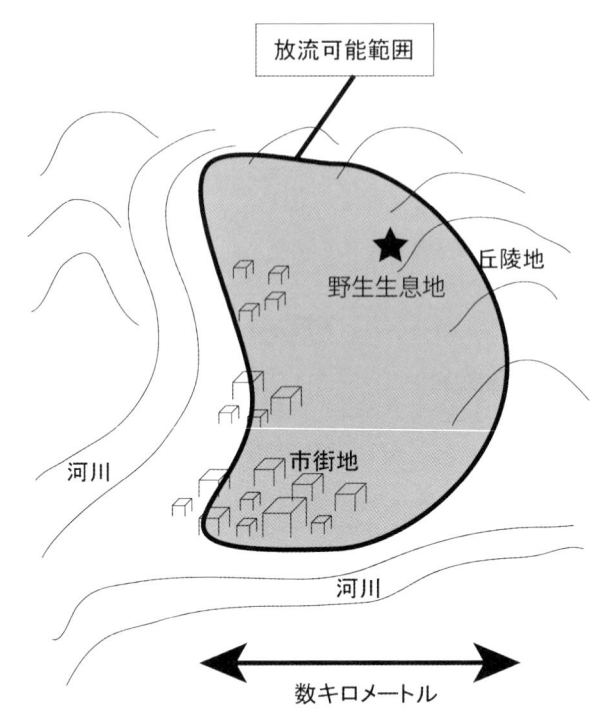

図14.2 岐阜県のウシモツゴ保護活動における放流可能範囲の模式図．丘陵地とやや大きな河川に囲まれた数キロメートル四方の集水域を放流可能範囲として限定し，範囲外には原則的に放流しないように計画した．放流可能範囲内には保全対象となる野生生息地が1地点だけ残っており，それ以外に生息地が残っていなかったことから，その野生個体群に由来する系統を飼育繁殖させて，外来魚駆除後の溜池に放流した．

まい，筆者も諸般の事情で保護活動にあまり参加できない時期があった．
　その結果，何が起きたかを述べるのは，たいへん気が重い．
　関市における活動は比較的順調であった．最初に放流した復元生息地ではウシモツゴが安定して生息しており，外来魚の違法放流もなく，アメリカザリガニの個体数抑制のための「ザリガニ釣り大会」も近所の子供たちとともに続いている．ほかの池では，必ずしも外来魚駆除後に放流したウシモツゴは定着せず，復元生息地の数はそれほど増えていないが，慎重な活動方針はうまく機能している．
　ところが，美濃市のウシモツゴの生息地復元には大きな失敗が生じた．第一

に，「美濃市産」という前提で系統保存されていたウシモツゴの出自に疑義が生じた．詳細は述べないが，系統保存されていた個体のミトコンドリアDNAハプロタイプが美濃市の野生生息地の個体と違い，関市産と同じであることが判明した．そして，そのことが判明した時点で，すでに美濃市の野生生息地近傍の2地点に，この系統が放流されていた．しかも，そのうちの1地点は，美濃市の「放流可能範囲の外」の「外来魚の侵入していない池」が放流先に選ばれ，ウシモツゴが放流されてしまった．つまり，設定した範囲外に，非在来の系統を，外来魚の侵入していない在来生態系にもかかわらず，放流してしまったのである．行政側にいた保全の専門家が異動し，筆者も活動にかかわっていなかった1～2年があっただけで，このようなことが生じるのである……．

7．今後のために

　一般的に，保全活動の失敗が公に語られることは少ない．しかし，失敗に学んで，将来に活かすことは重要である．ここでは，十分な慎重さで臨んだにもかかわらず陥った失敗の原因について考えたい．

(1) 系統保存の失敗

　「美濃市産」の系統を飼育していた施設は，2000年代前半に改称や移転をしており，そのようななかで美濃市産と関市産の系統の飼育を続けてきたとのことである．代々の担当職員が，保全についての十分な熱意と見識を持って，生息地ごとに別の系統として慎重に飼育を続けることができたなら問題なかったかもしれない．しかし，公的機関は職員の異動があるため，担当者は定期的に交代する．あくまで一般論であるが，職員が定期的に交代すると，地域系統の保存の意義を理解していない職員や，水産重要魚種以外に関心がない職員が担当することもあるかもしれない．
　したがって，系統保存については，担当者個人の資質に依存するべきものではなく，組織として確実に保存できるシステムにしておかなければならない．そのために重要なのは「一施設一系統」の原則である．日本動物園水族館協会では，この原則に則って希少種の系統保存を行っている．コンタミを警戒せずに飼育繁殖に労力を費やせるメリットは著しく大きい．一度疑義が生じると，その地域での保全活動全体に悪影響をおよぼすため，最初からコンタミ疑惑が生じないようにすることが重要である．

また，岐阜県のケースでは，長良川を挟んで数キロしか離れていない生息地の同種の淡水魚に，まさか遺伝的な違いなどないだろう，という油断や思い込みもあったかもしれない．「守る会」に参加しているメンバーや，筆者も，正直油断していたといえる．そのため，放流などを行う前に遺伝的なチェックをしておらず，放流後に問題が発覚した．このことについては，筆者が遺伝子解析技術を持っているにもかかわらず，後手にまわってしまったことも最大の反省点である．「ちゃんと系統保存している」と主張する相手（しかも，その施設にシーケンサーがあり，野生個体のサンプルも持っている）に対して，調べさせろと言うのは非常に難しかったのだが，遺伝子解析を先行させるように強く主張するべきだった．

いずれにしても，このようなことが現実に起きるため，対象地域に複数の生息地が残されている場合は，野生生息地の個体と飼育個体の遺伝子解析は必須である．魚種によっては，保護するべきと考えていた個体群が遠隔地から移殖された外来個体群ということもあるので，必ず事前の遺伝子解析は行うべきだろう．

実際は，遺伝子解析をする手段を持たない，もしくはそうした技術を持つ研究者にコネがないという方や団体が多いと思うが，なるべく博物館や水族館，大学の研究者などに相談していただければと思う．

(2) 放流先の選定の失敗

中・長期目標で放流可能範囲を定めたにもかかわらず，その外で放流が行われた．しかも，外来魚によって在来生物相が壊滅した環境ではなく，保護対象としている希少魚以外の在来淡水魚等が生息する自然度の高い場所であった．これも希少魚の保護活動の陥りやすい問題である．

ウシモツゴの危機的状況を考えれば，確実に定着しそうな環境への放流を望むのは理解できる．しかし，あまり安直に「自然度の高い環境」を放流先に選ぶと，先にも述べたとおり，在来生態系を考慮せずにオオクチバスやニシキゴイを放流することと同じになってしまう．可能性だけで語るならば，ウシモツゴは在来生態系に悪影響をおよぼさないかもしれないが，実際のところはわからない．外来種対策において，影響がわからない種の導入は予防的に禁止すべきである．もともとウシモツゴのいなかった環境には，ウシモツゴのいない状態で成立した生態系があったはずであり，希少昆虫や水草のなかには，そのよ

うな環境を「避難地」として生き延びてきたものがいるかもしれない．それにもかかわらず，オオクチバス・ブルーギルによる失地回復をせずに，水生昆虫や水草の避難地を侵略していては，単なる外来魚の放流だと批判されてもしかたがない（しかも，最も地理的に近い個体群とは別の系統を放流してしまってはなおさらである……）．ウシモツゴがたくさん住んでいた頃の里地の在来自然を取り戻すということは，ウシモツゴだけを保護する，ということではないはずである．

「守る会」などの会合でも，このような正論を言えば，そのときは皆納得するのだが，上記のような放流が実施されてしまうことを考えると，「生物多様性」や「在来自然の保全」という考え方が，まったく社会に根付いていないのではないかと思ってしまう．もちろん，美濃市・関市での5年以上にわたる活動の中で，このような放流がなされたのは1地点だけであり，それ以外は適切に選定して，外来魚駆除後の在来生物群集復元の試みとして行われている．あるいは人工的に造成されたビオトープなどを系統保存に活用している．しかし，生物の保護活動を始めると，その種の保護だけが優先される傾向が生じてしまうのは，決してウシモツゴに限った話ではないだろう．

絶滅危惧種の再導入は，まだ始まったばかりの試みであり，その考え方も成熟しているとは言い難い．その地域の歴史性を損なわず，再導入対象種以外の在来自然の状態も考慮した実践が広く行われるようになるには，越えるべきハードルがいくつも残っている．

引用文献

細谷和海．1979．最近のシナイモツゴとウシモツゴの減少について．淡水魚，5: 117.
河村功一・細谷和海．1997．三重県宮川水系から発見されたウシモツゴ．魚類学雑誌，44: 57-60.
前畑政善．1997．ウシモツゴ．長田芳和・細谷和海（編），pp. 114-121. よみがえれ日本産淡水魚―日本の希少淡水魚の現状と系統保存．緑書房，東京．
Mukai, T., K. Tsukahara and Y. Miwa. 2011. The re-introduction of the Ushimotsugo minnow in Gifu Prefecture, Japan. Soorae, P. S. (ed.), pp.54-58. Global Re-introduction Perspectives: 2011. More case studies from around the globe. IUCN/SSC Re-introduction Specialist Group and Abu Dhabi, UAE.
中村守純．1969．日本のコイ科魚類．資源科学研究所，東京．455 pp.
直井秀幸．2008．ウシモツゴ再導入への道．pp.84-91. アクアライフ2008年6月号．
大原健一．2009．ウシモツゴ―官民協働による保全―．高橋清孝（編），pp. 51-55. 田園の魚をとりもどせ！　恒星社厚生閣，東京．

大仲知樹. 1992. 新たに発見されたウシモツゴの生息地について. 淡水魚保護, 5: 129.

大仲知樹・佐々木裕之・長井健生・沼知健一. 1999. 絶滅危惧種ウシモツゴ集団に見られた mtDNA D ループ領域の著しい単型性. 日本水産学会誌, 65: 1005-1009.

大仲知樹・森　誠一. 2005. ウシモツゴ―平野から山間の溜池へ―. 片野　修・森誠一（監修・編）, pp. 111-121. 希少淡水魚の現在と未来―積極的保全のシナリオ―. 信山社, 東京.

鈴木栄二. 1987. 新しく発見されたウシモツゴ生息地. 淡水魚, 終刊号: 98-99.

多田　実. 1998. 生きていた！　生きている？　境界線上の動物たち. 小学館, 287 pp.

内山　隆. 1987. ウシモツゴ *Pseudorasbora pumila* subsp. の形態と生態. 淡水魚, 終刊号: 74-84.

Watanabe, K. and S. Mori. 2008. Comparison of genetic population structure between two cyprinids, *Hemigrammocypris rasborella* and *Pseudorasbora pumila* subsp., in the Ise Bay basin, central Honshu, Japan. Ichthyol. Res., 55: 309-320.

コラム 6

保全の単位：考え方，実践，ガイドライン

渡辺勝敏

1. 生物の本質と「保全の単位」

1000万種とも1億種ともいわれる地球に繁栄する生物．すでに絶滅した無数の種を含め，元は単一の細胞から始まった30数億年の悠久の歴史の中で，想像を絶する多様な生物のなりわいが繰り広げられてきた．きびしい生態学的な世界の中で，ほとんどの生物は子孫を残せない．たとえ子を残しても，孫，曾孫と続いていく確率はさらに小さい．しかし，今，この時点で生きているあらゆる個体は，30数億年間にもわたって，子供を残せずに死ぬことが一度もなかった奇跡の家系の末裔である．生物の本質は，そのような奇跡的な存在が連綿と遺伝子を引き継ぎ，おのずと多様化する「進化する実体」だといえる．

「進化」の基本要素は，繁殖グループ，つまり各地域に棲む同種の集まりである「個体群（＝集団）」において，世代間で遺伝的な組成が変化することである．有性生殖を行う生物では，雌雄2個体によって新たな個体が生み出されるが，その無数の組み合わせと突然変異によって，個体間で差異が生じる．環境との相互作用，さらには偶然の結果，一部の個体のみが子を残し，次世代の登場人物（遺伝子）が逐次更新される．つまり，進化の最も重要な単位は地域個体群であり，もし私たちが，生物の本質を尊重し，生物多様性の現在と未来を保全していきたいと考えるのであれば，この地域個体群を「保全の単位」と考えるのは当然のことである．できるだけ多くの地域個体群を，本来のさまざまな環境の下で，できるだけ多数の個体で維持することができれば，進化しつづける実体としての種を保全することができる．

2. 実践的な考え方

では，実際にはどの範囲までを「地域個体群」とみなすべきなのだろうか．まず空間的には，どの地理範囲が繁殖可能な広がりなのか．また毎世代繁殖が可能な地理範囲から，淡水魚でいえば，10年，あるいは100年に一度の洪水時にのみ交流し，繁殖するというような時間的に異なる地理範囲もあるだろう．近年では，生態学的な調査に加え，高感度の遺伝子標識を用いた集団遺伝学的な分析によって，ある程度の精度でそのような繁殖集団のまとまりを認識することができる．それらの情報は，対象とする種の存在のしかたを理解したうえで保全策を考えるために重要である．

しかし，実際に保全を進めていくうえで，そのような情報がなければ何もできない，ということは決してない．次のように考えれば，保全単位を尊重しつつ，最小限の情報しかなくても保全策を進めていくことができる．

①各生息場所・地域ごとに守る（基本的な保全単位）．ある生息場所，または本来，短〜中期的に交流があったと自ずと想定できる範囲ごとに，個体群を最大限守る．

②地域個体群の存続のために必要な場合にのみ，人為的な交流・交配・移動を行う．つまり，個体数の減少の結果，人口学的あるいは遺伝的に自立が不能だと見込まれる場合にのみ，基本的な単位を超えて，他個体群と人為的に交流することを考える（繁殖補助，あるいは遺伝的救助と呼ばれる対策）．

③人為交流の対象としては，なるべく歴史的に近い個体群を対象とする．遺伝的な情報があれば活用できるし，なければ地理的な近さや地形から近似的に判断する．つまり保全の単位を連続的に考え，交流候補に優先順位をつけるということである．

3．保全のツールとしての「放流」と保全単位

本書のメインテーマのひとつは，「無思慮な放流（国内外来種）は，生物多様性の保全に役に立たないばかりでなく，取り返しのつかない大きな損失を招く」ということである．一方で，希少魚の放流，より一般的には再導入・補強・野生復帰と呼ばれる保全対策は，野生集団の自律的な復活が見込まれない場合の，最後の一手ともいえる重要な保全ツールでもある．しかし，一般に，本気で放流による保全を成功させようと思うと，多数の課題がもちあがる．それらを無視すると，目的である保全がうまくいかないだけではなく，国内外来種の深刻な問題を引き起こすことにつながる．

日本魚類学会（2005）による「生物多様性の保全をめざした魚類の放流ガイドライン」（放流ガイドライン）は，本当に希少魚あるいは生物多様性の保全を実践しようとする人たちのための実施チェックリストである（巻末に掲載）．

放流ガイドラインでは，まず放流が現状で保全の優先策なのかどうかを問う（1．放流の目的と是非）．また，意図とは逆に，独りよがりで，無責任な自然破壊に陥らないよう，さまざまな活動主体（地域住民・市民，行政，研究者，博物館・水族館等）が利害関係者とともに社会的コンセンサスを形成しながら協働すべきであることが述べられる．

放流による保全策を採ることが決まったら，（2）放流場所の決定，（3）放流個体の選定，そして（4）放流の手順を，上で述べた保全の単位を尊重しながら，かつ最大限の成功を得るために検討・選択することになる．さらに，本当の保全のためには，放流して終わり，ではなく，事後検証や密漁の防止策など，（5）放流後の活動が非常に重要であることが具体的に提示されている．

放流ガイドラインの公表後，これまでにすでにイトウ（北海道），ウシモツゴ（岐阜県），ミヤコタナゴ（栃木県），イタセンパラ（大阪府），イチモンジタナゴ（滋賀県），ネコギギ（三重県）など，さまざまなケースにおいて，ガ

イドラインを活用した再導入または補強による保全策が進められている．誰にも見つからないことを願って生息地を放置しておくだけで保全できるケースは今や限られ，またこれまでのように生息環境改変時に後追いでわずかな影響軽減策を講じていっても，魚は減る一方である．最大の守りは攻めである．絶滅危惧種を本来の普通種に戻すことを揺るぎない目標として据え，身近な水中に棲む奇跡の家系の末裔たちとの共生を取り戻していかなければならない．

引用文献

日本魚類学会．2005．生物多様性の保全を目指した魚類の放流ガイドライン（放流ガイドライン，2005）．魚類学雑誌，52: 81-82.
http://www.fish-isj.jp/iin/nature/guideline/2005.html（参照　2010-7-20）.

付録　生物多様性の保全をめざした魚類の放流ガイドライン

(放流ガイドライン，2005)

日本魚類学会

要約

<u>基本的な考え</u>：希少種・自然環境・生物多様性の保全をめざした魚類の放流は，その目的が達せられるように，放流の是非，放流場所の選定，放流個体の選定，放流の手順，放流後の活動について，専門家等の意見を取り入れながら，十分な検討のもとに実施するべきである．

1. <u>放流の是非</u>：放流によって保全を行うのは容易でないことを理解し，放流が現状で最も効果的な方法かどうかを検討する必要がある．生息状況の調査，生息条件の整備，生息環境の保全管理，啓発などの継続的な活動を続けることが，概して安易な放流よりはるかに有効であることを認識するべきである．

2. <u>放流場所の選定</u>：放流場所については，その種の生息の有無や生息環境としての適・不適に関する調査，放流による他種への影響の予測などを行った上で選定するべきである．

3. <u>放流個体の選定</u>：基本的に放流個体は，放流場所の集団に由来するか，少なくとも同じ水系の集団に由来し，もとの集団がもつさまざまな遺伝的・生態的特性を最大限に含むものとするべきである．また飼育期間や繁殖個体数，病歴などから，野外での存続が可能かどうかを検討する必要がある．特にそれらが不明な市販個体を放流に用いるべきではない．

4. <u>放流の手順</u>：放流方法（時期や個体数，回数等）については十分に検討し，その記録を公式に残すべきである．

5. <u>放流後の活動</u>：放流後の継続的なモニタリング，結果の評価や公表，密漁の防止等を行うことが非常に重要である．

はじめに

　本ガイドラインの対象は，希少種を中心とする魚類の放流であり，その目的は地域集団（個体群）や生物多様性[1]の保全である．放流は自然復元のための一つの手段であり，科学的・合理的根拠に基づいて実施されるべきである．本ガイドラインは，放流に関わる者が放流を行うことによる保全上の有効性を検討し，有効と判断された場合に，適切な放流集団を選択し，適切な場所に，適切な方法で放流するための指針である．

　本ガイドラインを作成するに至った背景として，希少種や自然環境の保全をめざして，メダカやコイを含む魚類の放流が各地で盛んに行われている現状がある．残念ながら，これらの放流は，本来の生物保護や生物多様性の保全に役立っていなかったり，むしろ有害な場合すらある．国際自然保護連合が再導入のためのガイドライン[2]にまとめているように，生物多様性の保全を目標とした放流は，自然復元プログラムとして位置づけられるべきである．

　なお，本ガイドラインは，主として野生集団の保全を目的とする放流のためのものである．それ以外の目的を含む水産業やレジャー，ペット投棄などに伴う放流行為を対象としない．しかし，これらの放流も，生物多様性の保全に反して実施されることは望ましくないため，共通する検討事項は多いはずである．

　放流に関わる生物多様性に対する問題点には下記のようなものがある．
・生息に適さない環境に放流した場合には，放流個体が短期間のうちに死滅するだけに終わる．
・在来集団・他種・群集に生態学的負荷（捕食，競合，病気・寄生虫の伝染など）を与える．ひいては生態系に不可逆的な負荷を与えうる．
・在来の近縁種と交雑する．その結果，遺伝・形態・生態的に変化し，地域環境への対象種の適応度が下がる．交雑個体に稔性がない場合には，直接的に在来・放流両集団の縮小につながる．
・在来の同種集団が，遺伝的多様性[3]が小さい，あるいは在来集団と異なる

---

[1] 生物多様性：遺伝子から集団，種，景観，生態系にいたる生物や生物間相互作用の多様性の総体
[2] IUCN/SSC Guidelines For Re-Introductions（国際自然保護連合／種の保存委員会，再導入専門家グループ），http://www.iucnsscrsg.org/
[3] 遺伝的多様性：あるグループ内の遺伝的な変異の大きさ．各種の遺伝マーカー（注5）で実測される．

遺伝的性質をもつ放流個体と混合したり，置き換わることにより，地域環境への適応度が下がる．

これらの問題を回避するために安易な放流の実施は避けるべきであり，以下の項目を検討するために，さまざまな活動主体（地域住民・市民，行政，研究者，博物館・水族館等）が社会的コンセンサスの下で協働することが望ましい．同時に，本ガイドラインとその主旨を教育や社会活動の場で啓発・周知していく必要がある．

1. 放流の目的と是非

種は一般に複数の地域集団（個体群）から構成される．地域集団は個々に異なる歴史的背景をもち，遺伝的分化を遂げつつある進化的単位である．したがって，放流は歴史的産物である集団の本来の姿を損なう可能性があり，自然環境の保全と相反する行為となりうる．放流が保全上有効な手段であることが予測・説明されない限り，安易に実施するべきではない．

しかしながら，希少魚や地域集団，ひいては群集の保護・保全のために，むしろ放流を促進すべき状況がありうる．例えば，人間活動によって直接・間接的に地域集団や群集がすでに大きく損なわれ，自然集団の維持や再定着のためには，人為的にそれらを復元したり，その補助をすることが求められる場合である．そのための手段としての放流は，上記の問題点に留意し，それらを解決した上で実施されなければならない．また，放流による集団の維持・保全の成功のためには，時間および人的・経済的コストがかかることも認識しておく必要がある．

保全・自然復元のための放流は大きく3つのタイプに分けることができる．
- 再導入 re-introduction：ある種がもともと自然分布し，絶滅してしまったところに，放流により集団を復元させようとすること．
- 補強 re-inforcement/supplementation：現存の集団に同種の個体を加えること．
- 保全的導入 conservation/benign introductions：保全の目的で，もとの分布域外の適切な生息場所に，ある種を定着させようとすること．

当該の放流がどのタイプに相当するのかを事前に明確にし，それぞれに対応した方法をとるべきである．

- 対象となる種が生息地ですでに絶滅している場合，元の集団と遺伝的・生態的になるべく近いものを復元することが目的となる（再導入）．
- まだわずかな個体が生息地に残っているが，自力では集団が維持できない可能性が高い場合には，現存の集団の遺伝・生態的特性を最大限残すようなやり方で，個体を加える（補強）．
- 保全的導入は，原則として，その種本来の分布域内に生息可能地が残されていなかったり，本来の分布域にある生息可能地だけでは，集団の存続が困難と予測される場合にだけ試みられるべきである．
- それ以外の場合，つまり，絶滅の危険性が低い在来集団の生息場所に放流を行うことは，保全上の意義よりも悪影響が大きい場合があるので，放流以外の保全策を検討すべきである．例えば，分布生息状況や生息条件（水質，すみ場所，捕食者など）の調査，減少要因の解明，生息環境の保全管理と改善・整備，継続的な啓発活動などである．

2. 放流場所の決定

1) 放流は，特別な根拠がある場合を除いて，もとの生息場所付近で行うべきである．
2) 放流に先立ち，対象となる種がその場所ですでに絶滅したのか，あるいは放流を行わない限り近い将来絶滅する可能性が高いことを，事前の調査活動により，できるだけ高い精度で明らかにしておくべきである．そうでない場合，原則として，放流以外の保全策を検討すべきである．
3) 対象種が生活史をまっとうする条件を，その場所が備えている必要がある．例えば，水質，餌，産卵場所，回遊経路に問題がないこと，集団の維持が困難となるような捕食者が存在しないことなどである．また，必要に応じて，環境改善，捕食者の排除などを実施し，生息条件を整える作業も重要である．
4) その場所で，遺伝的多様性の消失や深刻な近交弱勢[4]が避けられるよう，十分な個体数が維持できる必要がある．
5) 放流個体とその場所の近縁種との間で交雑が進むと予測される場合には，放流を行うべきではない．

---

[4] 近交弱勢，異系交配弱勢：近親交配（近交弱勢）または遺伝的に遠縁の集団との交配（異系交配弱勢）によって，生残力や繁殖力が弱い個体や集団を生じること．

6）他の希少な在来種が不利な影響を受け，絶滅が予測される場所への放流は行うべきではない．
7）放流場所の管理や所有に関わる諸条件を考慮し，関係者や地域住民との協議を行い，事後の検証も実施されるよう合意を得るべきである．

3. 放流個体の選定
1）放流個体は，原則的に，放流場所の集団に由来するものであるか，または放流先と同じ水系の地理的近傍に生息し，かつ遺伝的・生態的に近い集団からのものとするべきである．
2）放流する個体数は，遺伝的多様性を維持するために，多数であることが望ましいが，それらの個体を確保するために，提供元の集団の存続を危機にさらしてはならない．
3）地理的隔離のある複数集団の混合は，交雑により適応度が低下する可能性があるので（異系交配弱勢[4]），避けるべきである．ただし，放流個体あるいは放流場所の集団において，本来の遺伝的多様性の消失や近交弱勢が進んでいると認められる場合には，集団間の混合も選択肢として考慮されうる．
4）飼育個体に関しては，元の産地，飼育期間，病歴，遺伝的多様性に関する情報（親魚数や繁殖環境，遺伝マーカー[5]による調査結果など）が明らかであり，それらが保全の目的に適した場合に限り，放流魚として扱うことができると考えるべきである．特に，上記の情報が不明な市販個体を放流魚に用いるべきではない．
5）以上の事項を踏まえた上で，最適な放流個体を選定するべきである．

4. 放流の手順
1）放流場所が法律や地権者などの管理下にある場合，承認・了解を得るための手続きや協議を行う必要がある．
2）放流個体への負荷を軽減するために，放流の時期，放流個体数，成長段階，移動手段，放流回数などを考慮するべきである．

---

[5] 遺伝マーカー：タンパク質あるいはDNAの情報を用いて個体や集団の特徴を調べるための標識．特にDNAマーカー（mtDNAや核DNAの塩基配列，マイクロサテライト，RFLP, AFLP, SNPsなど）は無水エタノール中で保存した微量な組織標本で分析可能なので，利便性が高い．

3）放流を行った記録を公式に残し，保全目的に反しない限り，公開すべきである．
4）在来集団および放流個体について，事前に十分な分類学的な検証を行うべきである．もし分類学的に未解決な問題が残った状況で放流を進めざるをえない緊急な場合には，今後の分析のために形態および遺伝分析が可能な標本を保存しておくべきである．

5．放流後の活動

1）放流場所における集団の生息状況（生残，繁殖個体数，再生産，環境変動への応答，遺伝的性質など）や他種，生態系への影響に関するモニタリングを行う必要がある．
2）放流によって復元された集団の遺伝的多様性を維持するために，放流個体を補充することが望ましい場合がある．その場合にも，放流個体の選定については十分な検討を行うべきである．
3）当初の目的（再導入や補強など）が達成されているかどうかを評価するべきである．もし放流による集団の復元が失敗した場合も，その後の施策のために，その失敗理由を把握することが非常に重要である．
4）放流後の過程で得られた知見や結果を蓄積し，かつ広く周知することが望ましい．
5）その他，密漁防止策，外来種の侵入の防止策，異常渇水等の緊急的な避難対策などが必要であり，これらを効果的に行うために，地域住民や関係団体との連携が必要である．

本ガイドラインの引用は下記のとおり：
日本魚類学会．2005．生物多様性の保全をめざした魚類の放流ガイドライン（放流ガイドライン，2005）．魚類学雑誌，52: 81-82．
または
日本魚類学会．2005．生物多様性の保全をめざした魚類の放流ガイドライン（放流ガイドライン，2005）．http://www.fish-isj.jp/iin/nature/guideline/2005.html

用語解説

淀　太我・瀬能　宏

● **アイソザイム**（あいそざいむ；isozyme）

　酵素の触媒反応は同一であるが，タンパク質の一次構造（アミノ酸配列）が異なるもののこと．このうち，同じ遺伝子座の異なる対立遺伝子に起因するものを特にアロザイム（allozyme）と呼び，集団内のアロザイム多型を調べることで遺伝的多様性や集団間の分化を調べることができる．アロザイムは核遺伝子マーカーとして有効であり，DNAを直接解析する手法より低コストであるなど利点もあるが，酵素活性を利用して多型を検出するために生鮮なサンプルを必要とする．

● **赤池情報量規準**（あかいけじょうほうりょうきじゅん；Akaike's information criterion；AIC）

　統計モデルのあてはまりの良さを評価するための指標の一つ．統計モデルのデータとの適合度は，パラメーター（変数）の数や次数を増やすことによって高められるが，これはその一方で測定ノイズや本来無関係な情報まで取り込んで結果を大きく左右してしまう危険性がある．そのため，パラメーター数をなるべく抑えながら最良のあてはまりを示すモデルを選択する必要があり，赤池情報量規準はその指標として広く使用されている．

● **遺棄**（いき；abandonment）

　飼育者が飼育していた生物を野外に放つこと．

【同義語】放逐

● **逸出**（いっしゅつ；escape）

　飼育されていた生物が，飼育者の意図に反して野外に逃げ出すこと．

● **一般化線形モデル**（いっぱんかせんけいもでる；generalized linear model；GLM）

　従来のt検定，回帰分析，分散分析，共分散分析などそれぞれ独立した手法であったパラメトリックな検定は，理論的に統一的な共通のモデルに当てはめることで実施可能であるが（（一般）線形モデル），応答変数が正規分布をとることを仮定していた．これを，それ以外のデータ分布（二項分布，ポアソン分布等，指数型分布族）にも使えるように拡張したモデルのこと．さまざまな種類のデータを同時にモデルに組み込めるなどたいへん自由度が高い．

● **遺伝的浮動**（いでんてきふどう；genetic drift）

　集団の対立遺伝子頻度が偶然性に基づきランダムに変動すること．自然淘汰よりも交配の偶発性によって生じ，その効果は小さな個体群で重要な意味を持つ．

● **エコシステムエンジニア**（えこしすてむえんじにあ；ecosystem engineer）

生物の生息地（ハビタット）を大きく改変する作用を持つ生物のこと．
【同義語】生態系改変種，生態系エンジニア

●F_1雑種（えふわんざっしゅ；F_1 hybrid）
異種間交雑で生じた第1代目の子孫のこと．F_1とは遺伝学において，特定の雌雄の第1代目の子孫を指す．

●外来生物（がいらいせいぶつ；alien species）／―種，―魚
過去あるいは現在の自然分布域外に導入された種，亜種，あるいはそれ以下の分類群を指し，生存し繁殖することができるあらゆる器官，配偶子，種子，卵，無性的繁殖子を含むものをいう．外来種として用いた場合にも，外来生物と同義で亜種以下の分類群や個体群も含むことが通例である．対象が魚類に限定される場合には，外来魚という用語が用いられることがある．なお，外来生物法における特定外来生物は生物種（あるいは亜種以下の分類群）自体を指定するため，飼育下でも外来生物と扱われ，野外では採集して生息場所から持ち出された瞬間に規制対象となるが，本来は自然環境下に放たれて初めて発生する概念である．
【同義語】移入生物（種），帰化生物（種）

●キーストーン種（きーすとーんしゅ；keystone species）
生態系内における生物量は多くないにもかかわらず，群集を構成する他の種に大きな影響を与え，群集の構造や特徴の決定に大きな役割を果たしている種のこと．当初は最上位捕食者を意味していたが，近年では食物網内の位置にかかわらず，他種への影響力の大きさにより判断される．

●駆除（くじょ；eradication, extermination, expulsion）
被害をおよぼす生物を対象となる場所から取り除くこと．根絶（撲滅）への過程として同義的に用いられることも多い．
【類義語】根絶，撲滅

●群集（ぐんしゅう；community）
一定区域内に出現する異なる種の個体群の集まりのこと．

●系群（けいぐん，stock, subpopulation）
主として水産学の分野で用いられる用語で，海産魚などにおいて，同一種内で広い自然分布域の内部に独立した繁殖集団が生じることがあり，それらを系群と呼ぶ．個体数変動は系群ごとに独立であるため，資源評価や資源管理は系群を単位として行われる．遺伝的な交流が隔絶してからの時間が短かったり，個体群の資源量の多寡によって離合したりするため，系群は必ずしも遺伝的な差異として検出されるとはかぎらない．

●系統（けいとう；strain, lineage）／―群
共通の祖先に由来する個体（もしくは遺伝子）の集まりのこと．水産学や育種学，実験動物学などでは人為的に選抜して繁殖させた個体の集まり（strain）のことだが，野生動物を対象にする場合は，ミトコンドリアDNAなどの遺伝子系統樹に基づいて，共通の祖先に由来する個

体やハプロタイプの集まり（lineage）を系統もしくは系統群と呼ぶことも多い．
【類義語】品種

●**系統保存**（けいとうほぞん；preservation）
ある生物を飼育下で保護する場合に，種レベルではなく，個体群等のより詳細なレベルで同系統の個体を排他的に飼育し，継代繁殖させていくこと．

●**交雑**（こうざつ；hybridization）
種や亜種といった異なる分類単位間で交配すること．遺伝的に異なる地域個体群間で交配する場合にも用いられる．

●**根絶**（こんぜつ；eradication, extermination）
被害をおよぼす生物を問題になっている場所から完全に取り除き，個体群が回復しない状態にすること．またその状態．
【同義語】撲滅

●**GIS**（じーあいえす；geographic information system）
地理情報システム．地理的位置を手がかりに，位置に関する情報を持ったデータ（空間データ）を総合的に管理・加工し，視覚的に表示し，高度な分析や迅速な判断を可能にする技術のこと．

●**自然分布**（しぜんぶんぷ；native range, distribution）
自然史（地史的な時間と適応進化の歴史）に基づく人為によらない生物本来の分布のこと．

●**純淡水魚**（じゅんたんすいぎょ；genuine freshwater fish）
魚類の生活史に基づいた分類のひとつで，一生を淡水中で過ごす魚類をいう．なお，一生のうちで海水と淡水を行き来するものを通し回遊魚（diadromous fish），海水魚のなかで，生活史において必然性はないものの，淡水域に進入することのあるものを周縁性淡水魚（peripheral freshwater fish）と呼ぶ．

●**進化速度**（しんかそくど；substitution rate, evolutionary rate）
DNAにおける塩基あるいは遺伝子の置換が起こる速度（置換率）のこと．正確には分子進化速度（molecular evolutionary rate）と呼ぶ．

●**侵入**（しんにゅう；invasion）
ある生物が外来生物として分布域を拡大すること．導入と類似した概念だが，導入が人の行いに対して用いられるのに対し，侵入は生物を主体とした用語である．また，いったん人為的に持ち込まれた生物が，二次的に非人為的に分布を拡大した場合にも侵入という用語が使用される（導入は不適）．
【類義語】導入

●**侵略性の高い**（しんりゃくせいのたかい；invasive）／（**侵略的**）
侵入した場合に，生態系へ大きな影響を与えること．また，そのような外来生物のことを侵略的外来生物（invasive alien species）と呼ぶ．なお，外来生物法では特定外来生物に対してinvasive alien speciesの訳語を与えているが，必

ずしも完全に一致する概念ではない.

● **生殖隔離**(せいしょくかくり; reproductive isolation)

　異なる分類単位の生物の間で,交配して子孫を残すことができない状態のこと.交配自体が妨げられる交配前隔離(出会わない,形態的に交配できない,等)と,交配の成功が妨げられる交配後隔離(発生不全等)がある.

● **地方品種**(ちほうひんしゅ; local race)

　種内の地域個体群のこと.種よりも下位の区分として用いられる.

● **定着**(ていちゃく; establishment)

　生物が新しい生息地で自然繁殖し,個体群を維持できるようになること.

● **適応度**(てきおうど; fitness)

　ある個体の次世代の遺伝子プールに対する相対的な貢献度のこと.あるいは,ある個体が次世代に残す子孫の数の期待値のことを指す.

● **導入**(どうにゅう; introduction)

　意図的か非意図的かを問わず,人の行いによって生物を過去または現在の自然分布外に移動させ,自然環境下に放つこと.
【同義語】移殖
【類義語】移入,侵入

● **土壌シードバンク**(どじょうしーどばんく; soil seed bank)

　土壌中に含まれる種子(埋土種子)の集団のこと.ある生態系から植物体としてその植物が絶滅したり大きく減少した場合でも,土壌中には過去につくられた種子が存在している場合があり,表出させるなどして条件を整えてやることで個体群や群集を復元できる可能性がある.

● **Hardy-Weinbergの遺伝平衡**(はーでぃ・わいんべるぐのいでんへいこう; Hardy-Weinberg equilibrium)

　ハーディー・ワインベルグ平衡ともいう.集団内で完全にランダムな交配が行われ,個体の移出入がなく,自然淘汰の影響がない場合の遺伝子型の比率.調査対象とした集団内でランダムな交配が行われていない場合(生殖隔離のある複数種が混在している場合)や,ヘテロもしくはホモ接合の個体に自然淘汰がかかっている場合,遺伝的に分化した集団が導入されて時間が経っていない場合などに,遺伝子型頻度の観察値がハーディー・ワインベルグ平衡の期待値から外れる.

● **ハプロタイプ**(はぷろたいぷ; haplotype)

　半数体(haploid)の遺伝子型(genotype)を意味する略語で,1つの染色体上の対立遺伝子構成や塩基配列のこと.1本の染色体であるミトコンドリアDNAの遺伝子型をハプロタイプと呼ぶことも多い.

● **氾濫原**(はんらんげん; floodplain)

　大雨等による河川の水位上昇時に,河道(河川水が平時に流れる凹地部分)から水が溢れ浸水する範囲のこと.氾濫原には肥沃な土が堆積し,浸水時にはワムシ類などの動物プランクトンが大量に発

生する．日本を含むアジアモンスーン地帯の多くの淡水魚が，氾濫原に強く依存した生活史を有している．
【類義語】一時的水域

●琵琶湖産アユ（びわこさんあゆ）
　滋賀県琵琶湖に生息するアユおよびその個体群のこと．アユはサケ目アユ科に属し，基本的には川で生まれ，仔稚魚期を海で過ごした後，川へ遡上して成長，成熟して産卵する両側回遊魚であるが，琵琶湖には海に降らないアユ個体群が存在し，琵琶湖産アユと呼称される．このアユ個体群は，一般的なアユと遺伝的，形態的，生態的にも異なっている．琵琶湖内で仔稚魚期を過ごし，流入河川へ遡上するものをオオアユ，一生を琵琶湖内で過ごすものをコアユと呼び，オオアユの体長は一般的な河川のアユと大差ないが，コアユは成長しても8 cmほどにしかならず小型で，琵琶湖沖合で浮き魚としてのニッチを占めている．そのためその資源量は膨大で，1990年代まで全国の河川に第5種共同漁業権の増殖義務履行手段として大量に放流されていた．

●品種（ひんしゅ；race, breed）
　農作物，家畜，養魚等において，人為的な操作により，重要な特徴が実用的に支障のない程度にまで遺伝的に固定された種内の一群のこと．
【類義語】系統

●分散（ぶんさん；dispersal）
　生物が人為によらず分布域を拡大すること．

●分子時計（ぶんしどけい；molecular clock）
　種や亜種その他の対象分類群の分岐年代を推測する際に用いられる分子生物学的指標のこと．あるDNAの進化速度を長期間にわたり一定と仮定して，分子時計として使用する．

●ベントス（べんとす；benthos）
　生物の生活型による区分法のひとつで，底生生物のこと．水生生物のうち，基質に依存して生活している生物の総称．水中で基質に依存せず生活する生物のうち，遊泳力を持たないか非常に弱く水の動きに逆らって移動しないものをプランクトン（浮遊生物，plankton），遊泳力を持つものをネクトン（遊泳生物，nekton）と呼ぶ．

●防除（ぼうじょ；control）
　外来生物による被害を防止するための一連のプログラムのこと．駆除，侵入予防，分散防止，被害軽減等を含む総合的な概念である．

●保全（ほぜん；conservation）
　生物や生態系をより自然に近い状態で維持できるように総合的に管理すること．

●保全的導入（ほぜんてきどうにゅう；conservation/benign introductions）
　保全の目的で，自然分布域外の適切な生息場所・生態地理学的地域の中に，ある生物を定着させようとすること．これはその種の自然分布域の中に生息可能地が残されていないときだけに用いるべき保全策である．

● ホットスポット（ほっとすぽっと；hot spot）

非常に多様な分野で用いられる用語で，周辺（あるいは全体）と比較して，何らかの値が特異的に高い局所的な地域のこと．保全や環境の分野では，生物多様性ホットスポットを指すことが一般的である．生物多様性ホットスポットとは，生物多様性が高いにもかかわらずその損失が急激に進んでいる地域のことであり，コンサベーション・インターナショナルが選定した世界で35箇所（2012年時点）の保全の重要性の高い地域を指すことが多い．これらの地域は地球上の陸地面積の2.3％を占めるにすぎないが，世界の50％の維管束植物と42％の陸上脊椎動物種が生息している．日本列島もこのホットスポットのひとつである．

● マイクロサテライトDNA（まいくろさてらいとでぃーえぬえー；microsatellite DNA）

ゲノム上に存在する反復配列のうち，数bp程度の単位配列が数回から100回程度繰り返しているもののこと．反復回数はDNA複製時に変異しやすく，集団内に多数の対立遺伝子が存在するため，個体識別や親子鑑定，近縁な集団間の遺伝的分化の推定などに利用される．

● マイトタイプ（まいとたいぷ；mitotype）

ミトコンドリアDNAのハプロタイプのこと．ミトタイプとも呼ばれる．核DNAの系統とミトコンドリアDNAの系統は必ずしも一致しないため，ミトコンドリアの遺伝子型に限定した意味で議論をする場合にマイトタイプという表現が使われる．

● ミトコンドリアDNA（みとこんどりあでぃーえぬえー；mitochondrial DNA／mtDNA）

細胞内小器官であるミトコンドリアが保有する独自のDNAのこと．ミトコンドリアゲノムとも呼ぶ．脊椎動物の場合，基本的に卵子のミトコンドリアDNAのみが子に伝達されるため母系遺伝する．分子進化速度が速く，組み換えがないため，遺伝子系図を描くのに適している．地域集団間で違いが生じやすいので，動物の地理的分化を調べるために使われる．

● 戻し交雑（もどしこうざつ；backcross）

交雑で生まれたF_1雑種またはその後代に対して，最初の親のうち片方（と同じ遺伝子型の個体）が再び交配すること
【同義語】戻し交配

● 野生（の）（やせい；wild）／一個体群，一生息地

生物が人によって飼育・栽培されていない状態のこと．日本語の用語としては，外来生物に対して用いる場合（naturalized）とそうでない場合，再導入されたものを除くかどうか，などで混乱があり，文脈等から判別する必要がある．

● 野生化（やせいか；naturalization）

外来生物が，侵入した後生息しつづけているが，継続して繁殖に成功し自立的に個体群を維持している（＝定着）には至っていない状態．ただし，植物などで

は naturalization には定着と同義として「帰化」の訳語が当てはめられることもあり，また栽培品種の自然環境下への侵入〜定着に限定的に使用されることもあるなど，日本語，英語ともに混乱のみられる用語である．

●**有効種**（ゆうこうしゅ；valid species）
命名規約によって有効とみなされる学名を持つ種のこと．同じ種に複数の学名が与えられた場合，先取権によって古いほうの学名が有効となる．なお，形態や生態等の違いによってはっきり区別できる種についても有効種（good species）の語が用いられる．

●**有効集団サイズ**（ゆうこうしゅうだんさいず；effective population size；Ne）
実際の個体群サイズを遺伝学の観点から評価し直した値のこと．その集団中で繁殖に寄与して実質的に次世代に遺伝子を残せる個体数である．

なお，多くの場合，有効集団サイズは実際の個体群サイズよりも大幅に小さい．たとえば，一夫一婦で配偶者を変えない種の場合，オスが500個体，メスが100個体の個体群であれば，有効集団サイズは200個体でしかない．有効集団サイズは遺伝的浮動の強さに大きく関係する．

●**予防原則**（よぼうげんそく；precautionary principle）
重大な悪影響の危険性が仮説として予測される事象について，科学的に立証されていなくとも規制措置を行うとする考え方や制度のこと．外来生物の侵入による在来生物群集や生態系への悪影響は，個々のケースにおいてはその有無や程度を科学的に予測することは困難であるが，総体的には重大かつ不可逆な変化を生じさせる危険性が十分に想定され，侵入・定着後の駆除や復元がたいへんに難しいことから，予防原則に則った対応が求められている．

●**レッドデータブック**（れっどでーたぶっく；red data book）・**レッドリスト**（れっどりすと；red list）
絶滅のおそれのある野生生物を記載した書籍（レッドデータブック，RDB）のこと．絶滅のおそれのある野生生物の一覧はレッドリスト（RL）という．国際自然保護連合（IUCN）が作成したものに端を発し，現在では国や地域レベルでさまざまな種類のレッドデータブックやレッドリストが作成されている．世界的に見れば生息地や生息数が著しく減少している種でも，地域的には安定している場合なども多く，またその逆の場合もあるため，同一種でも国や地域といったレベルによって絶滅のおそれの程度区分は異なりうる．

索引

▶A

Abbottina rivularis 171
Acanthogobius flavimanus 175
Acheilognathus cyanostigma 19, 70, 188
Acheilognathus longipinnis 69, 188
Acheilognathus macropterus 69
Acheilognathus rhombeus 67, 171
Acheilognathus sp. 171
Acheilognathus tabira jordani 188
Acheilognathus tabira subsp. R 189
Acheilognathus tabira tabira 118, 171, 172
Acheilognathus typus 171, 188
Acheliognathus tabira erythropterus 171
Acheliognathus tabira nakamurae 171
Anguilla japonica 171
Aphyocypris chinensis 19

▶B

Bombus terrestris 185

▶C

Candidia sieboldii 171, 174
Candidia temminckii 152, 171
Carassius buergeri buergeri 171
Carassius buergeri grandoculis 171
Carassius buergeri subsp. 1 171
Carassius buergeri subsp. 2 171
Carassius cuveri 53
Carassius sp. 171, 173
Carassius spp. 171, 218
Catoprion 属 186
Cobitis biwae 172
Cobitis matsubarae 172
Cobitis shikokuensis 188
Cobitis sp. 172, 188
Coreoperca kawamebari 20, 172, 175, 183, 188
Cottus pollux 188
Cyprinus carpio 39, 53

▶D

Ditrema temminckii 9

▶E

Eleotris oxycephala 172, 175

▶G

Gasterosteus aculeatus aculeatus 118, 177
Gasterosteus aculeatus leiurus 188

Gasterosteus aculeatus subsp. 2 118, 177
Gnathopogon elongatus elongatus 171
Gymnogobius opperiens 172
Gymnogobius uchidai 189
Gymnogobius urotaenia 172

▶H

Hemigrammocypris rasborella 171, 188
Hypseleotris cyprinoides 189

▶I

Ictalurus punctatus 186
Ischikauia steenackeri 19, 171, 174

▶L

Lates japonicus 172, 188
Lefua echigonia 172, 188
Lepisosteidae 186
Lepomis macrochirus 186
Lepomis macrochirus macrochirus 20, 218
Leptobotia curta 188
Lethenteron reissneri 188
Liobagrus reini 172
Luciogobius pallidus 189

▶M

Micropterus dolomieu 185
Micropterus salmoides 20, 175, 180, 218
Misgurnus anguillicaudatus 172, 174
Mungos mungo 185

▶N

Najas oguraensis 42
Niwaella delicata 172

▶O

Onchorhynchus masou 135
Oncorhynchus kawamurae 20
Ophieleotris sp. 1 189
Opsariichthys platypus 171, 173
Opsariichthys uncirostris 184
Oryzias latipes 9, 194
Oryzias latipes complex 101
Oryzias sakaizumii 9, 194
Oryzias spp. 172

▶P

Paguma larvata 184

Periophthalmus modestus 189
Phoxinus lagowskii steindachneri 171
Phoxinus perenurus sachalinensis 171
Plecoglossus altivelis altivelis 53
Plecoglossus altivelis ryukyuensis 188
Pomacea canaliculata 184
Potamogeton pectinatus 42
Potamopyrgus antipodarum 185
Procambarus clarkii 222
Pseudogobio esocinus esocinus 171
Pseudorasbora parva 51, 171, 174, 218
Pseudorasbora pumila pumila 51, 171, 188
Pseudorasbora pumila subsp. 188, 217
Pungitius sinensis sinensis 188
Pungitius sp. 172
Pungitius sp. 1 188
Pungtungia herzi 171, 184
Pygocentrus 属 186

▶R
Rhinogobius flumineus 172
Rhinogobius giurinus 172
Rhinogobius nagoyae 172
Rhinogobius sp. BW 184
Rhinogobius sp. OM 120, 172, 173
Rhinogobius sp. TO 120, 217
Rhinogobius sp. YB 189
Rhodeus atremius atremius 71
Rhodeus atremius suigensis 69, 188
Rhodeus ocellatus kurumeus 171, 172, 188, 204
Rhodeus ocellatus ocellatus 69, 172, 186, 204
Rhodeus smithii smithii 71, 171, 172

▶S
Salvelinus leucomaenis 123
Salvelinus leucomaenis pluvius 171
Scapharca broughtonii 161
Sebastes cheni 155
Serrasalmus 属 186
Silurus asotus 172
Spartina alteniflora 185
Spartina anglica 185
Squalidus gracilis gracilis 171

▶T
Tachysurus ichikawai 217
Tachysurus nudiceps 172
Tachysurus tokiensis 172
Tanakia lanceolata 67, 171, 172
Tanakia limbata 171, 172
Tanakia tanago 69, 118, 188
Tribolodon hakonensis 16, 171

Tribolodon sachalinensis 171
Tridentiger obscurus 172

▶あ
アイソザイム 156, 159, 160, 163, 164, 239
愛知目標 179
アイナメ 155
IUCN 40, 71
アオコ 47
赤池情報量規準（AIC） 143, 239
アカガイ 155, 161
アカザ 7, 172
アカハタ 9
アカヒレタビラ 5, 171, 189
アカメ 172, 188
アガロースゲル 93
アコヤガイ 160
アサインメントテスト 72, 73
アサリ 155, 163
アジメドジョウ 172
亜種 160
アブラハヤ 6, 151, 171
アブラボテ 5, 171-173
アマゴ 8, 11, 26, 141
アメマス 123
アメリカザリガニ 213, 222
アユ 7, 53, 146
アユモドキ 188
有明海 29
アリアケギバチ 26
アロザイム 55, 103
アロザイム遺伝子 52

▶い
遺棄 10, 69, 77, 102, 239
育種 118
異系交配弱勢 79
生簀養殖 159, 165
イケチョウガイ 69
池干し 198, 221
イサキ 158
イシガイ科貝類 67
イシドジョウ近似種 189
移殖 51, 69, 70, 77, 242
移植の禁止 181, 189
伊勢湾 217
イタセンパラ 69, 188, 230
一次消費者 95
一施設一系統 218, 225
一時的水域 243
イチモンジタナゴ 5, 19, 25, 70, 148, 188, 230
逸出 9, 11, 239

索引 ● 247

一般化線形モデル　143, 239
遺伝子移入　113
遺伝子汚染　13, 54
遺伝子浸透　54, 67, 72, 76, 108, 113
遺伝子置換　79
遺伝子の多様性　193
遺伝子頻度　107
遺伝的撹乱　54, 101, 107, 110, 120, 190
遺伝的救助　230
遺伝的距離　156, 159, 160, 162
遺伝的均質化　112
遺伝的固有性　112
遺伝的多様性　62, 72, 80, 103, 129
遺伝的浮動　91, 111, 239
遺伝的分化　129
イトウ　230
イドミミズハゼ　189
イトモロコ　7, 151, 171
イトヨ　98, 118, 177
移入　3, 242
移入生物　240
イバラトミヨ　172
今川　27
色鯉　39
イワナ　7, 11, 25, 123
インターネットオークション　170
印旛沼　47

▶う
ウキゴリ　172, 177
ウグイ　16, 93, 151, 171, 173
ウシガエル　213
ウシモツゴ　188, 217, 230
ウミタナゴ　9

▶え
永年禁漁区　134
栄養塩　44
栄養的地位（trophic position）　95
エコシステムエンジニア　44, 239
エゾウグイ　171
エゾホトケドジョウ　7
NCOI: negative co-occurrence index　32
NPO法人　清澄の村　214
愛媛県野生動植物の多様性の保全に関する条例　183
F_1雑種　52, 54, 240
塩基多様度　127
エンクロジャー（enclosure）　41
堰堤　92

▶お
オイカワ　6, 11, 12, 27, 85, 141, 146, 151, 171, 173, 174
追星　57
オウミヨシノボリ　120, 172, 173
オオガタスジシマドジョウ　7
オオキンブナ　171
オオクチバス　20, 25, 175, 180, 182, 183, 185, 218
オオシマドジョウ　151
オオタナゴ　69, 182
オオトリゲモ　42
雄間競争　58
小田原メダカ　198
思川　90
オヤニラミ　8, 12, 20, 172, 175, 182, 183, 188
遠賀川　144

▶か
ガー科　182, 186
海産アユ　86
海面養殖業　163
外来魚駆除　221
外来生物法　3, 14, 25, 180, 184
外来メダカ　197
核DNA　72, 96, 105
隔離水界　41
カサゴ　155
カジカ大卵型　188
鹿島川　32
河床勾配　147
霞ヶ浦　42, 47
嘉瀬川　144
カゼトゲタナゴ　71, 171-173
河川型　123
河川残留型　141
カタストロフィックシフト　47
カダヤシ　25, 182
カネヒラ　5, 67, 171, 173
カマツカ　6, 171
カムルチー　30, 182
カラドジョウ　182
カワアナゴ　172, 175
カワバタモロコ　32, 171, 188
カワマス　182
カワムツ　6, 27, 90, 141, 151, 171, 173
カワヨシノボリ　151, 172
環境教育　212
環境省レッドリスト　42, 48
環境選好性　146
観賞魚　169
感染症　13

248

管理区域　136

▶き
キーストーン種　44, 240
帰化生物　240
ギギ　7, 26, 141, 172
キジハタ　155, 156
寄主　206
希少魚ビオトープ　209
希少種保護条例　187
寄生貝　160
キタノメダカ　9, 11, 194
鬼怒川　88, 90
キヌバリ　9
ギバチ　172
キバラヨシノボリ　189
岐阜県河川環境研究所　221
岐阜県博物館　221
岐阜・美濃生態系研究会　221
義務放流　140
キャッチ・アンド・リリース　134, 136, 183, 185
吸引摂餌　39
休耕田　141
キュウセン　155
共同漁業権　139
漁業協同組合　140
漁業権　139
漁業権魚種　48
漁業者　139
漁業調整規則　181, 189
漁業法　139
魚種　175
漁場管理　135
魚病　142
魚類相　30
近畿大学奈良キャンパス　208
金魚　206
近交弱勢　104, 118
近交度　80
近親交配　118
キンブナ　171
ギンブナ　171, 173
近隣結合法　90

▶く
区画漁業権　139
久慈川　90
駆除　61, 70, 80, 197, 221, 240
クチボソ　51
クニマス　8, 20
球磨川　26

汲み上げ　140
クリーク　29
クロメダカ　108, 113, 170
クロロフィル量　42
群集　240

▶け
系群　240
計数形質　158
形態形質　156
継代飼育　105
系統　76, 240, 243
系統選別　76
系統地理　79
系統保存　192, 197, 214, 218, 225, 241
系統保存池　206
検疫　180
ゲンゴロウブナ　5, 11, 25, 141
県指定外来種　172
県指定外来生物　175

▶こ
コアユ　69, 78, 141
コイ　5, 11, 12, 32, 39, 53, 78, 193, 221
コイヘルペス　15
降海型　123
交雑　40, 51, 59, 71, 78, 96, 104, 109, 158, 162, 166, 177, 190, 241
交雑の方向性　56
コウタイ　182
交配　190
コウライモロコ　7, 25
ゴギ　123
国外外来種　70
国際自然保護連合　40
コクチバス　143, 182, 185
国内希少野生動植物種　69
ゴクラクハゼ　172
個体群動態　62
COP10　179
古琵琶湖層群　194
コモチカワツボ　185
婚姻色　57
根絶　240, 241
混入　9

▶さ
西湖　20
サイズ依存　58
最節約法　90, 130
再導入　219, 230
栽培漁業　155

索引　●　249

栽培種　4
最尤法　133
在来型コイ　40
佐賀県環境の保全と創造に関する条例　182
相模川　90
酒匂川　91
酒匂川水系のメダカ　198
サキグロタマツメタ　163
サクラマス　8, 135, 141
サケ　7
雑魚　51, 174
サツキマス　8, 141
雑種　40, 55, 110
交雑の方向性　54
雑種崩壊　54
里親　197
里親プロジェクト　214
里山修復プロジェクト　208
里山生態系　63
醒井養鱒場　126, 133
産地偽装問題　163
産卵床造成　140

▶し
GIS　143, 241
飼育型コイ　40
飼育生物　4
塩田川　32
滋賀県漁業調整規則　133
自然環境の保全及び緑化の推進に関する条例　183
自然公園法　14
自然雑種　57
自然淘汰　111
自然分布　241
持続的養殖生産確保法　15
私的放流　11
シナイモツゴ　6, 51, 171, 188
シノニム　71
シマウキゴリ　172, 177
シマドジョウ　172
シマドジョウ種群　7
シマドジョウ2倍体性種　188
シマヒレヨシノボリ　206
シママングース　185
シマヨシノボリ　172
周縁性淡水魚　241
種間交雑　54
主座標分析　127
取水堰　92
出現予測モデル　143
種の置換　56, 60

種の保存法　14, 118, 179, 187
種苗　69, 155
種苗放流　53, 140
準絶滅危惧　68
純淡水魚　26, 29, 241
小卵多産　62
Jordanの法則　86
植物プランクトン　44
シロヒレタビラ　5, 118, 171-173, 177
シロメダカ　197
人為交配　57
人為的放流　108
進化しつづける実体としての種　229
進化速度　105, 241
進化的重要単位　192
人工ふ化放流　140
真珠養殖場　160
侵入　60, 241, 242
侵略性　53
侵略性の高い　241
侵略的　241

▶す
スイゲンゼニタナゴ　69, 188
水産庁長官通知　140
水産放流　11
水質　43
水田耕作文化　194
瑞梅寺川　27
スクミリンゴガイ　184
スゴモロコ　7, 11, 141
スジシマドジョウ類　172, 173
スチールヘッド　124
ズナガニゴイ　6
スナヤツメ　188
スナヤツメ南方種　189
スニーキング　59
スパルティナ・アングリカ　185
スミウキゴリ　177

▶せ
制限サイズ　133
制限体長　134
成熟サイズ　134
成熟体長　133
生殖隔離　242
生息地等保護区　187
生息リスク評価　148
生態系エンジニア　240
生態系改変種　44, 240
生物多様性　179
生物多様性基本法　15, 36

生物多様性の保全をめざした魚類の放流ガイドライン　48, 191, 203, 230, 233
セイヨウオオマルハナバチ　185
世界侵略的外来種ワースト100　40
世界淡水魚園水族館アクア・トトぎふ　221
関市　220
脊椎骨形成時温度　85
脊椎骨数　85, 86
セストン量　42
ゼゼラ　6, 11, 34
絶滅　218
絶滅危惧 IA 類　51, 54, 68
絶滅危惧 IB 類　68
絶滅危惧種　19
絶滅危惧 II 類　71, 101
絶滅の恐れのある地域個体群　48
絶滅リスク　211
ゼニタナゴ　5, 171, 188
セボシタビラ　171
芹川　127
善意の放流　12, 197
善行　191
鮮新世　76

▶そ
ソウギョ　69, 182
増殖義務　39, 140, 190
ゾーニング管理　136
側線有孔鱗　51

▶た
第10回生物多様性条約締約国会議　179
体長組成　62
第四紀　85
タイリクスズキ　182
タイリクバラタナゴ　30, 69, 172-174, 182, 186, 204
対立遺伝子　56, 72, 104, 110, 220
滞留稚魚　140
第六次産業　214
タイワンドジョウ　182
タガイ　205
タカハヤ　6
田沢湖　20
多々良川　27
タナゴ　67
タナゴモドキ　189
タビラ類の1種　171
多摩川　90
ダム　92
ダム湖　147
溜池　141, 194

タメトモハゼ　189
タモロコ　6, 25, 88, 142, 171
淡水魚遺伝的多様性データベース GEDIMAP　192

▶ち
地域個体群　114, 229
地域集団　190
稚魚放流　136
筑後川　26, 144
チクゼンハゼ　189
チチブ　172
窒素安定同位体比　95
チトクローム b（cytochrome b）　27, 88, 130
地方自治体　179
地方版レッドデータブック　179
地方品種　156, 242
チャガラ　9
チャネルキャットフィッシュ　186
中期更新世　76
中国大陸　194
地理的分化　103
地理的変異　114
沈水植物　42

▶つ
ツチフキ　6, 32, 171

▶て
定置漁業権　139
定着　25, 143, 169, 242
適応度　54, 75, 80, 103, 111, 124, 242
テツギョ　171
デメモロコ　7
転換点（tipping points）　47
電気泳動　93, 105
天然記念物　118
天然魚　126
天然種苗　140, 155

▶と
東海丘陵要素　217
東海大学　218
トウカイヨシノボリ　120, 217
投棄　177
導入　3, 60, 241, 242
動物プランクトン　44
透明度　43
童謡　194
トウヨシノボリ　120, 173
同類交配　59
通し回遊魚　241

索引 ● 251

特定外来生物　　3, 25, 180, 185
特定外来生物被害防止基本指針　184
ドジョウ　　7, 172-174
土壌シードバンク　　42, 242
突然変異　　77, 102
利根川　　90
トビハゼ　　189
ドブガイ類　　205
トミヨ　　188
ドンコ　　8, 33, 151

▶な
内水面漁業　　39, 139, 169, 190
内水面漁業調整規則　　15, 189
内水面漁場管理委員会指示　　185
内水面養殖　　32
ナイルティラピア　　182
那珂川（関東）　　88, 90
那珂川（九州）　　27
ナガブナ　　171
長良川　　223
ナガレモンイワナ　　124
ナマズ　　7, 10, 172
奈良盆地　　207

▶に
ニゴイ　　6, 151
ニゴロブナ　　5, 171, 173
ニシキゴイ　　39, 220
二次的拡散　　29
ニジマス　　40, 124
ニッコウイワナ　　123, 171
ニッポンバラタナゴ　　29, 171-173, 188, 203
ニホンウナギ　　171
日本固有種　　53, 70
日本動物園水族館協会　　225
妊性　　54

▶ぬ
ヌマガイ　　212
ヌマチチブ　　8
ヌマハス　　34
ヌママツ　　6, 34, 171, 174

▶ね
ネコギギ　　217, 230
熱帯性淡水魚　　169

▶の
農業用溜池　　208
野ゴイ　　40

▶は
Hardy-Weinberg の遺伝平衡　　164, 242
配偶者選択性　　113
パイク科　　182
ハクビシン　　184
ハクレン　　69
ハス　　6, 11, 25, 27, 88, 141, 143, 182, 184
バス釣り　　180, 183
発眼卵放流　　136
花貫川　　90
ハビタット　　62
ハプロタイプ　　27, 53, 72, 90, 130, 152, 223, 242
ハマグリ　　155
バラスト水　　9
ハリヨ　　118, 177, 187, 188
ハリヨ（近江地方産）　　8
繁殖戦略　　59
繁殖補助　　230
氾濫原　　29, 242

▶ひ
PCR　　93
ヒガタアシ　　185
非共存的指数　　32
微小巻貝　　160
非対称性　　54
ヒナイシドジョウ　　188
ヒナモロコ　　6, 12, 19
ヒメダカ　　101, 170, 197, 206
ヒメマス　　8, 11, 141
表現型可塑性　　135
病原体　　161
ヒラタカゲロウ類　　95
ピラニア類　　182, 186
ヒラメ　　9
鰭軟条数　　86
琵琶湖産アユ　　27, 29, 86, 141, 243
琵琶湖博物館　　218
琵琶湖レジャー利用の適正化に関する条例　　185
ビワヒガイ　　6, 11, 141
ビワマス　　8
ビワヨシノボリ　　182, 184
品種　　101, 102, 241, 243
貧毛類　　44

▶ふ
富栄養化　　47
普及・啓発　　191
フクドジョウ　　7, 11
フナ　　5, 78, 195

フナ市　32
フナ類　218
フネガイ科　161
不稔　56
プライマー　88, 93
ブラウントラウト　40, 182
ブラックバス　40, 204, 207
ブラックバス問題　180
ブラックリスト　190
ブルーギル　20, 25, 148, 182, 186, 204, 218
ふるさと石川の環境を守り育てる条例　183
ふるさと滋賀の野生動植物との共生に関する条例　15, 172, 175, 183
分散　3, 60, 243
分子系統樹　90
分子生物学　79
分子時計　103, 243
分布拡大　51
分布置換　53
分布予測モデル　143

▶へ
ベイズ推計　97
ベイズ法　90
碧南水族館　218
ペットショップ　169, 173
ヘテロ接合　108
ベニコチョウガイ　160
ベニザケ　8, 141
ヘラブナ　53, 78, 141, 221
ベントス　44, 243

▶ほ
防除　243
放生　191
放逐　10
放流　177, 190
放流ガイドライン　116, 230, 233
放流可能範囲　223
放流魚　126
法令　179
ホームセンター　169, 173, 186
補強　230
北山湖（佐賀県）　183
撲滅　79, 240, 241
母系遺伝　72
圃場整備事業　218
保全　243
保全単位　192
保全的導入　203, 243
保全の単位　229
ホットスポット　67, 244

ホトケドジョウ　172, 188
ホモ接合　104, 108
ホワイトリスト　190
ホンモロコ　6, 141

▶ま
マイクロサテライトDNA　52, 55, 59, 72, 96, 244
マイトタイプ　105, 244
マダイ　163
マダコ　155, 157
マタナゴ　9
マハゼ　175

▶み
御笠川　27
ミジンコ類　44
水辺の国勢調査　26
密放流　78, 181
ミトコンドリアDNA（mtDNA）　19, 27, 40, 52, 56, 70, 71, 88, 96, 103, 130, 152, 211, 218, 223, 244
緑川　27
ミナミアカヒレタビラ　188
ミナミメダカ　8, 9, 11, 13, 194, 197
美濃市　220
未判定外来生物　185
ミヤコタナゴ　69, 118, 187, 188, 230

▶む
ムギツク　6, 151, 171, 182, 184
ムサシトミヨ　188
室見川　27

▶め
メソコスム　45
メダカ　12, 33, 101, 173, 193, 194, 203
メダカ北日本集団　194
メダカ南日本集団　194
メダカ類　170, 172
メバル　155
メンデルの遺伝法則　102

▶も
模擬生態系　45
モツゴ　6, 11, 32, 51, 141, 171, 174, 218
戻し交雑　54, 244
戻し交配　244
モノアラガイ　45

▶や
野生　101

野生化　244
野生型コイ　194
野生魚　126
野生生息地　218
野生（の）　244
野生復帰　230
野生メダカ　170
ヤチウグイ　171
ヤマトイワナ　123
大和川　151
大和川水系　207
ヤマトゴイ　194
ヤマトシマドジョウ類の1種　172
ヤマメ　8, 11, 26, 141
ヤリタナゴ　5, 67, 171-173

▶ゆ
有機物　44
遊漁規則　140
遊漁者　124, 126, 133, 135, 136, 139
有効種　245
有効集団サイズ　77, 245
優性形質　115
ユスリカ幼虫　44

▶よ
養殖魚　124, 126
養殖業　165
養殖真珠　160
養殖マダイ　163
要注意外来生物　70, 181, 186
ヨーロッパオオナマズ　182

吉野川分水　151
ヨシノボリ属（"トウヨシノボリ"）　8, 11
ヨシノボリ類　174
予防原則　245

▶ら
雷山川　27
落差工　151
卵サイズ　135

▶り
利水整備事業　153
リスクの予測・評価　62
リュウキュウアユ　7, 188
流出河川　175
リュウノヒゲモ　42
鱗数　86
輪番禁漁制　134

▶れ
冷水性魚類　132
冷水病　13, 92
レジームシフト　47
劣性形質　102, 110
レッドデータブック　54, 69, 177, 245
レッドリスト（RL）　68, 101, 107, 179, 204, 217, 245

▶わ
ワカサギ　7, 11, 16, 25
ワタカ　5, 19, 25, 141, 171, 173, 174
ワムシ類　44

執筆者紹介（五十音順）

池田昌史（いけだ　まさふみ）
近畿大学大学院農学研究科修士課程修了．
修士（農学）．

鬼倉徳雄（おにくら　のりお）
別記

金尾滋史（かなお　しげふみ）
滋賀県立大学大学院環境科学研究科博士後期課程単位取得退学．修士（環境科学）．滋賀県立琵琶湖博物館，学芸員．

河口洋一（かわぐち　よういち）
新潟大学大学院自然科学研究科博士後期課程修了．博士（学術）．徳島大学大学院ソシオテクノサイエンス研究部，准教授

河村功一（かわむら　こういち）
京都大学大学院農学研究科博士後期課程中退．博士（農学）．三重大学大学院生物資源学研究科，准教授

北川忠生（きたがわ　ただお）
三重大学大学院生物資源学研究科博士課程修了．博士（学術）．近畿大学農学部環境管理学科，准教授．

亀甲武志（きっこう　たけし）
京都大学大学院農学研究科修士課程修了．博士（農学）．滋賀県水産試験場，主査

倉園知広（くらぞの　ともひろ）
神戸大学大学院理学研究科修士課程修了．修士（理学）．神戸大学大学院理学研究科博士課程1年

小西　繭（こにし　まゆ）
信州大学大学院工学系研究科博士後期課程修了．博士（理学）．信州大学サテライト・ベンチャー・ビジネス・ラボラトリー，PD研究員

瀬能　宏（せのう　ひろし）
別記

高田啓介（たかだ　けいすけ）
北海道大学大学院水産学研究科博士課程修了．水産学博士．信州大学理学部生物科学科，准教授

高村健二（たかむら　けんじ）
京都大学大学院理学研究科博士後期課程修了．博士（理学）．独立行政法人　国立環境研究所生物・生態系環境研究センター，フェロー

中井克樹（なかい　かつき）
京都大学大学院理学研究科博士後期課程研究指導認定退学．博士（理学）．滋賀県立琵琶湖博物館，専門学芸員

松崎慎一郎（まつざき　しんいちろう）
東京大学大学院農学生命科学研究科博士課程終了．博士（農学）．独立行政法人　国立環境研究所生物・生態系環境研究センター，研究員

三宅琢也（みやけ　たくや）
三重大学大学院生物資源学研究科博士後期課程修了．博士（学術）．三重大学大学院生物資源学研究科，研究員

向井貴彦（むかい　たかひこ）
別記

横川浩治（よこがわ　こうじ）
高知大学農学部栽培漁業学科卒業．博士（農学），博士（理学）．香川県水産試験場勤務を経て在野の生物研究家．

淀　太我（よど　たいが）
別記

渡辺勝敏（わたなべ　かつとし）
東京水産大学大学院水産学研究科博士課程修了．博士（水産学）．京都大学大学院理学研究科，准教授

編者紹介

日本魚類学会自然保護委員会　http://www.fish-isj.jp/iin/nature/index.html

責任編集者紹介

向井貴彦（むかい　たかひこ）
東京大学大学院理学系研究科博士課程修了．博士（理学）．岐阜大学地域科学部，准教授．
著書：『魚の自然史（分担執筆，1999年，北海道大学出版会）』，『生物系統地理学（共訳，2008年，東京大学出版会）』，『淡水魚類地理の自然史（分担執筆，2010年，北海道大学出版会）』，『岐阜から生物多様性を考える（分担執筆，2012年，岐阜新聞社）』

鬼倉徳雄（おにくら　のりお）
九州大学大学院農学研究院博士後期課程修了．博士（農学）．九州大学大学院農学研究院，助教．
著書：『有明海の生きものたち（分担執筆，2000年，海游社）』，『干潟の海に生きる魚たち（分担執筆，2009年，東海大学出版会）』，『川の百科事典（分担執筆，2009年，丸善）』，『淡水生態学のフロンティア（分担執筆，2012年，共立出版）』

淀　太我（よど　たいが）
三重大学大学院生物資源学研究科博士後期課程修了．博士（学術）．三重大学大学院生物資源学研究科魚類増殖学教育研究分野，准教授．
著書：『川と湖沼の侵略者ブラックバス：その生物学と生態系への影響（分担執筆，2002年，恒星社厚生閣）』，『外来種ハンドブック（分担執筆，2002年，地人書館）』，『水産大百科事典（分担執筆，2006年，朝倉書店）』，『淡水魚類地理の自然史（分担執筆，2010年，北海道大学出版会）』

瀬能　宏（せのう　ひろし）
東京大学大学院農学系研究科博士課程修了．農学博士．神奈川県立生命の星・地球博物館，動物・植物チームリーダー／専門学芸員
著書：『川と湖沼の侵略者ブラックバス：その生物学と生態系への影響（分担執筆，2002年，恒星社厚生閣）』，『日本のハゼ（監修，2004年，平凡社）』，『日本の外来魚ガイド（監修・解説執筆，2008年，文一総合出版）』，『日本産魚類検索：全種の同定，第三版（分担執筆，2013年，東海大学出版会）』

叢書・イクチオロギア―③

見えない脅威"国内外来魚"――どう守る地域の生物多様性

2013年7月20日　第1版第1刷発行

　　編　　　者　　日本魚類学会自然保護委員会
　　責任編集　　向井貴彦・鬼倉徳雄・淀　太我・瀬能　宏
　　発　行　者　　安達建夫
　　発　行　所　　東海大学出版会
　　　　　　　　〒257-0003　神奈川県秦野市南矢名3-10-35
　　　　　　　　TEL 0463-79-3921　　FAX 0463-69-5087
　　　　　　　　URL http://www.press.tokai.ac.jp
　　　　　　　　振替　00100-5-46614
　　印　刷　所　　港北出版印刷株式会社
　　製　本　所　　誠製本株式会社

©Nature Conservation Comittee of Ichthyological Society of Japan, 2013　　ISBN978-4-486-01980-0

Ⓡ〈日本複製権センター委託出版物〉本書の全部または一部を無断で複写複製（コピー）することは，著作権法上の例外を除き，禁じられています．本書から複写複製する場合は日本複製権センターへご連絡の上，許諾を得てください．日本複製権センター（電話 03-3401-2382）